中国 ESG 研究院文库

主　编：钱龙海　柳学信

ESG 披露标准体系研究

孙忠娟　罗 伊　马文良　梁 晗　孙为政　主编

A Study on ESG Disclosure Standards and Frameworks

经济管理出版社
ECONOMY & MANAGEMENT PUBLISHING HOUSE

图书在版编目（CIP）数据

ESG 披露标准体系研究/孙忠娟等主编．—北京：经济管理出版社，2021.12
（中国 ESG 研究院文库/钱龙海，柳学信主编）
ISBN 978－7－5096－8238－8

Ⅰ.①E… Ⅱ.①孙… Ⅲ.①企业环境管理—国际标准—标准体系—研究 Ⅳ.①X322－65

中国版本图书馆 CIP 数据核字(2021)第 221568 号

组稿编辑：梁植睿
责任编辑：梁植睿
责任印制：黄章平
责任校对：陈 颖

出版发行：经济管理出版社
（北京市海淀区北蜂窝 8 号中雅大厦 A 座 11 层 100038）
网 址：www.E－mp.com.cn
电 话：（010）51915602
印 刷：唐山昊达印刷有限公司
经 销：新华书店
开 本：720mm×1000mm/16
印 张：24
字 数：345 千字
版 次：2021 年 12 月第 1 版 2021 年 12 月第 1 次印刷
书 号：ISBN 978－7－5096－8238－8
定 价：88.00 元

中国ESG研究院文库编委会

中国 ESG 研究院文库总序

环境、社会和治理是当今世界推动企业实现可持续发展的重要抓手，国际上将其称为 ESG。ESG 是环境（Environmental）、社会（Social）和治理（Governance）三个英文单词的首字母缩写，是企业履行环境、社会和治理责任的核心框架及评估体系。为了推动落实可持续发展理念，联合国全球契约组织（UNGC）于 2004 年提出了 ESG 概念，得到各国监管机构及产业界的广泛认同，引起国际多双边组织的高度重视。ESG 将可持续发展包含的丰富内涵予以归纳整合，充分发挥政府、企业、金融机构等主体作用，依托市场化驱动机制，在推动企业落实低碳转型、实现可持续发展等方面形成了一整套具有可操作性的系统方法论。

当前，在我国大力发展 ESG 具有重大战略意义。一方面，ESG 是我国经济社会发展全面绿色转型的重要抓手。中央财经委员会第九次会议指出，实现碳达峰、碳中和“是一场广泛而深刻的经济社会系统性变革”，“是党中央经过深思熟虑作出的重大战略决策，事关中华民族永续发展和构建人类命运共同体”。为了如期实现 2030 年前碳达峰、2060 年前碳中和的目标，党的十九届五中全会提出“促进经济社会发展全面绿色转型”的重大部署。从全球范围来看，ESG 可持续发展理念与绿色低碳发展目标高度契合。经过十几年的不断完善，ESG 在包括绿色低碳在内的环境领域已经构建了一整套完备的指标体系，通过联合国全球契约组织等平台推动企业主动承诺改善环境绩效，推动金融机构的 ESG 投资活动改变被投企业行为。目前联合国全球契约组织已经聚集了 1.2 万多家领军企业，遵循 ESG 理念的投资机构管理的资产规模超过 100 万亿美元，汇聚成为推动绿色低碳发展的强大力量。积极推广 ESG 理念、建立 ESG 披露标准、完善 ESG 信息披露、促进企业 ESG 实践，充分发挥 ESG 投资在推动碳达峰、碳中和过程中的激励约束作用，是我国经济社会发展全面绿色转型的重要抓手。

另一方面，ESG 是我国参与全球经济治理的重要阵地。气候变化、极端天气是人类面临的共同挑战，贫富差距、种族歧视、公平正义、冲突对立是人类面临的重大课题。中国是一个发展中国家，发展不平衡不充分的问题还比较突出；同时，中国也是一个世界大国，对国际社会负有大国责任。2021 年 7 月 1 日，习近平总书记在庆祝中国共产党成立 100 周年大会上的重要讲话中强调，中国始终是世界和平的建设者、全球发展的贡献者、国际秩序的维护者，展现了负责任大国致力于构建人类命运共同体的坚定决心。大力发展 ESG 有利于更好地参与全球经济治理。

大力发展 ESG 需要打造 ESG 生态系统，充分协调政府、企业、投资机构及研究机构等各方关系，在各方共同努力下向全社会推广 ESG 理念。目前，国内关于绿色金融、可持续发展等主题已有多家专业研究机构。首都经济贸易大学作为北京市属重点研究型大学，拥有工商管理、应用经济、管理科学与工程和统计学四个一级学科博士学位点及博士后站，依托国家级重点学科“劳动经济学”、北京市高精尖学科“工商管理”、省部共建协同创新中心（北京市与教育部共建）等研究平台，长期致力于人口、资源与环境、职业安全与健康、企业社会责任、公司治理等 ESG 相关领域的研究，积累了大量科研成果。基于这些研究优势，首都经济贸易大学与第一创业证券股份有限公司、盈富泰克创业投资有限公司等机构于 2020 年 7 月联合发起成立了首都经济贸易大学中国 ESG 研究院（China Environmental, Social and Governance Institute，以下简称研究院）。研究院的宗旨是以高质量的科学研究促进中国企业 ESG 发展，通过科学研究、人才培养、国家智库和企业咨询服务协同发展，成为引领中国 ESG 研究和 ESG 成果开发转化的高端智库。

研究院自成立以来，在科学研究、人才培养及对外交流等方面取得了突破性进展。研究院围绕 ESG 理论、ESG 披露标准、ESG 评价及 ESG 案例开展科研攻关，形成了系列研究成果。一些阶段性成果此前已通过不同形式向社会传播，如在《当代经理人》杂志 2020 年第 3 期“ESG 研究专题”中发表，在 2021 年 1 月 9 日研究院主办的首届“中国 ESG 论坛”上发布等，产生了较大的影响力。近期，研究院将前期研究课题的最终成果进行了汇总整理，并以“中国 ESG 研究院文库”的形式出版。这套文库的出版，能够多角度、全方位地反映中国 ESG 实践与理论研究的最新进展和成果，既有利于全面推广 ESG 理念，也可以为政府部门制定 ESG 政策和企业发展 ESG 实践提供重要参考。

尚福林

首都经济贸易大学中国 ESG 研究院
披露标准研究中心课题阶段成果

课题负责人： 柳学信
课题协调人： 孙忠娟

各章研究人员：

第 1 章：孙为政　孙文鑫　刘　颖　曹桂香
　　　　钱玲玲
第 2 章：梁　晗　曹成梓　王懿桢
第 3 章：万朵朵　刘　迎　罗　伊
第 4 章：冯佳林　李花倩　孙忠娟　潘海怡
第 5 章：曹成梓　丁　雪　孙忠娟
第 6 章：杨烨青　郁　竹　孙忠娟
第 7 章：唐晓萌　马文良
第 8 章：柳学信　孙忠娟　梁　晗　彭　昊
　　　　罗　伊　孙为政　马文良
第 9 章：柳学信　孙忠娟　郭珺妍　严一锋

前　　言

2020年，在新冠肺炎疫情冲击下，社会责任、ESG和可持续发展等成为人们重点关注并广泛讨论的议题。与此同时，与ESG相关的投资在市场上的良好表现推动市场、监管部门、企业更加重视ESG与企业长期发展之间的联系。

“十四五”时期是我国经济社会可持续发展的重要窗口期。在“十四五”期间积极发展ESG披露标准体系，制定相关披露框架有助于贯彻新发展理念，带动和引领我国生产和消费的绿色低碳发展，切实提高金融服务实体经济效率，深化供给侧结构性改革，促进我国经济结构转型升级，推动经济社会的可持续发展。

据此，在ESG披露标准体系研究的视角下，本书基于国内外“可持续发展”理念与ESG信息披露实践发展的对比分析、二手数据描述性统计和Python软件词频挖掘等文本分析，系统梳理与ESG披露相关的各个标准体系演变和主要内容体系，确认我国在“十四五”期间引入ESG披露体系保证可持续发展的现实基础和可行性，指出中国发展ESG披露标准体系的相关基础和现实问题，并提出中国发展ESG披露的政策体系建议和展望。其中，ESG相关披露体系分析主要包括GRI披露标准分析、SASB披露标准分析、ISO 26000披露标准分析、TCFD披露标准分析、CDP披露标准分析五大框架，以及世界各国可持续发展政策与法律的相关解读和中国ESG披露现状研究。通过分析各国可持续发展政策实践发展、五种国际主流 ESG 披露框架和中国 ESG 披露现状及存在问题，基于中国 ESG 的理论基础和政策基础，提出中国 ESG 信息披露的通用标准和针对性行业标准，并作出中国 ESG 研究院披露标准研究中心的展望与计划。

本书针对国内外 ESG 披露标准体系研究的相关问题进行理论和实践上的统筹规划，具有重要的理论价值和实践意义。从理论上看，本书梳理了与 ESG 相关的披露框架的搭建、发展、演变内涵逻辑，剖析了各个披露标准的核心议题的内部理论构成，分析了不同披露框架在不同国家（地区）以及不同代表性行业的应用差异。从实践上看，本书提出了中国 ESG 信息披露的框架和标准体系，为“十四五”期间我国经济社会可持续发展提供了参考抓手，为政府、企业和其他利益相关者发展 ESG 提供了启示。

目　　录

引　言

2020 年 10 月，党的十九大五中全会审议通过了《中共中央关于制定国民经济和社会发展第十四个五年规划和二〇三五年远景目标的建议》，提出要推动绿色低碳发展，持续改善环境质量，提升生态系统质量和稳定性，全面提高资源利用效率，要求经济社会发展目标要在质量效益明显提升的基础上实现经济持续健康发展。近年来，随着可持续发展理念逐渐成为全球商业发展共识，如何推动企业可持续发展成为理论界和实践界关注的重要议题。在此背景下，追求长期价值增长、兼顾经济和社会效益的 ESG 理念成为实现经济持续健康发展的重要载体和企业可持续发展的重要途径。

ESG 是社会责任投资的基础，是绿色金融投资体系的重要组成部分，倡导的是一种企业的行为价值与社会主流的规范、价值、信念相一致的理念，不仅要求企业考虑股东的利益，还要考虑员工、供应商、顾客、所在社区、政府等利益相关者的利益，要求企业不断优化治理结构，进行绿色投资、开发绿色技术、巩固治理基石，实现整个社会、经济的健康发展，保证企业可持续经营。落实 ESG 信息披露对可持续发展极其重要，首先，在“十四五”期间率先制定落实 ESG 的可持续发展政策框架对于构建国内、国际大循环和促进我国经济结构转型升级必将发挥着关键作用；其次，ESG 实践能够带动各行业高质量发展，对促进我国实现经济社会可持续发展提供重要支撑和推动作用。因此，全球越来越多的国家和地区将环境、社会和治理因素纳入上市公司非财务绩效考核的目标，上市公司ESG 信息披露已成为监管机构、投资者以及市场各方重点考量的指标。另外，上市公司良好的 ESG 表现既符合公众和市场对企业履行社会责任、建设生态文明的需要，也成为企业树立良好声誉从而获得投资者青睐的核心竞争力。

2006 年《联合国责任投资原则》发布，从此 ESG 正式进入投资领域，随后在全球范围内展开，目前国外诸多发达经济体的 ESG 发展已经较为成熟，并产生了许多基于可持续发展理念的披露标准，例如，GRI、SASB、ISO 26000、TCFD、CDP 等。对比国际主流信息披露标准，中国企业在 ESG 领域的探索和实践起步较晚，整体 ESG 发展尚处于初级阶段，ESG 信息披露存在不足，主流市场参与者对 ESG 的认知也较为缺乏。具体来说：第一，我国无规范的 ESG 信息披露标准。基本框架未对信息披露的格式作出对应规范要求，没有规范的指标体系，同时也缺乏严格的约束机制。因此，企业所披露出的信息大多以描述性披露为主，缺乏定量指标来进行量化，不足以给投资者提供有价值的参考，反而可能会对其产生误导，导致其对企业的真实情况产生误判。第二，我国缺乏统一的信息披露指引。企业会“择优披露”，重点披露对本企业有利的信息，规避不利信息，致使 ESG 信息不客观。第三，我国无完善的政策体系支持 ESG 信息披露。根据国内外经验来看，ESG 信息披露在很大程度上依赖于政策的支持，例如在 2015 年，继联合国提出 17 项可持续发展目标（SDGs）之后，美国随即对其作出了回应，颁发了基于完整 ESG 考量的《解释公告 IB2015－01》，表明了对于 ESG 考量的支持立场，鼓励投资决策中应用 ESG 指标进行衡量。可见，中国亟须建立相应的政策体系推广 ESG 理念至企业、消费者和全社会。第四，我国没有 ESG 信息披露监管和服务部门。ESG 信息披露监管、鉴定和服务相关部门是 ESG 政策理念落地于实践的载体。企业当前发展在很大程度上依赖于监管部门和相关自律组织引导。因此，研究国内外 ESG 披露标准体系，分析中国 ESG 披露现状，找寻当前中国 ESG 披露尚存的问题，对构建一套完整明确的中国化 ESG 披露标准体系具有重要的参考意义。

基于对 ESG 信息披露发展脉络的梳理，本书提出了 ESG 披露标准的分析体系。主要研究包括：第一，分析各个国家（地区）“可持续发展”理念与 ESG 政策实践情况，探索有助于深入推进 ESG 发展理念的规章制度，为推进中国深化 ESG 理念及其相关的应用研究提供参考和借鉴。第二，全面梳理分析五种国际主流 ESG 披露标准的发展演化过程、主体内容体系等相关内容，通过对比分析国内外 ESG 信息披露标准体系，分析各披露标准在不同国家（地区）和不同行业的实践应用情况，基于中国 ESG 发展的现实情况，致力于 ESG 配套政策体系与披露体系有机融合的理论探索和制度设计，发现中国 ESG 信息披露标准存在的不足。第三，通过对国内外信息披露框架、评价体系设计发展情况进行梳理总结，深入剖析中国的 ESG 实践目前存在的问题，借鉴国外先进经济体的发展经验并结合中国特点，提出适合中国情境的 ESG 政策优化方案，为构建信息披露框架以及评价体系提供政策建议。第四，通过完善引导企业履行社会责任和披露 ESG 信息的规章制度，构建适用于中国的 ESG 披露框架和指标体系，丰富现有以 ESG 推动企业可持续发展的理论研究。

本书的价值体现在学术价值和应用价值两个方面。在学术方面，本书从可持续发展理论、利益相关者理论、合法性理论、委托代理理论四个理论视角出发，阐述研究 ESG 理论的重要意义，以及 ESG 理念、可持续发展理念的指导作用，致力于 ESG 政策体系与披露体系有机融合的理论探索和制度设计，探索有助于深入推进 ESG 发展理念的规章制度，在此基础上研究普适性和针对性的 ESG 披露标准，为推进 ESG 信息披露、深化 ESG 理念的应用研究提供参考和借鉴。在应用价值方面，本书从“两山”理论、五大发展理念、“双碳”目标和高质量发展四个政策出发，通过对国内外可持续发展体系、ESG 信息披露框架等进行梳理总结，深入剖析中国 ESG 实践存在的问题，借鉴国外先进经济体的发展经验并结合中国特点，提出适合中国 ESG 政策优化方案，并以此为基础构建信息披露框架。本书的重要意义在于：一方面，有助于落实党中央在“十四五”期间提出的经济持续健康发展的要求；另一方面，推广 ESG 投资理念，引导上市公司借鉴学习在环境、社会、治理方面最佳实践，规范上市公司行为，推动上市公司践行创新、绿色、协调等发展理念，从而推动资本市场健康发展，更好地发挥资本市场服务实体经济和支持经济转型的功能。

综上，本书在系统梳理全球可持续理念与实践发展脉络的基础上，充分对比分析了国内外关于 ESG 披露标准的主要内容体系和实践发展情况，总结了中国 ESG 信息披露现状及存在问题。在此基础上，搭建了一个 ESG 披露标准体系框架，提出普适性披露标准，并以金融行业和零售行业等特色模块标准进行举例，并说明标准形成思路，提出 ESG 披露标准体系的研究结论和展望。本书的研究思路如图 0.1 所示。

全球"可持续发展"理念与 ESG 政策实践发展概况的对比分析。本书主要从可持续发展政策、特征及其效果等方面对欧盟、美国、加拿大、日本、新加坡五国（地区）的可持续发展政策与法律进行了对比分析，总结发达国家在 ESG 投资发展过程中的经验教训，从政策法规角度对欧盟、美国、加拿大、日本、新加坡等发达国家和地区推进 ESG 投资发展的演变过程进行分析，以便对中国的 ESG 政策发展提出一些启示，以此来更好地发展本国 ESG 投资。

国外各标准体系的主要内容体系和应用实践。本书主要从标准简介、标准的主要内容体系、标准在不同国家（地区）的应用情况、标准在不同行业的应用情况等方面对 GRI 标准、SASB 标准、ISO 26000、TCFD 标准、CDP 标准的主要内容体系和发展演化进行了梳理，并对这五个标准的主要内容体系进行了对比分析，在此基础上，为中国 ESG 披露标准的形成提供了可供参考的建议。

中国 ESG 发展的相关政策及实践。本书从中国政府网、中华人民共和国环境保护部、中国证券监督管理委员会、中国证券投资基金业协会、中华人民共和国商务部以及各证券交易所（上海证券交易所、深圳证券交易所、香港交易所）等官方网站收集相关政策法规文件，并进行归纳整理，以厘清国内 E、S、G 发展脉络。在此基础上，总结了中国 ESG 标

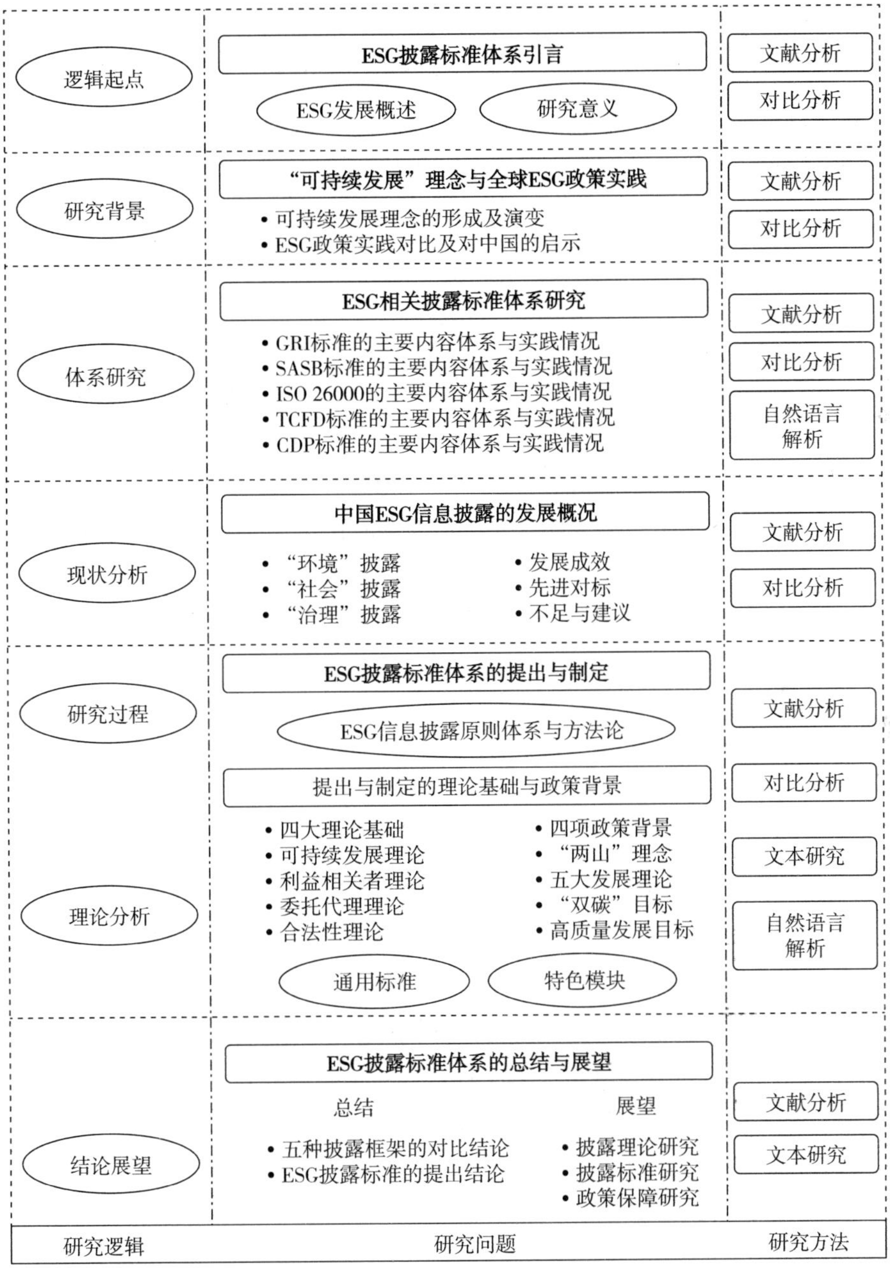

研究逻辑	研究问题	研究方法
逻辑起点	**ESG披露标准体系引言** ESG发展概述　研究意义	文献分析 对比分析
研究背景	**“可持续发展”理念与全球ESG政策实践** • 可持续发展理念的形成及演变 • ESG政策实践对比及对中国的启示	文献分析 对比分析
体系研究	**ESG相关披露标准体系研究** • GRI标准的主要内容体系与实践情况 • SASB标准的主要内容体系与实践情况 • ISO 26000的主要内容体系与实践情况 • TCFD标准的主要内容体系与实践情况 • CDP标准的主要内容体系与实践情况	文献分析 对比分析 自然语言解析
现状分析	**中国ESG信息披露的发展概况** • “环境”披露　• 发展成效 • “社会”披露　• 先进对标 • “治理”披露　• 不足与建议	文献分析 对比分析
研究过程 理论分析	**ESG披露标准体系的提出与制定** ESG信息披露原则体系与方法论 提出与制定的理论基础与政策背景 • 四大理论基础　• 四项政策背景 • 可持续发展理论　• “两山”理念 • 利益相关者理论　• 五大发展理论 • 委托代理理论　• “双碳”目标 • 合法性理论　• 高质量发展目标 通用标准　特色模块	文献分析 对比分析 文本研究 自然语言解析
结论展望	**ESG披露标准体系的总结与展望** 总结 • 五种披露框架的对比结论 • ESG披露标准的提出结论 展望 • 披露理论研究 • 披露标准研究 • 政策保障研究	文献分析 文本研究

图 0.1　本书的研究思路

准发展趋势，并且对标先进地区总结了中国 ESG 披露存在的问题。

中国 ESG 披露标准体系的理论基础与政策基础。本书主要通过文本研究的方法对 ESG 综合理论中的合法性理论、利益相关者理论、委托代理理论和可持续发展理论进行了总体描述，对“两山”理论、五大发展理念、“双碳”目标与高质量发展的政策视角结合 ESG 进行解读，系统阐述了四个理论、四个政策与 ESG 披露之间的关系。

中国 ESG 披露标准体系结论与展望。本书从各标准体系形成思路、可持续发展、中国 ESG 发展现状梳理等进行总结，形成中国 ESG 披露标准的结论，并结合 2020～2021 年中国 ESG 研究院的工作，从理论研究、标准研究和政策保障研究三个方面进行展望。

本书运用的研究方法包括：①**比较研究法**：系统梳理 GRI 标准、SASB 标准、ISO 26000、TCFD 标准、CDP 标准的主要内容体系和实践发展，比较不同标准体系在内容和实践变化方面的异同，在此基础上为构建中国情境下 ESG 标准体系提供实践参考；②**文献资料分析法**：分别选取欧盟、美国、加拿大、日本、新加坡五个国家（地区）为分析对象，通过梳理上述国家（地区）在环境、社会和治理方面的可持续发展政策以及相应的 ESG 整合政策的形成及演变过程，阐述 ESG 相关可持续发展政策内容并归纳其政策特征，从而总结基于国家（地区）的可持续发展政策效果的对比分析，结合我国独特的制度情境和可持续发展现状，提出上述各国（地区）可持续发展政策对中国的启示，以期提供我国政府可以借鉴的政策内容；③**文本分析和数据分析结合**：基于 Python 软件，对各标准的实践情况和相关数据进行了挖掘提炼，在此基础上对各标准体系在不同国家（地区）和行业的应用情况进行了分析。

第1章 “可持续发展”理念与全球ESG政策实践

1.1 “可持续发展”理念的形成与演变

回顾“可持续发展”理念的形成与演变过程，其最早出现在大众视野中是源于美国女生物学家蕾切尔·卡森所撰写并于1962年出版的环境科普著作《寂静的春天》，该书描述了因过度使用化学药品和肥料而导致的环境污染、生态破坏等灾难性问题。该书的出版不仅引起了公众对环境的关注，而且推动了各类环境保护组织的成立，环境问题开始逐渐由一个边缘问题走向全球经济议程的中心。1972年6月12日，在斯德哥尔摩举行的联合国“人类环境大会”上，各国共同签署了《人类环境宣言》，由此正式掀开了推动人类社会可持续发展的序幕。同年，由一群知识分子成立的非正式学术团体“罗马俱乐部”发表了名为《增长的极限》的研究报告，明确提出了“持续增长”与“合理的持久的均衡发展”的理念。1987年挪威首相布伦特兰夫人任主席的联合国“世界环境与发展委员会”发表了题为《我们共同的未来》的报告，将“可持续发展”的讨论范围进一步聚焦在人类所面临的一系列重大的经济、社会和环境问题方面，提出了“可持续发展”的概念和模式，称“可持续发展是指既满足当代人的需要，又不损害后代人满足其需要的能力的发展”。自 20 世纪 90 年代起，随着人口增长、能源消耗、环境污染与生态破坏，联合国开始认识到人口、能源、环境方面问题的严峻性。1992 年 6 月，在巴西里约热内卢召开的联合国环境与发展大会上，来自世界 178 个国家和地区的领导人在可持续发展理念上达成了共识，会议形成了《21 世纪议程》《里约环境与发展宣言》《气候变化框架公约》《生物多样性公约》《关于森林问题的框架声明》等一系列重要的纲领性文件，明确提出要将发展与环境密切联系在一起。至此，可持续发展从理论探索阶段正式迈入实践阶段，可持续发展战略（Sustainable Development Strategy，SDS）成为各国实现经济、社会、环境协调发展的核心战略被广泛采纳和推行。

与此同时，各类推动可持续发展的相关组织陆续成立并逐渐成为推动全球企业可持续发展的重要力量，例如，1997 年由美国环境责任经济联盟（Coalition for Environmentally Responsible Economics，CERES）和联合国环境规划署（United Nations Environment Programme，UNEP）共同发起的非营利性组织——全球报告倡议组织（Global Reporting Initiative，GRI），颁布了一系列条例指导公司及其他组织如何报告其经济、环境和社会表现，成立并建立了第一个可持续发展报告框架；同年，由总部设立在美国的社会责任国际组织（Social Accountability International，SAI）发起并联合欧美跨国公司和其他国际组织，制定了 SA 8000 社会责任国际标准，提出了一系列工作环境标准，成为评价工厂及公司在社会责任方面表现的基准。1999 年 1 月，在达沃斯世界经济论坛年会上，联合国前秘书长科菲·安南提出了面向全球企业的“全球契约”计划，并于 2000 年 7 月在联合国总部正式启动并建立了联合国全球契约组织（UN Global Campact，UNGC），发布了联合国全球契约十项原则，旨在建立一个推动经济可持续发展和社会效益共同提高的全球机制，直接鼓励并促进了《企业生产守则运动》的推行。2000 年，CDP 全球环境信息研究中心成立，提出了碳信息披露项目（Carbon Disclosure Project，CDP），通过问卷调查的方式促使企业披露低碳战略、温室气体排放核算、碳减排的公司治理以及全球气候治理的内容。2001 年国际标准化组织（International Organization for Standardization，ISO）启动了 ISO 26000 社会责任国际标准的可行性研究和论证，并于 2010 年正式颁布，指导全球各级供应链、工人权利、消费者保护和循环经济的行为和报告，给全球乃至各个行业都带来了极为深刻的影响。2006 年，由联合国前秘书长科菲·安南牵头发起的联合国责任投资原则组织（The United Nations - supported Principles for Responsible Investment，UN PRI）发布了六项负责任投资原则，旨在帮助投资者理解环境、社会和治理等要素对投资价值的影响，并支持各签署机构将这些要素融入投资战略决策中。2007 年，气候披露标准委员会（Climate Disclosure Standards Board，CDSB）成立，制定有助于投资决策的环境信息标准。2010 年，国际综合报告委员会（International Integrated Reporting Council，IIRC）成立，致力于推进综合财务信息、环境信息、社会信息和治理信息的财务报告，成为推动综合报告框架的中坚力量。2011 年，成立于美国的可持续发展会计标准委员会（Sustainability Accounting Standards Board，SASB）制定了一系列针对特定行业的可持续信息披露指标，致力于分析可持续议题对企业财务的影响，并于 2018 年发布了 77 个行业的环境 - 社会 - 治理（ESG）信息披露标准。2015 年，金融稳定委员会（Financial Stability Board，FSB）成立了气候相关的财务信息披露工作组（Task Force on Climate - related Financial Disclosure，TCFD）并发布了相关建议，涵盖治理、策略、风险管理、指标与目标四大核心因素，成为首个从金融稳定的角度审视气候变化影响的国际倡议。2015 年，全球 193 个国家在联合国可持续发展峰会上通过了《变革我们的世界：联合国〈2030 年可持续发展议程〉》（Transforming Our World：The 2030 Agenda for Sustainable Development），会议提出了 17 个可持续发展目标（SDGs），涉及可持续发展的社会、经济和环境三个方面（见图 1.1）。

可持续发展目标呼吁所有国家（无论贫穷、富裕还是中等收入）行动起来，在促进经济繁荣的同时消除贫困，解决教育、卫生、社会保护和

图 1.1　联合国 17 个可持续发展目标

资料来源：联合国可持续发展目标。

就业机会的社会需求，遏制气候变化和保护环境。2015 年以来，联合国可持续发展行动网络（SDSN）每年定期发布年度《可持续发展目标指数和指示板报告》（SDG Index and Dashboards Report），对各个国家在落实可持续发展目标方面的成效进行量化评估，并对最终的总得分进行排名。

欧洲是可持续发展指标得分最高的地区，北美的美国、加拿大，亚洲的日本、韩国，以及大洋洲的澳大利亚同属于排名比较靠前的第一梯队国家。虽然不在可持续发展的第一梯队优势国家行列之中，但中国总体评分已经达到中上水平，在经历了早期的粗犷式经济发展之后，我国政府也开始意识到可持续发展的重要性。党的十九大报告明确指出，我国经济已由高速增长阶段转向高质量发展阶段。促进经济高质量发展的措施强调要加快生态文明体制改革，提出推进绿色发展，建立健全绿色、低碳、循环发展的经济体系。绿色经济是指以市场为导向，以生态、环境和资源为要素，以产业经济为基础，以科技创新为支撑，以经济、社会、生态协调发展为目的经济形态。在此背景下，追求长期价值增长、兼顾经济和社会效益的 ESG 理念正是绿色经济发展全面推行的重要载体，也是企业落实“从高速度发展到高质量发展”的重要途径。因此，了解其他主要国家的 ESG 政策实践对于发展适应我国本土的 ESG 政策具有重要意义。下文将重点选取在可持续发展效果方面较为优秀的四个国家和地区——欧盟、美国、加拿大和日本作为分析对象，依次分析其在可持续发展理念下的 ESG 政策实践情况。

1.2 不同国家和地区基于“可持续发展”理念的 ESG 政策实践

1.2.1 欧盟国家 ESG 相关政策的演变历程

引领世界实现可持续发展目标（SDGs）一直都是欧盟委员会的愿景，也是欧盟委员会“地平线欧洲”提案的重要目标。作为联合国可持续发展目标和负责任投资原则最积极的区域性组织，欧盟委员会最早投入到可持续发展相关政策的制定以及 ESG 相关法规的修订工作之中。

1.2.1.1 环境方面

作为在环境保护领域持续领先且活跃的经济体，早在 20 世纪 70 年代，欧洲各国就已经关注到相关环境问题，并于 1972 年首次通过环境行动计划，并制定和颁布了一系列环境保护条例和政策。例如，1973 年的有关防治水污染的立法、1975 年的第一项关于空气污染防治的法规——汽油硫含量指令。在 20 世纪 80 年代，欧洲第一个框架计划就把环境列为该计划的重要领域，其投入经费总额达 2. 6 亿欧元。在该框架下，欧洲各国纷纷制定本国的可持续发展战略。例如，英国在 1985 年发布《公司法》，鼓励有条件的英国企业自愿披露在公益事业和社会活动中有关的环境信息，并于 1987 年建立了第一个包含环境因子在内的投资组合。1990 年，英国发布了《环境保护法案》，该《法案》要求有污染的企业必须披露其在环境保护方面的重要举措。与此同时，各国纷纷在养老金等长期投资中引入了可持续投资的要求，例如，1995 年，荷兰税务部门引入绿色储蓄和投资计划，对养老基金等投资资金在风能、太阳能、有机农业等绿色投资方面给予税收减免优惠，以倡导新能源等环保产业的发展。2000 年，《英国养老金法案（修订案）》要求职业养老金托管人披露其在选择和实施投资过程中对社会、环境以及道德因素的考虑。2001 年，法国要求员工储蓄计划经理人在其投资政策中必须加入对社会、环境、道德因素的关注。2001 年，瑞典的公共养老金法案也要求国家养老基金在年度经营计划中披露投资活动对环境和道德的考虑，以及这些考虑对基金管理的影响。2002 年，德国要求私人养老计划和职业养老金计划需要书面告知会员基金投资时是否以及以何种形式考虑道德、社会和生态等问题。

20 世纪 90 年代，污染者付费原则是欧盟环境政策议程的主要内容，这导致一系列指令设置，如包装指令、汽车指令、报废电子电器设备指令等。自 1992 年第一届联合国里约高峰大会后，欧盟便开始密切关注世界环境不断恶化给人类社会带来的灾难，并积极制定本地区环境政策，1993 年生效的《马斯特里赫特条约》使环境政策在欧盟中的法律地位得到了进一步的加强。此后，欧盟不断促进国际合作，增加经费投入，组织大型环境科研攻关计划。1997 年，欧盟签订了《阿姆斯特丹条约》，将可持续发展作为欧盟的根本目标，极大地扩展了欧盟环境政策的包含范围和功能领域。这一目标后来转化为 2001 年、2006 年欧盟可持续发展战略的一套指导原则，并贯穿于其第六个环境行动计划的全部内容。

在2002年提出的题为《环境2010：我们的未来，我们的选择》（2002～2012）的《第六个环境行动计划》中，欧盟进一步确定了环境保护在共同体中的优先地位，该项行动计划涉及气候变化、自然和生物的多样性、环境与健康，以及自然资源开发与废物四个领域。经过多年的发展，欧盟环境政策的关注重点开始从环境保护和末端治理向环境一体化和可持续发展的产品政策转变。2005年，欧盟通过了《用能产品生态设计框架指令》，该指令大大超越了污染者付费原则，旨在通过对某些用能产品设计提出要求，来保证产品整个生命周期的环境影响降到最低限度。2010年，欧盟通过并推动了《欧盟木材贸易法案》的实施，加大了对木材非法采伐的打击力度，提高了木材贸易的门槛。

2015年，《巴黎协定》与《2030可持续发展议程》的签约促使欧盟开始重点探索可持续金融转型道路。2016年12月，为响应联合国可持续发展目标中的“气候环境”目标，欧盟在新修订的《职业退休服务机构的活动及监管》中提出：“在对职业退休服务机构的活动的风险进行评估时应考虑到正在出现的或新的与气候变化、资源和环境有关的风险”，从而增强了欧洲监管机构和市场投资者对气候与环境议题的关注。

1.2.1.2 社会方面

自20世纪70年代以来，在可持续发展理念的指导下，除了环境保护，欧洲各国对企业社会责任（Corporate Social Responsibility，CSR）的观念也越来越强。公开资料显示，欧盟正式开始制定指导CSR实践的战略开始于2000年出台的一项关于欧盟未来十年经济发展的规划——“里斯本战略”。2001年，欧洲委员会第一次公布了有关企业社会责任（CSR）的讨论文件。同年7月，欧盟发表了《促进CSR的欧洲框架政策率绿皮书》，正式引入了CSR的概念。以此为基础，2002年通过了第一份官方的政策文件。该文件中的一个重要提案是为欧洲层面的主要利益相关方建立对话的平台，即雇主政治、工会和社会团体。该平台的建立加深了欧盟对企业社会责任的理解和进一步推动该理念达成共识。欧洲可持续投资论坛于2005年推出了养老基金社会责任投资指南，指导养老基金受托人如何在投资组合构建中融入社会责任投资理念。同年，欧盟在对“里斯本战略”实施情况进行中期检查时，根据最新情况对原战略目标作出了较大的调整，将原来的经济增长、社会团结和可持续发展三大目标调整为经济增长和增加就业两大目标。在新的“里斯本战略”指导下，欧盟已经将CSR列入增长和就业方面的发展战略的核心，同时强调通过CSR，企业可以对增长和就业的目标，以及其他有关持续发展方面的公共政策目标作出很大的贡献。欧盟于2006年3月明确提出“做世界企业社会责任的标杆”，并寄希望于企业参与营造友好的欧洲商业环境的组成部分。为实现该目标，欧盟在2005~2007年三次召开欧洲CSR会议，总结CSR实践经验。2011年，欧盟委员会通过了《2011~2014年企业社会责任欧盟持续性政策》，重申必须在CSR领域内提出一项立法提案。2013年，欧洲议会通过两个专项决议，再次重申了企业披露社会责任与环境等可持续发展信息的重要性。2014年，欧盟委员会发布《欧盟成员国CSR政策回顾（2014）》，该项政策概览文件列举了各国政府2011~2014年的现有政策信息和行动计划的进一步安排。综合来看，欧盟在企业社会责任领域一直走在世界前列，从CSR战略、政策到法律都为其他国家树立了榜样。特别是2014年发布的《欧盟非财务信息披露指令》一直备受关注，该《指令》要求欧盟成员国以法律义务的形式要求所有大型企业必须对社会、环境的影响发布报告。该《指令》还要求企业遵守或者解释，即如果企业没有发布社会责任报告，那就必须解释没有发布报告的理由。该原则一直到现在也是很多ESG政策的披露原则。

1.2.1.3 治理方面

早期的欧洲各国尚未认识到环境与经济之间的深刻关系。随着欧盟一体化的不断深入，环境保护和治理成为欧共体进程中的一项重要政策内容。在公司治理方面，2007年欧洲议会和欧盟理事会首次发布《股东权指令》，侧重公司治理规范，强调了良好的公司治理与有效的代理投票的重要性。在 2010 年发布的《回应关于金融机构公司治理和薪酬政策的公众咨询》，建议将 ESG 与公司董事会、股东参与、薪酬等相联系。2013 年，Eurosif 就《非财务报告指令》发布立场文件，在披露非财务信息和多元化政策方面表示强烈支持，推动了公司非财务信息披露及相关条例法规的设定。次年，欧洲议会和欧盟理事会修订了《非财务报告指令》，首次将 ESG 纳入政策法规体系之中，并进一步强调议题中的环境层面因素在公司可持续发展中的地位。2017 年 5 月，欧洲议会和欧盟理事会修订了《股东权指令》，要求股东参与公司 ESG 议题，实现了 ESG 三项议题的全覆盖，并且要求上市公司股东要通过充分实施股东权力影响被投资公司在 ESG 方面的可持续发展表现；还要求资产管理公司应对披露参与被投资公司的 ESG 议题与事项的具体方式、政策、结果与影响。这是欧盟将 ESG 问题纳入公司所有权政策和实践中的具体体现。2018 年 3 月 8 日，欧盟委员会发布了《行动计划：融资可持续增长》（Action Plan：Financing Sustainable Development），详细说明了欧盟委员会将采取可持续金融行动、实施计划和时间表（见表 1.1），并正式呼吁可持续金融相关的经济活动建立系统性分类法。此后欧盟委员会陆续发布了《关于制定建立可持续融资框架的法规（提案）》、初版《欧盟可持续金融分类法案》、《分类法规》，并于 2020 年 3 月发布了《欧盟可持续金融分类法》的最终报告与政策建议，对 67 项经济活动拟定了技术筛选标准，并提出了分类法的未来应用安排。

表 1.1 欧盟《行动计划：融资可持续增长》具体行动内容

1. 为可持续性的经济活动建立一个欧盟分类体系	● 将提出一项立法建议，以确保欧盟在气候变化、环境和社会可持续活动方面逐步发展；目的是将未来欧盟可持续性分类法纳入欧盟法律，为在不同领域（如标准、标签、审慎要求的绿色支持因素、可持续性基准）使用此分类打下基础 ● 设立可持续金融技术专家组，发布第一个分类方案报告，特别关注应对气候变化的活动

续表

2. 为绿色金融产品建立标准和标签	• 欧盟委员会技术专家组（Technology Advisory Group，TAG）将根据公众咨询结果，在当前最佳做法的基础上，编写关于欧盟绿色债券标准的报告 • 在招股章程规定的框架内，将详细说明绿色债券发行招股章程的内容，以向潜在投资者提供额外信息 • 研究某些金融产品使用欧盟生态标签框架的问题，一旦欧盟可持续性分类方案获得通过，该框架将得到应用
3. 促进对可持续性项目的投资	• 不断加强咨询能力（包括发展可持续基础设施项目），提高向欧盟和伙伴国提供可持续投资支持工具的效率和影响力
4. 将可持续性纳入投资建议	• 修订金融市场工具指令和保险分销原则授权法案，以确保在适用性评估中考虑可持续性偏好。将要求欧洲证券和市场监管局在其适用性评估指南中纳入关于可持续性偏好的规定
5. 开发可持续性基准	• 在基准条框内，通过关于基准方法和特征透明度的授权法案，以便用户更好地评估可持续性基准的质量；提出一项由低碳发行人组成的协调基准倡议，一旦分类法确立，将付诸实施。TAG 在征求所有利益相关者意见的基础上，发布低碳基准的设计和方法报告
6. 在评级和市场研究中更好地整合可持续性	• 探讨修订《信用评级机构条例》，使信用评级机构将可持续性因素明确纳入其评估中 • 委员会邀请 ESMA：①评估信用评级市场的现行做法，分析在多大程度上考虑了环境、社会和治理因素；②将环境和社会可持续性信息纳入其信用评级机构披露指南，并在必要时考虑其他指南或措施 • 对可持续性评级和研究进行全面研究
7. 明确机构投资者和资产管理者的职责	• 提出一项立法提案，明确机构投资者和资产管理人在可持续性考虑方面的职责。该提案的目的是：①明确要求机构投资者和资产管理人在投资决策过程中纳入可持续性考虑因素；②提高最终投资者在如何将这些可持续性因素纳入其投资决策方面的透明度，尤其是关于他们面临的可持续性风险
8. 将可持续性纳入审慎要求	• 探讨在机构风险管理政策中纳入与气候和其他环境因素相关的风险的可行性，以及作为《资本要求指令》的一部分对银行资本要求进行潜在调整的可能性，以保障审慎框架和金融稳定的一致性和有效性 • 邀请欧洲保险和职业养老金管理局就保险公司审慎规则对可持续投资的影响发表意见，特别是关注减缓气候变化，并根据《偿付能力Ⅱ》指引向欧洲议会和理事会提交的报告中考虑这一意见

续表

9. 加强可持续性信息披露和会计准则制定	•启动一项与上市公司报告有关的欧盟立法的适用性审查，以评估上市公司和非上市公司的公共报告要求是否适用；还将评估可持续性报告要求和数字化报告的前景 •修订非财务信息准则。根据TAG拟制定的指标，修订后的准则应根据气候相关财务信息披露工作组就如何披露气候相关信息向公司提供进一步指导，并在新分类方案下制定指标 •作为欧洲财务报告咨询集团（European Financial Reporting Advisory Group，EFRAG）的一部分，将建立一个欧洲企业报告实验室，以促进企业报告（如环境会计）的创新和最佳做法发展 •在资产管理人和机构投资者的披露方面，作为委员会在行动计划中的立法建议的一部分，将要求披露在战略和投资决策过程中如何考虑可持续性因素，特别是在面临与气候变化有关的风险时 •委员会将酌情要求EFRAG评估新的或修订的《国际财务报告准则》对可持续投资的影响；还将要求EFRAG报告《国际财务报告准则第9号》对长期投资的影响，并探讨对权益工具处理标准的改进 •将评估国际会计准则条例的相关内容。特别是研究《国际财务报告准则》的采用过程如何允许对不利于欧洲公共利益的标准进行具体调整
10. 促进可持续的公司治理并减弱资本市场的短期行为	•为了促进可持续的公司治理，委员会将与利益相关者开展分析和咨询工作，以评估：①是否有必要要求公司董事会制定和披露可持续发展战略，包括整个供应链的适当尽职调查和可衡量的可持续性目标；②可能需要明确董事根据何种规则行事符合公司的长期利益 •欧盟委员会还将通过诚邀欧洲监管部门提供并收集企业为何难以做出长期回报投资决策的因素，调查其如何能够帮助“削弱资本市场短期行为”

资料来源：Action Plan：Financing Sustainable Development、兴业研究。

综上所述，可持续发展是一个全球性的目标，欧盟在推进可持续发展中扮演着十分重要的角色。

从2012年到2015年，欧盟连续三次推出可持续发展系列文件，反映了其快速推进可持续发展战略的积极态度。尤其是近年来，欧盟在ESG政策法规的制定与修订方面，更加关注其与联合国可持续发展目标的一致性。其他在ESG披露政策方面的具体实践内容汇总于表1.2。

表 1.2 欧盟 ESG 披露政策具体实践

时间	发布者	政策文件	政策内容
2007 年	欧洲议会和欧盟理事会	《股东权指令》	强调了良好的公司治理与有效的代理投票的重要性，侧重公司治理范畴
2010 年	欧洲可持续发展论坛（Eurosif）	《回应关于金融机构公司治理和薪酬政策的公众咨询》	建议将 ESG 与公司董事会、股东参与、薪酬等联系
2014 年 12 月	欧盟委员会	《非财务报告指令》	第一次将 ESG 三个要素统一列入法规条款中的法律文件，规定大型企业（员工人数大于 500 人）对外发布非财务信息披露内容必须覆盖 ESG 相关议题，并明确了环境议题需强制披露的内容，对社会和公司治理的议题则仅提供了参考性的披露范围
2016 年 5 月	全球报告倡议组织和 Eurosif	《关于欧洲委员会对报告非财务信息方法的非约束性准则的联合声明》	支持对 ESG 关键绩效的设定与披露
2016 年 12 月	欧盟委员会	《职业退休服务机构的活动及监管（IORP Ⅱ）》	要求 IOPS 对外披露 ESG 议题细节，将 ESG 议题纳入风险评估范畴
2017 年 5 月	欧洲议会和欧盟理事会	《股东权指令》（修订）	要求股东参与公司 ESG 议题，实现 ESG 三项议题全覆盖
2019 年 1 月	欧盟委员会	《反思文件：迈向可持续的欧洲 2030》	汇集了社会团体领导者、非政府组织、环境组织、企业组织、欧洲政策制定者等众多利益相关者的参与，并形成战略性共识，提出要从线性经济向循环经济发展转型
2019 年 4 月	欧洲证券和市场管理局（ESMA）	《ESMA 整合建议的最终报告》	明确界定与 ESG 相关术语的重要性，建议政策制定者进一步完善 ESG 条例法规
2019 年 11 月	欧洲议会和欧盟理事会	《金融服务业可持续性相关披露条例》	对金融服务业产品的具体披露信息进行明确，以解决可持续发展信息披露的不一致性

续表

时间	发布者	政策文件	政策内容
2020 年 2 月	欧洲证券和市场管理局（ESMA）	《可持续金融策略》	将在其四项活动中整合 ESG 相关因素的战略，继续呼吁建立对 ESG 认知的共识以及对 ESG 议题监管趋同的重要性
2020 年 3 月	欧盟可持续金融技术专家组	《可持续金融分类最终报告》	通过对六项环境目标相关的经济活动设定技术筛选标准，要求资产管理者和金融产品向利益相关方披露 ESG 相关活动，要求企业对外披露 ESG 因素遵循特定框架
2020 年 4 月	欧盟委员会	《促进可持续投资的框架》	对识别具有环境可持续性的经济活动向欧盟范围内的企业和投资者提供统一的分类系统，为企业和投资者在进行可持续性投资经济活动时提供判断标准
2021 年 3 月	欧洲银行、欧洲证券协会和欧洲证券管理局	《可持续金融披露条例》	涉及主体涵盖所有欧盟金融市场参与者、顾问以及向欧盟投资者推销产品的外来参与者。该《条例》要求要求他们收集并报告指定的 ESG 数据。这包括可持续发展风险如何影响投资者回报的信息，反之亦应披露投资如何对气候变化等可持续性因素产生负面影响

资料来源：国金证券研究所、社会价值投资联盟（CASVI）。

1.2.2 美国 ESG 相关政策的演变历程

1.2.2.1 环境方面

美国作为全球第一大经济体和第二大排放国，是最早制定专门针对上市公司环境信息披露制度的国家之一，监管政策较为完善。近十年来，环境议题（尤其是气候变化因素）成为美国资本市场关注的重点，与之相关的政策法规也逐渐呈现出量化和强制性的要求。美国对环境信息披露的法规最早可追溯至1934年通过的《证券法》，其中S－K监管规制规定上市公司要披露财务和非财务信息。在20世纪60年代，美国总统肯尼迪就要求美国科研机构加强对气候变化的监控与研究，并积极探索环境治理的国际合作模式。1976年，美国联邦政府出台了《资源保护与回收法案》，首先从政府层面推动绿色采购，提升环保意识。20世纪八九十年代，美国环境问题日益突出，企业环境表现成为投资价值判断依据之一。1989年，为应对化石燃料燃烧带来的全球变暖等一系列环境问题，美国环境责任经济联盟（CERES）正式成立并提出《瓦尔德斯原则》，倡议企业界采用更环保的方式履行企业对环境的责任。该组织汇集了投资者、商业领袖和非营利性公益组织，弘扬可持续商业模式向低碳经济过渡。随着全球可持续发展浪潮的推进，美国就环境治理陆续出台了一系列新的法规文件。美国政府针对低碳技术领域设置的税收激励政策有效地帮助美国进行了清洁能源的推动。小布什政府在2002年2月15日提出的“自愿减排”计划中承诺给予自愿减排的企业税收优惠。2003年美国联邦政府投入5.5亿美元用于清洁能源的税收优惠，并承诺将不断增加投入，而获益的行业都是低碳环保的行业，如太阳能技术、二氧化碳埋存技术等。奥巴马政府当政期间，美国民众还享有对环境活动的知情权和评价权，这样的规定目的在于获得公众对所研发的低碳技术的认可。同年，奥巴马政府正式通过《2009年美国复苏与再投资法案》，在法案7800亿美元的总投资额中，有600亿美元用于低碳技术领域，包括能源增效技术、绿色建筑、汽车尾气排放标准、低碳电力能源技术、可再生能源开发技术等方面。除了原有的《美国国家环境政策法案》《清洁空气法案》等相关法律法规外，美国在2009年联合国第15次气候变化大会召开之后，于2010年2月发布《委员会关于气候变化相关信息披露的指导意见》，要求公司就环境议题从财务角度进行量化披露，公开遵守环境法的费用、与环保有关的重大资本支出等，由此开启了美国上市公司对气候变化等环境信息披露的新时代。2016年，美国作为第195个国家参加了《巴黎协定》的签署，同意为减少导致地球变暖的温室气体付出努力。与欧盟相似，美国同样注重长期基金投资的驱动力量，2006年4月，美国加州公务员退休基金、纽约州共同退休基金和纽约市雇员养老金成为第一批签署《联合国责任投资原则》（UN-PRI）的资产管理机构；2015年，美国《第185号参议院法案：公共退休制度：动力煤公司的公共剥离》发布，要求美国加州公务员退休基金和加州教师退休基金在2017年7月1日前停止对煤电的投资，向清洁、无污染能源过渡，以支持加州经济脱碳。该法案中，环境保护成为董事会参与的重要事项："董事会应建设性地与动力煤公司接洽，以确定公司是否正在转变业务模式适应清洁能源生产。"在此后的2018年，《第964号参议院法案》进一步提升对上述两大退休基金中气候变化风险的管控以及相关信息披露的强制性，同时将与气候相关的金融风险上升为"重大风险"级别。截至2019年，用于向清洁能源投资过渡的加州公务员退休基金资产管理规模超过3700亿美元，加州教师退休基金资产管理规模超过2400亿美元。

1.2.2.2 社会方面

早在1971年，美国的第一只社会责任投资基金——"和平女神世界基金"诞生。20世纪90年代中期以来，特别是受到几大公司丑闻的影响，美国的企业社会责任政策有了较快的发展。1997年由美国环境责任经济联盟（CERES）和联合国环境规划署（UNEP）共同发起的非营利性组织全球报告倡议组织（GRI），一直致力于为企业、政府和其他机构提供全球通用语言来了解商业对可持续发展关键议题的影响并进行沟通与交流，旨在创建第一个问责机制，并分别于2000年、2002年、2006年和2013年发布了四版《可持续发展报告指南》，《指南》中提出的可持续发展报告编制标准，为信息披露提供相应的标准和内容建议。同年，由总部设立在美国的社会责任国际组织（SAI）发起并联合欧美跨国公司和其他国际组织，制定了SA 8000社会责任国际标准，提出了一系列工作环境标准，通过志愿提升工作条件、劳工关系以及非政治性的社会责任来提高工人的人权，成为评价工厂及公司在社会责任方面表现的基准。由于美国经济的国际化程度高，美国的企业社会责任政策也伴随全球化浪潮扩展为全球企业社会责任政策。美国道琼斯可持续发展指数（The Dow Jones Sustainability Indexes，DJSI）颁布于 1999 年，是美国道琼斯公司与瑞士 RobecoSAM 机构共同创立和颁布的投资指数，从经济、环境及社会三个方面评价世界范围内主要上市公司企业的可持续发展能力，并评选出综合实力优异的企业。道琼斯可持续发展指数在全球范围内追踪在可持续发展方面走在前列的企业表现，并为资产管理者的可持续性投资组合提供客观可靠的基准。2010 年，加利福尼亚州立法机构颁布了《加州供应链透明度法案》。2011 年，美国可持续责任论坛成立。2012 年，美国纳斯达克证券交易所和纽约证券交易所加入联合国可持续证券交易所倡议。2015 年 GRI 通过了 SDG 框架，并于 2016 年发布了最新版的 GRI 可持续发展报告标准。2016 年，美国平等就业机会委员会发布了《雇主信息报告》（EEO－1），要求包括 100 名员工以上的企业收集并提供包括种族、民族、性别和工作类别的工资数据，向联邦政府提供公司的实际雇佣情况。2018 年，加利福尼亚州参议院通过的《第 826 号参议院法案》对州内公司的女性董事长人数的最低标准进行了规定，要求上市公司在 2021 年底至少有两位甚至三位女性董事会成员。

1.2.2.3 治理方面

21 世纪初，美国安然公司和世界通信公司的财务造假事件直接催生了《萨班斯·奥克斯利法案》的颁布。该法案是历史上美国政府全面地对公司治理、会计职业监管、证券市场监管等方面提出更加严格、规范的法律体系的管控。这一法案也构成了美国公司治理一直延续至今的法律基础，同时对全世界的公司治理产生了深远影响。《纽约证券交易所 303A 公司治理规则》自 2002 年发布以来，历经四次修订，要求纽交所上市公司必须遵守 303A 规定的有关公司治理的标准，对上市公司的独立董事、薪酬委员会、审计委员会等公司治理内容进行规定，要求上市公司采用并披露商业行为和道德准则。2008 年经济危机爆发后，社会公众对于金融危机爆发的原因的反思加速推动了美国企业在公司治理方面的监管规则。除美国政府、证交所等官方机构外，行业协会等非官方组织也开始展开积极的行动。近年来，随着ESG相关投资理念的出台，美国在公司治理方面的政策也日趋完善、日渐加强。2011年，成立于美国的非营利组织——可持续发展会计标准委员会（SASB），致力于制定一系列针对特定行业的ESG（环境、社会和治理）披露指标。2017年，由70多家美国机构投资者和全球资产管理人组成的投资者管理集团发布了《机构投资者管理框架》，该框架明确指出，有效的公司治理机制对于公司价值创造和降低风险至关重要，并鼓励机构投资者披露如何评估与所投资公司相关的公司治理因素，以及如何管理代理投票和参与活动中可能出现的潜在利益冲突。该框架再次强调了公司治理的重要性。2019年8月，商业圆桌会议在华盛顿发布了由181家美国公司首席执行官共同签署的《关于公司宗旨的声明》（Statement on the Purpose of a Corporation）。签署者承诺，除了带领公司继续创造经济价值外，在商业决策中将同时考虑股东和其他利益相关者的利益诉求。该声明的出现颠覆了美国传统商业价值观中"股东利益至上"的原则，树立了企业社会责任的新标准，体现出美国商界向可持续发展理念的价值转向。

综上所述，与欧盟不同，美国联邦政府在ESG监管政策的引导上贡献不足，主要依靠资本市场自发的驱动力。而且在特朗普执政期间，联邦政府并不鼓励可持续发展与环境保护责任，甚至退出了《巴黎协定》。但从美国的龙头养老金为代表的大型资产管理者对环境和气候变化风险的优先考量不难看出美国金融机构对气候变化的关注与重视仍然不减。而且拜登上台后，美国在应对气候变化问题上也出现了转变，包括重回《巴黎协定》，设立总统气候问题特使一职并任命前国务卿约翰·克里担任。美国证券交易委员会（SEC）代理主席在上任后创立了气候及ESG高级政策顾问职位，为SEC首次拥有此类政策顾问。在《2021年优先审查事项》的重点审查项目中，也将气候变迁与ESG纳入监管框架，审查企业是否正在考虑采取有效措施来帮助改善大规模气候事件。综合上述ESG相关内容介绍，将美国ESG披露政策方面的具体实践内容汇总于表1.3中。

表 1.3　美国 ESG 披露政策实践

时间	发布者	政策文件	政策内容
2010 年 1 月	证券交易委员会	《委员会关于气候变化相关信息披露的指导意见》	要求公司从财务角度对环境责任进行量化评估，开启美国上市公司对气候变化等环境披露的新时代
2010 年 9 月	总统签署的联邦法案	《多德 - 弗兰克华尔街改革和消费者保护法》	要求美国上市公司披露是否使用冲突矿物以及矿产来源
2015 年 10 月	加利福尼亚州参议院	《第 185 号参议院法案——公共退休制度：动力煤公司的公共剥离》	要求美国两大退休基金停止对煤炭的投资，转向清洁能源过渡，以支持加州经济脱碳
2015 年 10 月	美国劳工部员工福利安全管理局	《解释公告（IB2015 - 01）》	对 ESG 作为投资考量因素公开表示支持，鼓励投资决策中考虑 ESG 整合
2016 年 12 月	美国劳工部员工福利安全管理局	《解释公告（IB2016 - 01）》	强调了 ESG 考量的受托者责任，要求其在投资政策声明中披露 ESG 信息
2017 年	纳斯达克交易所	《ESG 报告指南 1.0》	为上市公司 ESG 信息披露提供指引
2017 年	投资者管理集团	《机构投资者管理框架》	指出有效的公司治理机制对于公司价值创造和降级风险尤为重要，再次强调了公司治理的重要性
2018 年 4 月	美国劳工部员工福利安全管理局	《实操辅助公告 No. 2018 - 01》	强调了 ESG 考量的受托者责任，要求其在投资政策声明中披露 ESG 信息
2019 年 5 月	纳斯达克交易所	《ESG 报告指南 2.0》	针对所有在纳斯达克上市的公司和证券发行人提供 ESG 报告编制的详细指引，明确响应了 SDGs 中性别平等、负责任的消费与生产、气候变化、促进目标实现的伙伴关系等目标内容
2020 年 1 月	金融服务委员会	《2019 年 ESG 信息披露简化法案》	强制要求符合条件的证券发行者在向股东和监管机构提供的书面材料中，明确描述规定的 ESG 指标相关内容
2021 年 3 月	证券交易委员会	《2021 年优先审查事项》	重点项目包括扩大对企业绿色永续投资的关注与审查，加强关注气候和 ESG 相关的投资风险

资料来源：国金证券研究所、社会价值投资联盟（CASVI）。

1.2.3 加拿大ESG相关政策的演变历程

1.2.3.1 环境方面

加拿大早在20世纪60年代就已经制定了环境保护方面的政策、法律法规，而加拿大主要的环境立法产生于20世纪70年代。1971年由加拿大环境部颁布的《加拿大环境保护法》，规定在环境部长的职责范围内设立加拿大环境与气候变化部门，负责维护和提高自然环境的质量，提供气象服务以及协调实现环境目标的政策和计划。环境与气候变化部长负责制定《联邦可持续发展战略》，为所有联邦部门设定目标。《加拿大可持续发展技术基金会法》建立了加拿大可持续发展技术基金会，以资助技术开发，为与气候变化、清洁空气、水和土壤质量有关的问题提供解决方案。1999年新的《加拿大环境保护法》（CEPA 1999）在议会获得通过，并于2000年3月31日正式生效，成为加拿大保护环境的一个重要工具。该法案是加拿大环境立法的基石，也是加拿大旨在防止污染、保护环境和人类健康的更广泛立法框架的重要组成部分。石油天然气行业是容易造成资源浪费和环境污染的部门，在政府实施环境保护战略后，它们也开始重视起安全、健康和环境保护问题。为加强石油工业经营管理，对环境和技术负责，它们成立了石油工业者协会，并制定了对从业者的健康、安全级相关的环保措施，以保证石油行业健康持续发展。此外，加拿大自然资源部于1992年颁布了《能源效率法》：规定了用能产品最低能源性能法规的制定和实施，以及在用能产品上加贴标签和收集能源使用的相关数据。在2004年12月发布的《加拿大1999年环境保护法的理解指南》中，进一步揭示了加拿大环境保护法的核心特征。在短短20年的时间里，加拿大的环境保护法得到了不断的丰富和完善，为保护加拿大的生态环境起到了至关重要的作用。加拿大环境方面的法规政策主要集中于预防和治理环境污染、气候与水、节能减排三个方面。

1.2.3.2 社会方面

加拿大是企业社会责任运动的先驱，是世界上最先制定公共政策以促进全球公司责任的发起国之一。加拿大政府视贸易自由化和企业社会责任相辅相成，要求公司遵循国际企业社会责任标准。20世纪90年代，加拿大政策制定者开始试行一系列措施以鼓励可持续发展、人权和国际劳工标准。加拿大政府同时亦致力于在发展中国家促进企业社会责任运动，是世界银行关于企业社会责任的奠基者之一。《加拿大企业社会责任实施指南》是加拿大联邦政府积极回应众多加拿大企业对于获取企业社会责任方面“权威性信息、企业范例和建议”的诉求而于2006年编制发布的一份官方文件。该《指南》主要分为三部分内容：第一部分是企业社会责任概述，阐述了企业社会责任是如何定义的，企业社会责任的商业案例和企业社会责任与法律的关系；第二部分阐述了企业社会责任实施框架的四个阶段：计划、实施、检查和改进，实现了企业社会责任管理的闭环；第三部分着眼于利益相关者参与及其在推行企业社会责任有效举措中所发挥的不可或缺的作用。在2014年11月，加拿大针对在国外从事采掘业的企业推出了增强版的企业社会责任战略，这是在2009年出台的最初版本基础上进行的更新。战略的内容包括：以联合国《工商业与人权的指导原则》和经合组织（OECD）《对来自冲突和高风险地区的矿产品进行负责任的供应链尽责调查指南》为标杆，来衡量企业表现。

1.2.3.3 治理方面

随着21世纪初期的一系列重大公司丑闻对世界金融市场的冲击，在加拿大，维护高标准的企业治理工作已成为企业必须要做的事情。与美国依靠大量立法保证公司治理不同，加拿大在公司治理方面的规定依靠的是大量的指导，而非详细的规定。在加拿大，公司可以选择依据联邦政府颁布的《公司法》（即《加拿大商业公司法》）来成立，也可以依据省政府颁布的《公司法》来成立，例如，安大略省企业可依据《安大略省商业公司法》成立。对于一家上市公司，公司治理工作的一大基石是董事会成员与管理者之间采取职权分离制。除法律要求外，加拿大还颁布了《国家第58－201号政策——公司治理准则》，旨在指导上市公司企业开展公司治理工作。2014年4月，安大略省证券委员会颁布了对58－101F1

号表格《公司治理披露》的提议修订案，旨在加强公司治理中的两性平等意识。此外《国家第51－102号文件——持续披露义务》列出了“持续披露”的一般披露要求。按照该规定，上市公司必须按年度或季度披露特定信息，或者在发生了特定事件并由此触发了报告要求的时候披露这些信息，如重要的高管离职、影响企业经营的自然灾害等。

近年来，加拿大的责任投资趋势呈现迅速增长态势。据加拿大责任投资联盟统计，加拿大责任投资在2015～2017年增长了41.6%。此外，加拿大不断研究出台新政策和法规，完善原有法律法规，逐步规范和细化市场各参与方对ESG要素的考量及信息披露的要求，为ESG投资的发展奠定制度基础。在政策法规推动下，一些大型资产所有者积极进行ESG投资实践探索，将ESG理念融入组织的价值观；民间组织和有关机构、论坛等也通过调研、发布报告和提供相关咨询等方式帮助市场各主体积极开展投资实践，协助政府部门完善ESG相关政策法规体系的构建。可以说，加拿大包括ESG投资在内的责任投资市场的蓬勃发展离不开政策法制的指引，也得益于市场各方的积极参与和协力推进。加拿大具体ESG相关的披露政策实践如表1.4所示。

表1.4 加拿大ESG披露政策实践

时间	发布者	政策文件	政策内容
2010年10月	加拿大证券管理局	《CSA员工通告51－333：环境报告指引》	协助投资基金以外的报告发行人：①确定需要披露的环境问题信息；②必要时加强或补充有关环境问题的披露
2011年6月	加拿大证券管理局	《国家文件第43－101号：矿产项目披露标准》	要求披露项目运营产生的环境、社会、社区影响
2014年3月	多伦多证券交易所	《环境与社会信息披露指南》	要求上市公司必须披露具有重要性的环境与社会议题
2014年10月	加拿大安大略省	《安大略省条例第235/14条》	要求养老基金在投资决策中必须考量ESG因素，并在投资政策和程序声明中披露ESG整合信息

续表

时间	发布者	政策文件	政策内容
2015 年 6 月	加拿大不列颠哥伦比亚省证券委员会	《表格 51 – 102F1：管理层讨论与分析》	要求管理层讨论在最近一个财政年度的运营中影响项目价值的任何因素，包括环境和政治因素
2019 年 8 月	加拿大证券管理局	《CSA 员工通告 51 – 358：气候变化相关风险报告》	提供更多与气候变化相关的披露说明
2020 年 1 月	安大略省市政雇员退休系统	《OMERS 责任投资政策》	明确社会投资四大策略，将责任投资策略洞察纳入董事会责任
2020 年 3 月	安大略省市政雇员退休系统	《首要计划投资政策和程序声明》	明确在投资决策中考量 ESG 因素，要求养老基金与被投资公司接触以改善其可持续表现

资料来源：国金证券研究所、社会价值投资联盟（CASVI）。

1.2.4 日本 ESG 政策的演变历程

1.2.4.1 环境方面

日本从“二战”后就陆续制定了各种可持续发展方面的政策，只是没有形成系统的、全面的可持续发展政策。1992 年联合国环境与发展大会后，日本根据大会通过的《21 世纪议程》，于 1994 年出台了符合本国国情的《21 世纪行动纲领》，这是日本可持续发展政策全面、系统形成的标志。《21 世纪行动纲领》从人口、环境、资源与发展的总体联系出发，提出了人口、经济、社会、资源和环境相互协调、可持续发展的总体战略，以及相关的对策和行动方案。其目标是建立一个减轻环境负荷的可持续发展的社会。为促使企业生产与生态环境保护相协调，日本政府也相继出台了《环境基本法》的下位法，包括《大气污染防治法》等对企业生产活动进行规制。为确保企业生产行为符合法律的要求，提高企业恶意污染环境的成本，日本政府在《大气污染防治法》和《水质污浊防治法》中引进了《民法》中的“无过错责任制度”的损害赔偿责任，即“由于大气污染和水质污浊导致居民健康受到损害的，无论其有无过错，均认定污染物质排放方承担赔偿责任”。总的来说，日本的可持续发展政策起步较早，逐步探索出一条符合本国国情、较完善且行之有效的可持续发展政策。

1.2.4.2　社会方面

日本在战后的50多年时间里大概每隔10年就会出现一场较大规模的企业不良事件和企业批判的高潮，在这期间就使关于“企业社会责任”的问题一再被关注，企业不断反复地进行反思。根据各个时代CSR内容的差别，总体上可以分为五个时期：第一个时期，在20世纪60年代，对CSR的关注是在以重化学工业为中心的经济高速增长时期，企业优先考虑利己的目标，忽视废弃物和污染问题，结果导致公害问题出现。为应对该现象，日本在1967年颁布了《公害对策基本法》。第二个时期，进入20世纪70年代，在“日本列岛改造论”的背景下迎来了第二次地价高涨期，土地投资和商社的过分商品投机演变成严重的社会问题，引发并扩大了社会上的反企业情绪，并在企业层次掀起了设立公害部和建立以利益返还为目的的财团的热潮。“企业社会责任”一词也诞生于这个时期。第三个时期，20世纪70年代后半期到80年代初，企业开始了自我整顿，关于CSR方面的讨论也就急速降温。“总会屋”事件又频繁出现。由于1985年广场协议促使日元大幅升值，日本企业迎来了实现海外投资的国际化时代。特别是进入美国的企业受到了关于企业文化和国民生活之间巨大落差的冲击。在日本国内当时已呈现出泡沫经济的先兆，生活宽裕的消失逐渐使社会问题显性化。这个时期被称为CSR论的衰退期。第四个时期，20世纪80年代后期到明显的第三次地价高涨期，日本社会充斥着泡沫，但自1991年开始地价突然大幅下降，泡沫破灭。在90年代的泡沫经济破灭过程中，山一证券和北海道拓殖银行的破产、东芝机械违反巴黎统筹委员会事件、建筑行业的事先商议投标事件等相继发生，在国际上也招致了对日本企业的不信任。因此，不仅要求企业像以前那样对环境问题采取对策，而且更强烈地要求企业对事业活动、产品和服务造成的环境负荷作为 CSR 来考虑。第五个时期，日本在 2000 年开始引入企业社会责任体制，2003 年左右开始普及。2003 年是日本企业的“CSR 元年”（日本经济同友会，2004），受全球社会责任运动潮流的影响，也为了防范公司丑闻，日本企业开始大规模推进 CSR，成功将 CSR 这个“舶来品”与企业价值观相融合，并将企业战略、组织结构和经营实践相结合，形成了“日本特色”的 CSR 发展之路。综上所述，日本实行有关社会责任方面的政策是从 2000 年开始的，日本自 2000 年开始引入企业社会责任体制，2003 年左右开始普及，2003 年是日本的“CSR 元年”。

1.2.4.3 治理方面

日本传统公司治理模式也是在“二战”后经济社会发展中逐步形成的。日本财阀被解散后，财阀家族持有的股份（占总股本的 40%）被卖给公众，建立了法人式股份制，企业所有权与经营权相分离，形成了分散的股权结构。20 世纪 60 年代日本经济对外开放，为了避免被外国公司控制，日本推行“安定股东 I 程”，促进企业集团间相互持股，减少了资本市场上的流动股份，形成了广泛的企业间交叉持股体系。随着 20 世纪 70 年代中期以来日本逐渐融入经济“全球化”中，日本企业面对的市场环境是趋于饱和的国内需求和旺盛的海外需求，这种环境下的商业模式应该是“全球生产、全球市场”，要求日本企业更快和更准确地进行战略决策，本地化的制造、供应链和市场营销要求企业组织具有高度的灵活性，关键技术创新要求吸引商业和技术人才，同时吸引国际资本需要满足国际投资者的需求。对公司治理的要求就是：多中心决策、CEO 具有更大的权力、灵活雇佣和薪酬制度、更强的激励力度、对国际投资者更透明。20 世纪 90 年代初以来日本修订了《商法》《反垄断法》等多部法律规则，并制定了《公司法》。2002 年，《商法》《商法特例法》修改引入委员会制治理结构，2005 年修改了新《公司法》。此后直到 2014 年，日本金融厅首次颁布《日本尽职管理守则》以及 2015 年日本金融厅联合东京证券交易所首次颁布《日本公司治理守则》，这个时候也是日本 ESG 政策法规体系发展较为快速的时期。

综上，作为世界发达资本市场之一，日本在可持续金融和ESG投资领域的实践方面走在亚洲各国的前列。2016～2019年的可持续投资年增长率达到了1786%。日本可持续金融的迅猛发展离不开政府及监管部门推动可持续发展的决心和做出的实质性引导。近年来频繁修订与ESG和可持续发展相关的政策法规也是强有力的证明。与欧盟和美加不同，日本ESG相关政策法规的制定起步较晚。然而，自日本金融厅于2014年首次发布《日本尽职管理守则》起，日本的ESG政策法规修订步入快车道，具体ESG披露政策实践如表1.5所示。

表1.5 日本ESG披露政策实践

时间	发布者	政策文件	政策内容
2014年2月	日本金融厅	《日本尽职管理守则》	鼓励机构投资者通过参与或对话，改善和促进被投资公司的企业价值和可持续增长
2015年5月	日本金融厅和东京证券交易所	《日本公司治理守则》	要求企业关注利益相关者和可持续发展问题
2017年5月	日本经济贸易和工业部	《协作价值创造指南》	促进公司和投资者之间开展对话，鼓励两者就ESG进行合作以创造长期价值
2018年6月	日本金融厅和东京证券交易所	《日本公司治理守则》（修订）	明确非财务信息应包含ESG信息，并呼吁公司披露有价值的ESG信息，更加关注董事会的可持续责任
2020年3月	日本金融厅	《日本尽职管理守则》（修订）	将ESG考量纳入“尽职管理”责任，关注ESG考量与公司中长期价值的一致性，将标准适用范围扩大至所有符合本准则“尽职管理”定义的资产类别
2020年5月	东京证券交易所	《ESG披露实用手册》	支持上市公司自愿改善ESG披露，鼓励上市公司和投资者展开对话

资料来源：国金证券研究所、社会价值投资联盟（CASVI）。

1.3 不同国家和地区 ESG 政策制定与实践情况比较分析

在可持续发展理念的影响下，以联合国为代表的国际机构在全球企业披露 ESG 信息和各国相关部门出台相应的政策法规过程中起到了非常重要的作用。从 2004 年联合国全球契约组织在《在乎者即赢家》（*Who Care Wins*）报告中首次提出 ESG 的概念，指出监管者应该致力于推动企业披露环境和社会信息，到 2006 年在联合国支持下成立的《责任投资原则组织》（PRI）发布六项责任投资原则推动投资者在投资决策中纳入对 ESG 因素的考量，ESG 逐渐在商业活动中得到广泛实践。2009 年，由联合国贸易和发展会议（United Nations Conference on Trade and Development，UNCTAD）与责任投资原则组织联合发起可持续证券交易所倡议（UN Sustainable Stock Exchange Initiative，UN SSE），助推各签署交易所编制发布 ESG 报告指南，提高上市公司的信息披露水平。近年来，联合国先是于 2015 年提出了 17 项可持续发展目标（SDGs），而后联合国契约组织又与 GRI 合作将 SDGs 构建成了一套企业披露 ESG 信息的新框架。2004 年以来，越来越多的国家在政策法规中采纳了联合国的相关倡议和投资原则，并对联合国可持续发展目标议程采取了积极的行动响应。

1.3.1 欧、美、加、日可持续发展政策对比分析

欧洲可持续发展法律法规出台较早，其可持续发展战略起步大多关于环境问题，后面在发展过程中又增加了三个经济方面的考虑（可持续生产和消费、人口变化与社会融合、全球贫困）。2010 年之后，可持续发展战略不再被孤立地看作解决环境与经济发展之间矛盾的一种方式，而是向着绿色经济、低碳经济、环境与经济相互融合的方向发展，与欧盟社会经

济的全面发展融为一体，并开始注重环境、社会、治理三者的融合。随着时间推移，欧盟政策及法规中增加了对投资各环节纳入ESG的要求，覆盖ESG投资的全过程，对推动ESG投资作用明显。根据国际权威机构晨星（Morningstar）的数据，2019年总部设在欧洲的可持续投资基金增至2405只。进入2020年，在欧洲将ESG标准作为其证券选择过程的关键部分的基金数量从第一季度的2584只激增至第二季度末的2703只。由此可见，在欧盟可持续发展政策的指引下，ESG投资规模及覆盖范围均有较大幅度的增加。

相比之下，美国的可持续发展主要依靠地方政府和机构投资者的推动。在市场驱动下，可持续金融在美国发展迅速。美国资本市场内不仅可持续金融产品日益丰富，同时也出现了一批ESG评级机构等第三方机构帮助可持续金融市场形成了较为完整的产业链和价值链。从可持续投资情况来看，美国可持续投资从数额到规模全面增长。根据美国可持续投资论坛组织发布的数据，2016年初美国采取可持续投资策略的资产管理规模为8.7万亿美元。2018年初增长至12万亿美元，占美国专业资产管理总量的26%。2019年流入可持续发展基金的资金总额为214亿美元，相比于2018年增长了近四倍。根据2019年由全球可持续发展投资联盟发布的《2018年全球可持续投资评论》，美国的可持续投资资产规模排名第二，仅次于欧洲。根据国际权威评级机构晨星发布的《美国可持续基金前景报告》，2018~2019年美国可持续基金数量大幅增加。2019年共有303只开放式和交易所交易基金，比2018年增加30多只。同年，考虑ESG因素的传统基金数量从2018年的81只增至564只，增长了近六倍；从养老基金情况来看，美国共有13家养老基金签署了《责任投资原则》。美国最大养老基金加州公务员退休基金（CalPERS）在2017~2022年战略计划中将基金可持续发展列为第一目标，该基金目前有大约10亿美元投资于ESG全球股票基金。纽约州共同退休基金为美国披露最全面的养老基金，在全球排名第三。从绿色债券发行情况来看，根据气候债券倡议组织数据，2019年全球绿色债券市场发行期数为1788期，发行规模达到2577

亿美元，绿色债券发行人共 496 家，包括国际开发机构、金融机构以及非金融机构等①，其中美国以 513 亿美元的发行额排名第一，占全球发行总额的 20%。最后从 ESG 评级及指数机构来看，目前，美国 ESG 指数评级体系主要有标普旗下道琼斯可持续发展指数（DJSI）评估体系、MSCI ESG 指数评级等。DJSI 的 ESG 评级指标体系主要由环境、社会和经济三个层面组成，MSCI ESG 评级体系关注每个公司在环境、社会和治理方面 10 项主题下的 37 项关键评价指标表现。由于美国政治的两极化日益严重，ESG 监管在中立立场和消极立场中间摇摆，美国联邦政府政策引导贡献较少。不同于欧洲 ESG“政策法规先行”的做法，美国仅有加州等地方政府有基于养老金投资方面的 ESG 政策引导，也只有在证券交易平台才有 ESG 信息披露要求与指南。关于可持续发展信息披露日益受到重视但尚未出台强制性披露规定，大多遵循自愿原则。

与欧美发展轨迹相似，早在 2010 年 6 月加拿大证券管理局就发布了《环境报告指引》，要求投资基金以外的报告发行人按照指引要求和定义披露投资中的环境信息、环境风险和对风险的管控。近年来，加拿大可持续政策法规从环境议题开始着手逐步覆盖环境、社会、治理三个方面。据加拿大责任投资联盟（Canada Responsible Investment Association，RIA）统计，加拿大责任投资呈现迅速增长态势，加拿大政府在现有法律基础上对 ESG 政策进行整合修改，将 ESG 政策融入现有的法律体系中，因此加拿大的可持续发展政策法规不断完善。

在日本可持续投资领域，日本政府养老投资基金（Government Pension Investment Fund，GPIF）是 ESG 投资的大力推动者。日本 ESG 相关政策法规的制定起步晚于欧洲，但出台速度较快。自日本金融厅 2014 年首次发布《日本尽职管理守则》，日本的 ESG 政策法规修订步入快车道，在至今的六年间以平均每年出台或修订一部相关政策法规的速度开始了

① 资料来源：王汀汀，赵嘉露．全球绿色债券发展概况、未来趋势［EB/OL］．界面新闻，https：//www.jiemian.com/article/5702248.html，2021－02－21.

"超车"。在政府政策法规的指引下和资本市场各企业的实践下，日本资本市场转向可持续发展。与美国相同，日本的法规也同样属于非强制参与。日本着力扩大ESG政策法规的适用范围和完善程度，《日本尽职管理守则》的适用对象从2014年的日本上市公司股票的资产管理者扩展到2020年所有符合该守则对"尽职管理"定义的资产类别。目前，日本已成为继欧洲和美国之后的第三大可持续投资市场。

结合欧、美、加、日可持续政策特征及效果情况发现，其中，在可持续发展路线方面，欧盟和加拿大均是以环境议题为切入点，逐渐覆盖ESG三个方面；美国则重视公司治理维度，强调董事会的责任。此外，欧盟、美国与日本均注重养老基金等长期投资基金推动其在ESG方面的可持续发展。在差异方面，欧盟是起步最早的，注重环境、社会和治理三个方面的融合发展；美国主要依靠地方政府和市场机构投资者的推动ESG的发展；加拿大在ESG相关法规政策的基础上不断修补完善；日本虽然在ESG方面起步较晚，但政策发展迅速并逐年修订，逐步推进ESG的高质量发展。

1.3.2 欧、美、加、日可持续发展效果情况对比分析

欧盟委员会是最早响应联合国可持续发展政策号召的国际组织，以环境议题为切入点，逐渐覆盖ESG三个方面，不断加深三个方面的融合。在其进一步推动下，欧洲各国在可持续发展方面均取得了较高水平的成效，根据《可持续发展目标指数与指示板报告》总结欧盟国家的可持续发展指数评分与排名情况如表1.6所示。

表1.6 2020年欧盟国家在《可持续发展目标指数与指示板报告》中的分值及排名

国别	《可持续发展目标指数与指示板报告》分值	国际排名
瑞典	84.7	1
丹麦	84.6	2

续表

国别	《可持续发展目标指数与指示板报告》分值	国际排名
芬兰	83.8	3
法国	81.1	4
德国	80.8	5
奥地利	80.7	7
捷克共和国	80.6	8
荷兰	80.4	9
爱沙尼亚	80.1	10
比利时	80.0	11
斯洛文尼亚	79.8	12
爱尔兰	79.4	14
克罗地亚	78.4	19
西班牙	78.1	22
波兰	78.1	23
拉脱维亚	77.7	24
葡萄牙	77.6	25
斯洛伐克共和国	77.5	27
匈牙利	77.3	29
意大利	77.0	30
马耳他	76.0	32
塞浦路斯	75.2	34
立陶宛	75.0	36
罗马尼亚	74.8	38
保加利亚	74.8	39
希腊	74.3	43
卢森堡	74.3	44

资料来源：根据 SDG 网站（https：//www.sdgindex.org/）发布的《可持续发展目标指数与指示板报告》数据整理。

由表 1.6 可以看到，欧盟成员国在《可持续发展目标评价指数与指示板》报告得分排名均在全球排名前 45 位之内，其中前 10 位除了挪威，均为欧盟国家成员，说明欧盟在可持续发展方面依然已经走在全球前列。其结果一方面源于欧盟是最早响应联合国可持续发展的组织，另一方面离不开欧盟委员会不断出台的可持续发展政策以及政策实施后的持续反思、

评估与检测，确保可持续政策的稳步推进和具体落实。随着联合国《2030 年可持续发展议程》的公布，欧盟也在不断加强其自身可持续政策效果的溢出效应，不断强化其国际影响力并引领其他国家在可持续发展方面形成共识。

同样，总结美国、加拿大和日本的可持续发展指数评分与排名情况如表 1.7 所示。

表 1.7 2020 年美、加、日在《可持续发展目标指数与指示板报告》中的分值及排名

国别	《可持续发展目标指数与指示板报告》分值	国际排名
美国	76.01	32
加拿大	79.16	21
日本	79.85	18

资料来源：根据 SDG 网站（https://www.sdgindex.org/）发布的《可持续发展目标指数与指示板报告》数据整理。

美国是世界上最大的经济体，拥有全球最大的金融市场，其在可持续金融领域的发展对全球经济都产生着巨大影响。但从表 1.7 中美国排名来看，相比欧盟处于中下水平。虽然特朗普政府在国际合作组织中的各种“退群”行为对美国的相关政策法律造成了一定的影响，但全球资本市场已经展现出向可持续金融迈进的趋势，资本向善已然成为时代潮流，可持续发展终将成为人类的共同使命和必然选择。随着拜登政府推动美国重返《巴黎协定》，美国有望能够继续践行环境、社会和治理相关的可持续发展实践。由表 1.7 所示，相比之下，加拿大在可持续发展指数排名中较为靠前，与欧盟成员国相比处于中等水平；日本在可持续发展指数排名中相对靠前，与欧盟成员国排名相比处于中等水平。具体对比由 17 项可持续发展目标得分生成的可持续发展目标平均表现分项图（见图 1.2、图 1.3 和图 1.4）可见，美国、加拿大和日本在各分项指标上的得分较为平均，在个别分项指标上表现优异。

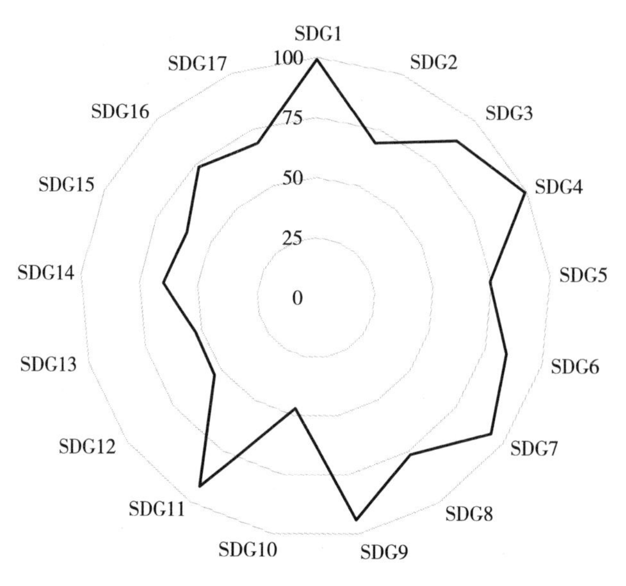

图 1.2　2020 年美国可持续发展目标（SDG）平均表现

资料来源：SDG 网站（https：//www. sdgindex. org/）的《可持续发展目标指数与指示板报告》。

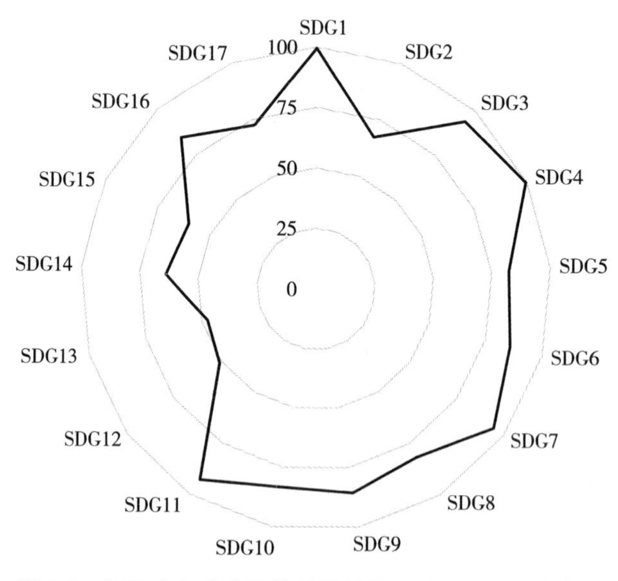

图 1.3　2020 年加拿大可持续发展目标（SDG）平均表现

资料来源：SDG 网站（https：//www. sdgindex. org/）的《可持续发展目标指数与指示板报告》。

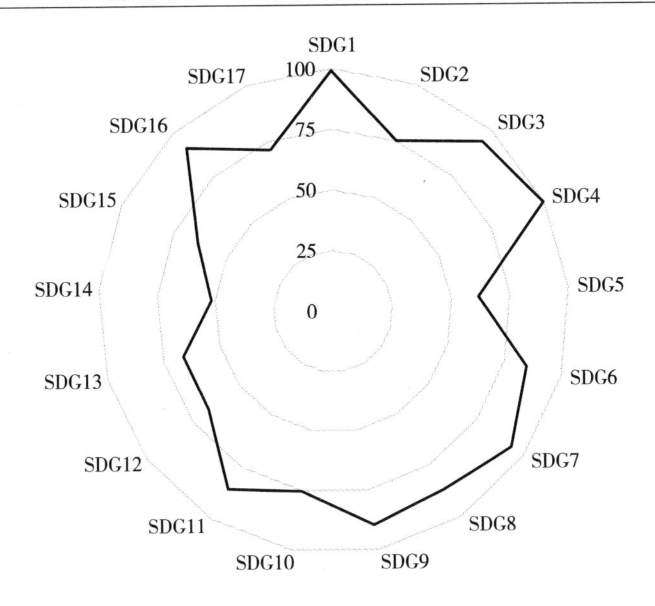

图1.4 2020年日本可持续发展目标（SDG）平均表现

资料来源：SDG网站（https://www.sdgindex.org/）的《可持续发展目标指数与指示板报告》。

1.3.3 OECD国家与新兴经济体国家可持续发展效果情况对比分析

根据《可持续发展目标指数与指示板报告》中的数据分别绘制表1.8和表1.9。

表1.8 2020年OECD国家在《可持续发展目标指数与指示板报告》中的分值及排名

国别	《可持续发展目标指数与指示板报告》分值	国际排名
瑞典	84.7	1
丹麦	84.6	2
芬兰	83.8	3
法国	81.1	4
德国	80.8	5

续表

国别	《可持续发展目标指数与指示板报告》分值	国际排名
挪威	80.8	6
奥地利	80.7	7
捷克共和国	80.6	8
荷兰	80.4	9
爱沙尼亚	80.1	10
比利时	80.0	11
斯洛文尼亚	79.8	12
英国	79.8	13
爱尔兰	79.4	14
瑞士	79.4	15
新西兰	79.2	16
日本	79.2	17
韩国	78.3	20
加拿大	78.2	21
西班牙	78.1	22
波兰	78.1	23
拉脱维亚	77.7	24
葡萄牙	77.6	25
冰岛	77.5	26
斯洛伐克共和国	77.5	27
智利	77.4	28
匈牙利	77.3	29
意大利	77.0	30
美国	76.4	31
哥斯达黎加	75.1	35
立陶宛	75.0	36
澳大利亚	74.9	37
以色列	74.6	40
希腊	74.3	43
卢森堡	74.3	44

续表

国别	《可持续发展目标指数与指示板报告》分值	国际排名
哥伦比亚	70.9	67
墨西哥	70.4	69
土耳其	70.3	70

资料来源：SDG网站（https：//www.sdgindex.org/）的《可持续发展目标指数与指示板报告》。

从表1.8中数据可知，OECD国家在落实联合国《2030年可持续发展议程》方面处于国际领先水平，2020年《可持续发展目标指数与指示板报告》中排名前31位的国家除了白俄罗斯和克罗地亚两个国家外，均为OECD成员国，表明了OECD国家在可持续发展效果方面的领先地位。

表1.9 2020年新兴经济体国家在《可持续发展目标指数与指示板报告》中的分值及排名

国别	《可持续发展目标指数与指示板报告》分值	国际排名
韩国	78.3	20
中国	73.9	48
墨西哥	70.4	69
土耳其	70.3	70
阿根廷	73.2	51
巴西	72.7	53
俄罗斯	71.9	57
马来西亚	71.8	60
埃及	68.8	83
新加坡	67.0	93
菲律宾	65.5	99
印度尼西亚	65.3	101
南非	63.4	110
印度	61.9	117

资料来源：SDG网站（https：//www.sdgindex.org/）的《可持续发展目标指数与指示板报告》。

与此相对应，表 1.9 中的数据表明，虽然新兴国家已经成为全球可持续发展的重要力量，但从可持续发展目标指数与指示板报告中的数据来看，新兴国家的总体排名仍处于全球中等偏下水平，在实现联合国 2030 年可持续发展目标上存在一定的压力与挑战。但新兴国家发展势头强劲，具有可持续发展的战略基础，主要表现为：

第一，在经济发展方面，新兴国家拥有丰富的人力资源和相对较低的劳动力成本；产业增长空间大、聚集规模强；工业化和信息化发展潜力大，为推动可持续发展提供了坚实的经济力量。同时新兴国家间开展广泛的政策交流，加强构筑新兴国家可持续发展框架。

第二，在社会治理方面，政府与企业是推动和促进可持续发展的重要力量和主体，联合国《2030 年可持续发展议程》致力于让全球领先企业以最大限度减少负面影响并最大限度展示商业发展如何助推可持续发展目标的实现。目前 71% 的企业已经在计划针对可持续发展目标开展合作。

第三，在环境方面，对于新兴国家来说是最具挑战的一个领域，也是与经济发展矛盾最为显著的一个方面。在加速现代化进程中，新兴国家在生态环境保护、应对气候变化等方面都存在较大压力。新兴国家需要加强可持续资源管理并构建环境保护价值体系，政府应鼓励公司走绿色发展道路，采取最佳的环境保护实践。

1.4 全球 ESG 政策实践对中国 ESG 披露标准制定的启示

进入 21 世纪以来，早期的政策更侧重于要求企业披露涵盖经济、社会与环境三大责任为要点的社会责任报告，近十年来政策引导的聚焦点逐步转向环境、社会和治理三大要素（责任议题），且越发注重企业责任衡量评价的指标化和指标的定量化，以及信息披露的持续性和可比性。这一趋势离不开国际上GRI、IIRC、CDP、SASB等报告指南参考框架的出现与持续优化。为帮助企业分析ESG议题的实质性和进行有效的披露，各类框架在不断的优化过程中注重指标在定性与定量上的升级（如将环境目标明确至各温室气体组分的排放量），使指标更具有可比性。而GRI与SASB等参考框架的优化与标准化正帮助全球企业在ESG披露的基本面达成一致，引导企业在编制非财务信息披露报告的同时重视ESG议题的指标化与定量化，增加了企业在ESG表现上的量化可比性。

在2020年新冠肺炎疫情暴发之前，全球对于ESG的关注尚且主要集中于气候变化和可持续发展两个方面，随着疫情的持续，全球对于ESG的关注也开始转向公司治理层面。近年来，国内出台新政策，在非财务信息披露要求中逐渐加强了对企业在环境、社会和治理方面表现的重视，与国际上日渐盛行ESG浪潮颇为契合。然而时至今日，国内尚未出台明确要求上市公司披露ESG信息的政策。联合国亚太经济社会委员会发布的2021年《亚洲及太平洋地区可持续发展目标进展报告》中显示，为了实现《2030年可持续发展议程》，亚太地区国家在任何领域内都必须加速进步，并立即扭转其在许多可持续发展目标上的退步趋势。结合上述对各国ESG信息披露政策的梳理及实践效果的对比考察，本章就发展中国ESG信息披露方面提出建议如下。

1.4.1 推动从自愿披露到半强制披露再到全面披露的渐进式披露实践

长期以来，企业的ESG绩效表现较少受到关注，全球范围内大多数国家均采取自愿原则引导和鼓励企业披露ESG信息。然而近年来，越来越多的政策制定者开始转向以强制性手段要求企业披露ESG相关信息，对于ESG信息披露的规定逐步从鼓励、引导开始转向半强制或者强制。在这个逐步过渡的阶段，"不遵守就解释"原则得到了广泛的应用。例如，欧盟国家中的德国和意大利分别在2011年和2012年出台了鼓励企业披露环境及社会信息的政策。而在欧盟颁布了《非财务报告指令》后，两国相继在2016年和2017年出台了针对大型企业的强制性ESG信息披露规定，并要求不遵守的企业必须做出解释。中国香港也是一个典型的例子，2012年，港交所发布了首部《环境、社会及管治报告指引》，并将该指引列入了交易所《上市规则》附录中，建议所有上市公司披露相关信息。随后，港交所分别于2015年和2019年又对《环境、社会及管治报告》（《主板上市规则》和《创业板上市规则》）进行了修订，对上市公司就《环境、社会及管治报告指引》中部分内容的披露提出了“不遵守就解释”的强制要求。与欧盟和中国香港的政策法规强制力相比，美国对于信息披露的要求不存在“不遵守就解释”的空间，除了少部分法规没有强制要求ESG披露外，大部分的政策法规均强制要求企业进行ESG信息的披露。对比之下，国家强制要求企业披露ESG信息有利于改善该国企业的可持续发展表现。但国际经验表明，政策法规的强制力和适用范围应遵守循序渐进的原则，给以有关公司一定的过渡准备期，减少制度成本对企业发展的影响。而“不遵守就解释”原则为处于不同发展阶段的公司提供了一定的灵活空间，使新制度在推广过程中更加容易被接受。

1.4.2 由大型企业开始逐步扩大适用范围

由于非财务信息披露涉及社会责任管理统筹、非会计科目相关数据的统计，需要耗费企业额外的人力、财力和物力，从而增加企业的运营成本，因此，许多国家和地区的ESG信息披露制度倾向于以大型企业为最先实施的“排头兵”，再逐步推广到中小型企业中，逐步扩大适用范围。例如，欧盟在2014年颁布的《非财务报告指令》就要求欧盟成员国在各自国内出台相关法令，强制员工人数超过500人以上的大型企业进行ESG信息披露。其中，丹麦和瑞典等国在此基础上更进一步地将强制披露ESG信息的企业规模要求限定于大于250人的企业。我国在推动企业ESG信息披露的过程中也可以参照此种模式，先要求大型企业率先进行披露，培

育 ESG 投资市场，激发中小企业披露的积极性，逐步扩大披露范围。

1.4.3 注重信息披露的实质性质量，增加量化评估指标

实质性原则（Materiality Principle）是会计和审计行业遵循的重要原则之一，现在它也成为衡量 ESG 信息披露质量的一项重要参考依据。许多国家的 ESG 信息披露制度中对信息披露的实质性提出了要求。但值得注意的是，不同经济体的 ESG 信息披露政策中，对于何为“实质性”有着不同的界定。近年来，在欧盟委员会的推动下，“双重实质性”（Double Materiality）的理念在许多欧洲国家成为了制定 ESG 信披政策的核心概念之一。在 ESG 报告中遵循“双重实质性”原则，意味着公司不仅要考察某一议题对企业自身的发展、经营和市场地位影响，还要考量这些议题对外部经济、社会和环境的影响。

此外，上市公司需增加信息披露中的定量化指标。目前，国内上市公司在许多 ESG 指标上的披露仍停留在描述企业政策措施层面，缺乏对一些绩效表现（如排放指标等）的定量披露。而加强定量指标的披露不仅有利于企业自身对 ESG 绩效追踪考察和持续改进，而且还可避免因信息不对称导致在 ESG 评级中被低估。

1.4.4 利用政府引导、投资拉动、企业参与形成三方合力，推动构建 ESG 生态系统

综合来看，在全球其他先进国家和地区的 ESG 信息披露制度从建立、完善到落地运转的过程中，各国政府和监管机构往往最先开展行动，交易所等平台机构紧随其后，而专业服务机构则跟进提供相应支持，企业相继开展信息披露行动，形成了多部门、多主体合作推进企业 ESG 信息披露的态势。因此，提高企业 ESG 信息披露质量需要结合市场和政府的双重力量，利用政府引导 + 投资拉动 + 企业参与，形成三方合力，避免单一政府主导模式。在具体实施过程中，可由政府出面主持企业 ESG 披露标准的建设工作，引导鼓励企业使用国家标准进行 ESG 信息披露；投资者将

ESG 因素纳入投资决策的考量之中；企业通过披露重要 ESG 信息，履行部分信息披露合规工作，加强投资者关系管理——通过多利益相关方的参与，提高企业使用国家 ESG 标准的主动性。此外，ESG 信息披露应引入生态系统的视角，建立监督机构、行业协会、研究机构的合作沟通机制，积极构建 ESG 生态体系。

第 2 章　GRI 标准的主要内容体系与实践情况

2.1　GRI 标准的发展演变

2.1.1　GRI 标准的发展历程

1987 年，世界环境与发展委员会提出了一个令人向往的可持续发展目标，将其描述为在不损害子孙后代满足自身需要能力的前提下，满足当代人需要的发展目标。1997 年，全球报告倡议组织（GRI）成立，这一非营利性组织由联合国环境规划署（UNEP）和环境责任经济联盟（CERES）共同发起，秘书处设在荷兰的阿姆斯特丹，其目的是创建第一个负责任机制，以确保公司遵守负责任的环境行为原则，并扩大到包括社会、经济和治理问题等领域。GRI 一直致力于为企业、政府和其他机构提供一套可持续发展的全球通用语言——GRI 指南，包含报告原则、关键议题、具体标准和实施手册等，为 ESG 可持续发展报告的编制提供参照标准，服务并助力于全球范围内商业活动的可持续发展。

GRI 从成立至今，历经了 G1、G2、G3、G3.1、G4 到 GRI Standards

版本的更新迭代。目前最新的 GRI 标准是 2016 年发布的 GRI Sustainability Reporting Standards，是 GRI 报告框架经过了 16 年坚实的多元利益相关方参与流程不断发展和进化的结果。GRI 标准以 GRI 第 4 版本指南 G4（世界最广泛使用的可持续性报告披露项）为基础，在报告内容和披露形式上进行了更完善的改良，以全新的模块化结构呈现（见表 2.1）。

表 2.1 GRI 发展历程

时间	具体事件
1997 年	GRI 在美国波士顿成立
2000 年	GRI 发布第一代《可持续发展报告指南》，简称 G1，在当时对可持续发展产生深远影响，多家机构在报告时应用其报告指南
2002 年	GRI 正式成为独立的国际组织，并发布第二代《可持续发展报告指南》，简称 G2，同时 GRI 总部搬迁至阿姆斯特丹
2006 年	GRI 在荷兰首都阿姆斯特丹发布了第三代《可持续发展报告指南》，简称 G3，同时被翻译成 10 多种语言版本
2008 年	开展认证培训合作伙伴计划
2011 年	GRI 发布《可持续发展报告指南》的 G3. 1 版本，相对于 G3 版而言，G3. 1 增加了有关人权、性别和社区方面的报告指引
2013 年	GRI 在北京发布第四代中文版《可持续发展报告》，简称 G4，也是世界上使用最广泛的可持续发展报告披露工具
2015 年	通过了 SDG 框架
2016 年	发布 GRI 可持续发展报告标准（GRI Sustainability Reporting Standards），并表示不再发布新一代指南，而是根据公众意见对 GRI 标准不断升级。同时 GRI 社区计划启动
2017 年	与联合国全球契约合作推出的关于可持续发展目标的企业报告指南
2019 年	部门计划启动，同时发布新的税收标准
2020 年	发布新的废弃物标准

2.1.2 GRI 标准的总体框架

对 GRI 整体框架的分析，本节主要集中于框架的内容、结构特色以及报告形式来进行详述。首先，从框架内容上，GRI 最初的 G1 版本主要包含《可持续发展报告指南》（以下简称《指南》）、各类《指标规章》、

《技术规范》及《行业附加指引》，《指南》中的内容较少，需要一系列相关文件进行补充指引，在框架设计上相对比较烦琐，应用较为复杂。GRI 在这方面进行了一系列改进，逐渐将多个文件进行整合梳理，在 G4 版本中框架内容就只包含报告原则和标准披露与实施手册内容，框架体系更加清晰。再到目前应用的 GRI 标准框架体系分为了通用标准和议题专项标准两部分内容，使应用者便于使用，易于理解。其次，在结构特色上，GRI 在一开始成立发布 G1 版本时，是全球第一个基于三重底线的可持续发展报告框架，并在之后每一版本中都进行了完善发展，使每一版本相对之前版本都有了新的突破，G2 版本报告框架主要考虑商业机构需求，并开始区分核心指标与补充指标，指标列示更加清晰；G3 版本开始使用"GRI 应用等级"，划分为 C、B、A 三个层级，以表示其应用 GRI 报告框架的程度；G4 版本新增标准披露部分，包含常规标准和分类标准披露，并增添了快速链接项，便于使用者的信息查找；GRI 标准在框架设计上取消了实施手册的编写，在每项标准中涵盖报告要求、建议和指南三部分内容，标准披露解读更加细化，便于标准使用者的参考应用。与此同时，GRI 标准不再按照经济、环境和社会三大类别顺序编号，而是针对每一特定议题进行编号，条理更加清晰。最后，在报告形式方面也进行了完善，不再单一使用《指南》开展报告工作，而是可以选取 GRI 标准的部分内容来报告专项信息，使 GRI 标准的适用更加广泛、更具战略导向。表 2.2 列示了 GRI 从 G1 到 GRI 标准的总体框架比较。

表 2.2　G1 ~ GRI 标准总体框架比较

	G1	G2	G3	G3.1	G4	GRI 标准
框架内容	《可持续发展报告指南》、各类《指标规章》、《技术规章》及《行业附加指引》	《可持续发展报告指南》、行业补充、专题指引、技术准则	原则和指导、标准披露项目、规程、行业补充项目	报告原则和指导、标准披露（包括绩效指标）、规章、行业补充指引	报告原则和标准披露、实施手册	通用标准和议题专项标准

续表

	G1	G2	G3	G3.1	G4	GRI 标准
特色	指标分为一般通用和机构特有。全球第一个基于三重底线的可持续发展报告框架	三重底线，区分核心指标与补充指标	GRI 应用等级	“GRI 应用等级制度”，宣布其应用 GRI 报告框架的程度	新增标准披露部分（包括常规标准和分类标准披露）	报告框架结构更加模块化，清晰易懂
报告形式	依照《指南》开展报告工作或用作非正式参考	依照《指南》开展报告工作或用作非正式参考	根据组织实际需要，应明确指出报告中省略部分的材料信息、省略原因	没有篇幅要求，只要机构适当地应用《指南》及其选用的其他框架文件即可	可只公布与其核心业务相关指标，更具战略性	使用整套标准来编制符合 GRI 标准的可持续发展报告或使用选取的 GRI 标准或其部分内容来报告专项信息

2.1.3 GRI 标准的具体议题

关于 GRI 业绩指标或者具体议题方面的比较，本节主要集中于经济、环境和社会三大类别中的具体指标内容上。在经济议题方面，从表 2.3 中可以看出，G2 版本在经济方面只披露了直接经济影响的一些指标，但在 G3 ~ G4 这几个版本中是从经济绩效、市场与间接经济影响这几个方面进行披露，在最新的 GRI 标准中更是在 G4 基础上增加了反腐败、不当竞争行为与税务方面的内容。GRI 从一开始主要针对企业经济发展的指标披露，再到增加采购、反腐败、不当竞争行为以及税务等非财务社会责任领域指标披露，对经济议题的披露内容进行了更深层次的拓展补充。在环境议题方面，GRI 始终重视环境方面的指标披露，指标披露变化不大，主要对具体披露的细节内容进行了完善。

表 2.3 G2～GRI 标准经济、环境议题指标比较

	G2	G3	G3.1	G4	GRI 标准
经济	直接经济影响：客户、供货商、雇员、资金供应者、公共部门	经济业绩、市场份额、间接经济影响	经济绩效、市场表现及间接经济影响	经济绩效、市场表现、间接经济影响、采购行为	经济绩效、市场表现、间接经济影响、采购实践、反腐败、不当竞争行为、税务
环境	原材料、能源、水、生物多样性、排放物、污水和废弃物、供货商、产品与服务、法规、交通运输、总体情况	原料、能源、水、生物多样性、废气、废水和废弃物、产品和服务、合规、运输、总体情况	物料、能源、水、生物多样性、废气、污水及废弃物、产品及服务、遵守法规等	物料、能源、水、生物多样性、废气排放、污水和废弃物、产品和服务、合规、交通运输、整体情况、供应商环境评估、环境问题申诉机制	物料、能源、水资源与污水、生物多样性、排放、污水和废弃物、环境合规、供应商环境评估

在社会议题方面，G2～G4 版本中都把社会议题划分为劳工管理与合理的工作、人权、社会和产品责任四个子类别，并在四个子类别下具体列示了相关指标披露。但在最新的 GRI 标准中，不再进行类别细分，而是直接在社会议题下分列每项具体议题标准，内容表达上更加简化和明确。

表 2.4 G2～GRI 标准社会议题指标比较

	社会议题指标
G2	①劳工管理实务与合理的工作：员工雇佣、劳工/管理层关系、健康与安全、培训与教育、多元化与机会；②人权：战略与管理、非歧视、结社自由与集体议价权、童工、强制劳动与强迫劳动、纪律作业、保安实务、本地员工权利；③社会：社区、贿赂及贪污、政治捐款、竞争与定价；④产品责任：消费者健康与安全、产品服务、广告、尊重隐私权

续表

	社会议题指标
G3	①劳动管理实务和合理的工作：雇佣、劳务/管理层关系、职业健康与安全、培训与教育、多元化与同等机遇；②人权：投资和采购实务、非歧视、结社自由和集体谈判、童工、强制劳动与强迫劳动、保安实务、本土员工权利；③社会：社区、腐败、公共政策、反竞争行为、合规；④产品责任：消费者健康与安全、产品和服务标识、营销沟通、消费者隐私和合规
G3. 1	①劳工实践及体面工作：雇佣、劳资关系、职业健康与安全、培训与教育、多元化与平等机会、男女同酬；②人权：投资及采购、非歧视、结社自由与集体协商、童工、强迫与强制劳动、安保措施、原住民权利、评估、纠正；③社会：当地社区、腐败、公共政策、反竞争行为、遵守法规；④产品责任：客户健康与安全、产品及服务标识、市场推广、客户隐私权、遵守法规
G4	①劳工实践和体面工作：雇佣、劳资关系、职业健康与安全、培训与教育、多元化与机会平等、男女同酬、供应商劳工实践评估、劳工问题申诉机制；②人权：投资、非歧视、结社自由与集体谈判、童工、强迫与强制劳动、安保措施、原住民权利、评估、供应商人权评估、人权问题申诉机制；③社会：当地社区、反腐败、公共政策、反竞争行为、合规、供应商社会影响评估、社会影响问题申诉机制；④产品责任：客户健康与安全、产品及服务标识、市场推广、客户隐私、合规
GRI 标准	雇佣、劳资关系、职业健康与安全、培训与教育、多元化与平等机会、反歧视、结社自由与集体谈判、童工、强迫或强制劳动、安保实践、原住民权利、人权评估、当地社区、供应商社会评估、公共政策、客户健康与安全、营销与标识、客户隐私、社会经济合规

本节对 G2 ~ GRI 标准总体指标披露上也进行了简要的对比，明显发现 G2 版本相对于 G1 版本，对业绩指标中有关经济和社会的部分作了重大修订，各项范围和指标被重新组织，并加入新的指标。在治理方面增加了新的内容，来阐述经济、环境和社会问题在最高决策过程中的重要性。“一般通用”和“机构特有”环境指标的区别改为以“核心”和“补充”作区分，并与主要的国际协议（包括环境、劳工和人权方面的国际惯例）保持一致。GRI 3. 0 版本在具体业绩指标前会首先进行管理方法披露、目标和业绩、政策、组织责任、培训与意识、监督及跟踪等方面内容的披露，开始产生每项指标披露前的管理方法披露雏形。G4 版本更加聚焦实质性议题，报告框架更易操作。还特别强调，机构需要关注报告流程并报

告对机构业务及关键利益相关方具有实质性的议题。GRI 标准则开始在每项标准披露前进行管理方法内容披露。由此可知，GRI 在近些年发展过程中不仅对具体指标进行了拓展，而且其标准披露形式以及报告指南的排版设计方面也发生了很大的变动，更有利于报告使用者对具体标准披露的理解认识。

2.1.4　GRI 标准的报告原则

由表 2.5 可知，G2 到 GRI 标准所展现的报告原则中基本的、重要的报告原则一直在应用，并且原则主要从界定报告的内容和质量两方面进行阐述。从 G2 到 GRI 标准报告原则的变化中可以看出，GRI 披露的原则要求、披露项目更加明确以及管理方针的披露要求增多，由此可见，指标的选取已经不再是 GRI 标准发展的方向，未来 GRI 将把重心转移到如何使机构理解披露的每一项议题和可持续发展的关系上，并且会根据任何新兴议题对标准进行有弹性的修正。因此对应用 GRI 标准编制报告的机构提出了更高的要求。

表 2.5　G2 ~ GRI 标准报告原则比较

版本	原　则
G2	透明度、包容性、完整性、相关性、可持续发展的背景、准确性、中立性、可比性、清晰性、时效性、可审计性
G3	①界定报告内容的原则：重要性、利益相关者的范围、可持续发展的背景、完整性； ②保证报告质量的原则：平衡性、可比性、透明度、准确性、时效性、可靠性
G3.1	①界定内容的报告原则：实质性、利益相关方参与、可持续性背景、完整性； ②界定报告质量的原则：平衡性、可比性、准确性、时效性、可靠性、清晰性
G4	①界定报告内容的原则：利益相关方参与、可持续发展背景、实质性、完整性； ②界定报告质量的原则：平衡性、可比性、准确性、时效性、清晰性、可靠性
GRI 标准	①界定报告内容所依据的报告原则：利益相关方包容性、可持续发展背景、实质性、完整性； ②界定报告质量所依据的报告原则：准确性、平衡性、清晰性、可比性、可靠性、时效性

2.1.5 GRI 标准的贯彻思想

虽然 GRI 标准在不断修正，但在 GRI 从 G1 到 GRI 标准的发展过程中，以下内容一直没有改变并始终坚持。首先，GRI 信息披露的逻辑不变。一份好的报告一定是从公司或者机构的愿景战略入手，阐述公司的管理框架和体系，最后依照相关指南披露指标表现。GRI 从报告创立伊始一直坚持此信息披露的逻辑不变。其次，报告质量及内容的界定标准不变。GRI 从 G2 版本就开始试图明确报告质量的判定标准，并从 G3 确定沿用至今。报告原则一直围绕在利益相关方包容性、实质性、完整性、准确性、平衡性、可比性等方面进行阐述。最后，标准遵循的差异化理念不变。在可持续发展报告中，不同行业的企业或机构主要披露的议题内容是有差异的。从 G2 开始，GRI 就试图建立核心指标和补充指标两大类别，以便报告主体在披露具体指标时能够充分考虑企业和行业之间的差别。目前最新的 GRI 标准分为通用标准以及议题专项标准，包括经济、环境和社会三大类别，并鼓励企业在进行可持续发展报告中补充报告标准中未涉及的其他指标，贯彻实施了差异化理念。

2.2 GRI 标准的主要内容体系

2.2.1 GRI 标准的框架设计

GRI 标准（The GRI Sustainability Reporting Standards）在框架体系上分为通用标准（Universal Standards）系列和议题专项标准（Topic - specific Standards）系列（见图 2.1）。通用标准包含基础、一般披露和管理方法三部分内容。具体来说，GRI 101 基础标准阐明了界定报告内容和质量的原则以及机构使用 GRI 标准进行可持续报告编制的具体要求；GRI 102

一般披露标准则要求披露机构的背景信息，包含组织概况、战略、道德和诚信、管治、利益相关方参与以及报告实践六大方面内容；GRI 103 管理方法标准主要介绍关于机构实质性议题管理方法的一般披露项，通过对每个实质性议题运用 GRI 103，组织便可对该议题为何具有实质性、影响范围（议题边界）以及组织如何管理影响提供叙述性说明。议题专项标准系列分为 GRI 200 经济议题、GRI 300 环境议题和 GRI 400 社会议题三大板块内容。经济议题系列（GRI 200）中的标准阐述了不同利益相关方之间的资本流动，以及组织在整个社会中的主要经济影响；环境议题系列（GRI 300）关系到组织对生物和非生物自然系统的影响，包括陆地、空气、水和生态系统。社会议题系列（GRI 400）标准主要阐述了组织对其运营所在地的社会体系的影响。

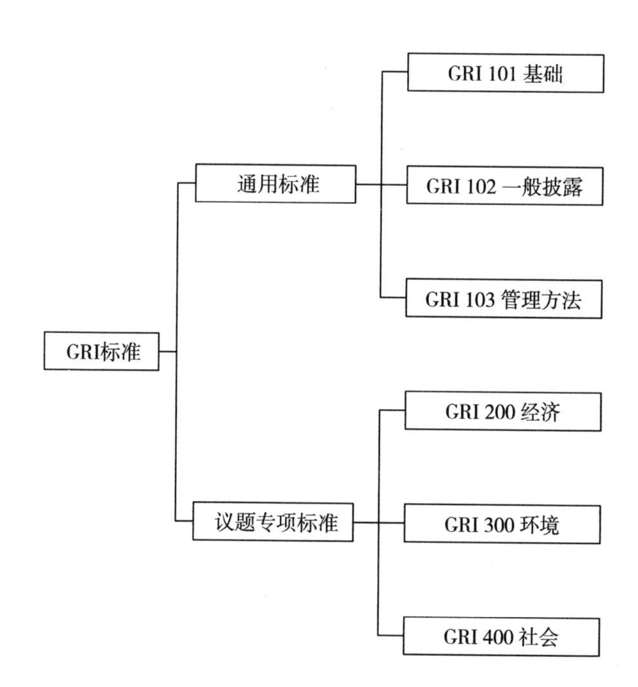

图 2.1　GRI 标准框架结构

2.2.2 经济、环境和社会议题

GRI 将议题专项标准系列分为经济、环境和社会三个维度，GRI 201～GRI 207 为经济议题标准，机构需要将自身对经济产生影响的实质性议题进行披露，包括经济绩效、市场表现、间接经济影响、采购实践、反腐败、不当竞争行为和税务；GRI 301～GRI 308 为环境议题标准，机构需要将自身对环境产生影响的实质性议题进行披露，包括物料、能源、水资源与污水、生物多样性、排放、污水和废弃物、环境合规和供应商环境评估；GRI 401～GRI 419 为社会议题标准，机构需要将自身对社会产生影响的实质性议题进行披露，包括雇佣、劳资关系、职业健康与安全、培训与教育、多元化与平等机会、反歧视、结社自由与集体谈判、童工、强迫或强制劳动、安保实践、原住民权利、人权评估、当地社区、供应商社会评估、公共政策、客户健康与安全、营销与标识、客户隐私、社会经济合规（见表 2.6）。GRI 在每项指标下又根据每项议题的实际情况分解为多个披露项进行披露，满足全球大部分组织进行可持续发展报告的披露。

表 2.6 GRI 标准特定议题披露内容

特定议题	披露项	指标内容
经济	GRI 201～GRI 207	经济绩效、市场表现、间接经济影响、采购实践、反腐败、不当竞争行为、税务
环境	GRI 301～GRI 308	物料、能源、水资源与污水、生物多样性、排放、污水和废弃物、环境合规、供应商环境评估
社会	GRI 401～GRI 419	雇佣、劳资关系、职业健康与安全、培训与教育、多元化与平等机会、反歧视、结社自由与集体谈判、童工、强迫或强制劳动、安保实践、原住民权利、人权评估、当地社区、供应商社会评估、公共政策、客户健康与安全、营销与标识、客户隐私、社会经济合规

2.2.2.1 经济议题

在经济议题中，GRI 包含七类议题标准（见表 2.7）。GRI 201 阐述经

济绩效议题，其主要包括组织产生和分配的经济价值、气候变化产生的财务影响、其固定福利计划义务、从任何政府获得的财政补贴。GRI 202 阐述组织市场表现的议题，涵盖其对经营所在的地区或社区经济发展的贡献。GRI 203 阐述间接经济影响，即组织与其利益相关方之间的财务交易和资金流动产生的直接影响所带来的额外后果，同时还阐述了组织的基础设施投资和支持性服务的影响。GRI 204 阐述采购实践议题，涵盖组织对当地供应商的支持，或对由妇女或弱势群体成员拥有的供应商的支持。它还涵盖组织的采购实践（如给予供应商的交付周期，或其商定的采购价格）如何对供应链造成或导致负面影响。GRI 205 阐述反腐败议题，在该标准中，腐败被理解为包括贿赂、疏通费、欺诈、勒索、串通和洗钱等实践；提供或收受礼物、贷款、费用、奖励或其他好处，从而诱使做出不诚实、非法或违反信任的行为。它还可包括贪污、影响力交易、滥用职权、非法致富、隐瞒和妨碍司法公正等实践。GRI 206 阐述不当竞争行为议题，包括反托拉斯和反垄断实践。GRI 207 是关于税务议题的标准。税收是政府收入的重要来源，也是国家财政政策和宏观经济稳定的核心要素，其主要针对税务管理办法、税务治理、管控及风险管理等内容进行披露。

表 2.7　GRI 经济议题指标

二级披露指标	三级披露指标
GRI 201 经济绩效	管理方法披露（引用 GRI 103） 议题专项披露 • 披露项 201 –1 组织产生和分配的经济价值 • 披露项 201 –2 气候变化带来的财务影响以及其他风险和机遇 • 披露项 201 –3 义务性固定福利计划和其他退休计划 • 披露项 201 –4 政府给予的财政补贴
GRI 202 市场表现	管理方法披露（引用 GRI 103） 议题专项披露 • 披露项 202 –1 按性别的标准起薪水平工资与当地最低工资之比 • 披露项 202 –2 从当地社区雇用高管的比例

续表

二级披露指标	三级披露指标
GRI 203 间接经济影响	管理方法披露（引用 GRI 103） 议题专项披露 • 披露项 203 - 1 基础设施投资和支持性服务 • 披露项 203 - 2 重大间接经济影响
GRI 204 采购实践	管理方法披露（引用 GRI 103） 议题专项披露 • 披露项 204 - 1 向当地供应商采购支出的比例
GRI 205 反腐败	管理方法披露（引用 GRI 103） 议题专项披露 • 披露项 205 - 1 已进行腐败风险评估的运营点 • 披露项 205 - 2 反腐败政策和程序的传达及培训 • 披露项 205 - 3 经确认的腐败事件和采取的行动
GRI 206 不当竞争行为	管理方法披露（引用 GRI 103） 议题专项披露 • 披露项 206 - 1 针对不当竞争行为、反托拉斯和反垄断实践的法律诉讼
GRI 207 税务	管理方法披露 • 披露项 207 - 1 税务管理方法 • 披露项 207 - 2 税务治理、管控及风险管理 • 披露项 207 - 3 利益相关方的参与以及涉税问题管理 议题专项披露 • 披露项 207 - 4 国别报告

2.2.2.2 环境议题

环境议题分为物料、能源、水资源与污水、生物多样性、排放、污水和废弃物、环境合规、供应商环境评估八类专项标准（见表 2.8）。GRI 301 阐述物料议题，主要对所用物料的重量或体积、所使用的回收进料、回收产品及其包装材料进行披露。GRI 302 阐述能源议题，更有效地利用能源和选择可再生能源，对于应对气候变化和降低组织整体环境影响至关

重要。因而此项标准主要披露的是组织内部和外部的能源消耗量、能源强度，以及如何减少其消耗并降低产品和服务的能源需求。该项标准可提供组织在能源方面的影响，以及如何管理这些影响的信息。GRI 303 阐述水资源与污水议题，主要从取水、排水和耗水三方面披露。获取淡水对于人类的生存和安康至关重要，也被联合国视为一项人权。GRI 304 阐述生物多样性议题，保护生物多样性对于确保动植物物种的生存、遗传多样性和自然生态系统至关重要。此外，自然生态系统提供清洁的水和空气，并且有助于食品安全和人类健康。生物多样性也直接为当地的生计做出贡献，对于实现减贫，进而实现可持续发展不可或缺。其主要披露组织所拥有、租赁、在位于或邻近于保护区和保护区外生物多样性丰富区域管理的运营点等信息。GRI 305 阐述排放议题，主要阐述进入大气中的排放，即某种来源的物质排放到大气中。排放物的类型包括温室气体（GHG）、臭氧消耗物质（ODS）、氮氧化物（NO_X）、硫氧化物（SO_X）以及其他重大气体排放。GRI 306 阐述污水和废弃物议题，包括：排水；废弃物的产生、处置和处理；化学品、油类、燃料和其他物质的泄漏。GRI 307 阐述环境合规议题，涵盖组织对环境法律和/或法规的遵守，这包括遵守国际宣言、公约和条约以及国家、次国家、地区和地方的法规。GRI 308 阐述供应商环境评估议题，主要包含使用环境标准筛选的新供应商和供应链对环境的负面影响以及采取的行动等内容。

表 2.8　GRI 环境议题指标

二级披露指标	三级披露指标
GRI 301 物料	管理方法披露（引用 GRI 103） 议题专项披露 • 披露项 301 – 1 所用物料的重量或体积 • 披露项 301 – 2 所使用的回收进料 • 披露项 301 – 3 回收产品及其包装材料

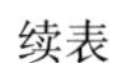

续表

二级披露指标	三级披露指标
GRI 302 能源	管理方法披露（引用 GRI 103） 议题专项披露 • 披露项 302 - 1 组织内部的能源消耗量 • 披露项 302 - 2 组织外部的能源消耗量 • 披露项 302 - 3 能源强度 • 披露项 302 - 4 减少能源消耗量 • 披露项 302 - 5 降低产品和服务的能源需求
GRI 303 水资源与污水	管理方法披露 • 披露项 303 - 1 组织与污水（作为共有资源）的相互影响 • 披露项 303 - 2 管理与排水相关的影响 议题专项披露 • 披露项 303 - 3 取水 • 披露项 303 - 4 排水 • 披露项 303 - 5 耗水
GRI 304 生物多样性	管理方法披露（引用 GRI 103） 议题专项披露 • 披露项 304 - 1 组织所拥有、租赁、在位于或邻近于保护区和保护区外生物多样性丰富区域管理的运营点 • 披露项 304 - 2 活动、产品和服务对生物多样性的重大影响 • 披露项 304 - 3 受保护或经修复的栖息地 • 披露项 304 - 4 受运营影响区域的栖息地中已被列入 IUCN 红色名录及国家保护名册的物种
GRI 305 排放	管理方法披露（引用 GRI 103） 议题专项披露 • 披露项 305 - 1 直接（范畴 1）温室气体排放 • 披露项 305 - 2 能源间接（范畴 2）温室气体排放 • 披露项 305 - 3 其他间接（范畴 3）温室气体排放 • 披露项 305 - 4 温室气体排放强度 • 披露项 305 - 5 温室气体减排量 • 披露项 305 - 6 臭氧消耗物质（ODS）的排放 • 披露项 305 - 7 氮氧化物（NO_X）、硫氧化物（SO_X）和其他重大气体排放

续表

二级披露指标	三级披露指标
GRI 306 污水和废弃物	管理方法披露（引用 GRI 103） 议题专项披露 • 披露项 306－1 按水质及排放目的地分类的排水总量 • 披露项 306－2 按类别及处理方法分类的废弃物总量 • 披露项 306－3 重大泄漏 • 披露项 306－4 危险废物运输 • 披露项 306－5 受排水和/或径流影响的水体
GRI 307 环境合规	管理方法披露（引用 GRI 103） 议题专项披露 • 披露项 307－1 违反环境法律法规
GRI 308 供应商环境评估	管理方法披露（引用 GRI 103） 议题专项披露 • 披露项 308－1 使用环境标准筛选的新供应商 • 披露项 308－2 供应链对环境的负面影响以及采取的行动

2.2.2.3　社会议题

社会议题包含 19 类专项标准，概括了社会中值得关注的实质性议题（见表 2.9）。GRI 401 阐述雇佣议题，这涵盖组织雇佣或创造就业岗位的方式，即组织雇佣、招聘、保留人才的方式和相关实践及其提供的工作条件。GRI 401 还涵盖组织供应链中的雇佣和工作条件。GRI 402 阐述劳资关系议题，涵盖组织与员工及其代表的磋商实践，包括其沟通重大运营变更的方法。GRI 403 阐述职业健康与安全议题，健康与安全的工作条件是联合国《2030 年可持续发展议程》中可持续发展目标的具体目标之一，健康与安全的工作条件包括预防身体和精神伤害，以及促进工作者的健康。GRI 404 阐述培训与教育议题，这包括组织对于培训和提升员工技能，以及对于绩效和职业发展考核的方针，还包括过渡协助方案，意在促进持续就业能力，以及促进对退休或离职导致的职业生涯终止的管理。GRI 405 阐述组织对于工作中的多元化与平等机会方针的议题，主要从管治机构与员工多元化以及男女基本工资和报酬的比例方面进行披露。GRI 406 阐述反歧视议题，组织要避免以任何理由歧视任何人，包括避免在工作中对工作者的歧视，也要避免在提供产品和服务方面歧视客户，或避免对任何其他利益相关方（包括供应商或业务合作伙伴）的歧视。GRI 407 阐述结社自由与集体谈判议题，主要对结社自由与集体谈判权利可能面临风险的运营点和供应商进行披露。GRI 408 阐述童工议题，废除童工是主要人权文书和立法的重要原则和目标，几乎是所有国家立法的主题。GRI 409 阐述强迫或强制劳动议题，主要披露具有强迫或强制劳动事件重大风险的运营点和供应商。GRI 410 阐述安保实践议题，它侧重于安保人员对第三方的行为，以及过度使用武力或其他侵犯人权行为的潜在风险。安保人员可指报告组织的员工，或指提供安保力量的第三方组织的员工。GRI 411 阐述原住民权利议题，主要披露涉及侵犯原住民权利的事件。GRI 412 阐述人权评估议题，主要对接受人权审查或影响评估的运营点、人权政策或程序方面的员工培训以及包含人权条款或已进行人权审查的重要投资协议和合约等内容进行披露。GRI 413 阐述当地社区议题，组织的活动和基础设施可能对当地社区产生重大经济、社会、文化和环境影响。在可能的情况下，组织要预判并避免对当地社区的负面影响，建立及时有效的利益相关方识别和参与过程，这对于帮助组织了解当地社区的脆弱性以及如何受到组织活动的影响至关重要。GRI 414 阐述供应商社会评估议题，主要阐述使用社会标准筛选的新供应商以及供应链对社会的负面影响及采取的行动等内容。GRI 415 阐述公共政策议题，这包括组织通过游说来参与制定公共政策。GRI 416 阐述客户健康与安全的议题，包括组织为解决产品或服务生命周期内的健康与安全而做出的系统性努力，以及对客户健康与安全法规及自愿性守则的遵循情况。GRI 417 阐述产品和服务信息与标识以及市场营销议题。包括从产品和服务标识以及市场营销的角度，客户获取有关他们使用的产品和服务产生的正面和负面的经济、环境、社会影响的准确且充分的信息。GRI 418 阐述客户隐私议题，包括丢失客户资料和侵犯客户隐私。导致这些情况的原因，可能是未遵守现行法律规定或

其他保护客户隐私方面的自愿性标准。GRI 419 阐述社会经济合规议题，这涵盖组织的总体合规记录，以及对社会和经济领域的具体法律和法规的合规情况。

表 2.9 GRI 社会议题指标

二级披露指标	三级披露指标
GRI 401 雇佣	管理方法披露（引用 GRI 103） 议题专项披露 • 披露项 401－1 新进员工和员工流动率 • 披露项 401－2 提供给全职员工（不包括临时或兼职员工）的福利 • 披露项 401－3 育儿假
GRI 402 劳资关系	管理方法披露（引用 GRI 103） 议题专项披露 • 披露项 402－1 有关运营变更的最短通知期
GRI 403 职业健康与安全	管理方法披露 • 披露项 403－1 职业健康安全管理体系 • 披露项 403－2 危害识别、风险评估和事件调查 • 披露项 403－3 职业健康服务 • 披露项 403－4 职业健康安全事务：工作者的参与、协商和沟通 • 披露项 403－5 工作者职业健康安全培训 • 披露项 403－6 促进工作者健康 • 披露项 403－7 预防和减轻与商业关系直接相关的职业健康安全影响 议题专项披露 • 披露项 403－8 职业健康安全管理体系适用的工作者 • 披露项 403－9 工伤 • 披露项 403－10 工作相关的健康问题
GRI 404 培训与教育	管理方法披露（引用 GRI 103） 议题专项披露 • 披露项 404－1 每名员工每年接受培训的平均小时数 • 披露项 404－2 员工技能提升方案和过渡协助方案 • 披露项 404－3 定期接受绩效和职业发展考核的员工百分比

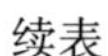

续表

二级披露指标	三级披露指标
GRI 405 多元化与平等机会	管理方法披露（引用 GRI 103） 议题专项披露 • 披露项 405－1 管治机构与员工的多元化 • 披露项 405－2 男女基本工资和报酬的比例
GRI 406 反歧视	管理方法披露（引用 GRI 103） 议题专项披露 • 披露项 406－1 歧视事件及采取的纠正行动
GRI 407 结社自由与集体谈判	管理方法披露（引用 GRI 103） 议题专项披露 • 披露项 407－1 结社自由与集体谈判权利可能面临风险的运营点和供应商
GRI 408 童工	管理方法披露（引用 GRI 103） 议题专项披露 • 披露项 408－1 具有重大童工事件风险的运营点和供应商
GRI 409 强迫或强制劳动	管理方法披露（引用 GRI 103） 议题专项披露 • 披露项 409－1 具有强迫或强制劳动事件重大风险的运营点和供应商
GRI 410 安保实践	管理方法披露（引用 GRI 103） 议题专项披露 • 披露项 410－1 接受过人权政策或程序的培训的安保人员
GRI 411 原住民权利	管理方法披露（引用 GRI 103） 议题专项披露 • 披露项 411－1 涉及侵犯原住民权利的事件
GRI 412 人权评估	管理方法披露（引用 GRI 103） 议题专项披露 • 披露项 412－1 接受人权审查或影响评估的运营点 • 披露项 412－2 人权政策或程序方面的员工培训 • 披露项 412－3 包含人权条款或已进行人权审查的重要投资协议和合约
GRI 413 当地社区	管理方法披露（引用 GRI 103） 议题专项披露 • 披露项 413－1 有当地社区参与、影响评估和发展计划的运营点 • 披露项 413－2 对当地社区有实际或潜在重大负面影响的运营点

续表

二级披露指标	三级披露指标
GRI 414 供应商社会评估	管理方法披露（引用 GRI 103） 议题专项披露 • 披露项 414 - 1 使用社会标准筛选的新供应商 • 披露项 414 - 2 供应链对社会的负面影响以及采取的行动
GRI 415 公共政策	管理方法披露（引用 GRI 103） 议题专项披露 • 披露项 415 - 1 政治捐赠
GRI 416 客户健康与安全	管理方法披露（引用 GRI 103） 议题专项披露 • 披露项 416 - 1 对产品和服务类别的健康与安全影响的评估 • 披露项 416 - 2 涉及产品和服务的健康与安全影响的违规事件
GRI 417 营销与标识	管理方法披露（引用 GRI 103） 议题专项披露 • 披露项 417 - 1 对产品和服务信息与标识的要求 • 披露项 417 - 2 涉及产品和服务信息与标识的违规事件 • 披露项 417 - 3 涉及市场营销的违规事件
GRI 418 客户隐私	管理方法披露（引用 GRI 103） 议题专项披露 • 披露项 418 - 1 与侵犯客户隐私和丢失客户资料有关的经证实的投诉
GRI 419 社会经济合规	管理方法披露（引用 GRI 103） 议题专项披露 • 披露项 419 - 1 违反社会与经济领域的法律和法规

2.3 GRI 标准在不同国家和地区的实践情况

为促进全球上市公司更好地履行上市公司的社会责任，使全球上市公司编制、发布的可持续发展报告更具规范性，提高全球范围内可持续发展报告的可比性和可信度。GRI 自 1997 年成立以来一直致力于提供一个可持续发展报告框架，以帮助企业、机构更好地理解与沟通在环境变化、人权、腐败等一系列重要的可持续发展议题的影响，该报告框架已经发展成为全球广泛应用的自愿报告指引。GRI 要求所有基于 GRI 标准的报告都必须按照 GRI 101 第 3.4 条的规定，将 GRI 标准的使用情况通知 GRI，且提供的信息必须经过报告机构本身或报告机构授权的第三方机构验证。从 GRI 数据库的合作机构看，该数据库合作伙伴包括欧洲、亚洲、非洲、北美等地区超过 40 家的机构，数据涵盖 242 个国家。本节主要对美国、日本和英国的 GRI 政策进行梳理，并基于 GRI 发布的 GRI 可持续发展数据披露库对各个国家 GRI 指南的应用实践情况进行分析。

从可持续发展报告的类型看，GRI 可持续发展数据库中披露的报告类型包括 GRI 报告（GRI Reporting）、引用 GRI 指南的可持续发展报告（Citing – GRI）和不使用 GRI 指南的可持续发展报告（Non – GRI）三类。GRI 指南包括使用 GRI – G1（2000 年发布）、GRI – G2（2002 年发布）、GRI – G3（2006 年发布）、GRI – G3.1（2011 年发布）、GRI – G4（2013 年发布，有效期截至 2018 年 6 月 30 日）和 GRI – Standards（2016 年发布，目前有效）。引用 GRI 指南（Citing – GRI）是指在企业披露的可持续发展报告中参考了 GRI 指南的要素（例如，包含 GRI 内容索引或声明），但不满足 GRI 标准的要求，或者其报告是基于 GRI 指南进行披露的，但所参照 GRI 指南已过有效期。不使用 GRI 指南（Non – GRI）指未引用或使用 GRI 标准，但通过报告经济、环境、社会或治理情况，对企业的可持续发展情况进行了披露。

从行业划分看，GRI 可持续发展数据披露库将企业所在行业分为 37 类，具体划分的行业情况如表 2.10 所示。

从公司类型看，GRI 将公司类型分为中小型企业（SME）、大型企业（Large）和跨国公司（MNE）三类。中小型企业（SME）的分类首先根据企业所在地的法规规定的标准进行划分，在没有地方性法规规定的情况

下，根据欧盟（EU）对中小型企业（SME）的规定进行划分；对于大型企业（Large）和跨国公司（MNE），GRI 根据欧盟（EU）的定义进行划分。GRI 参照的欧盟（EU）对企业类型的划分标准如表 2.11 所示。

表 2.10　具体行业分类

GRI 行业分类	GRI 行业分类	GRI 行业分类	GRI 行业分类
农业 （Agriculture）	能源 （Energy）	媒体 （Media）	纺织服装 （Textiles and Apparel）
汽车 （Automotive）	设备 （Equipment）	金属制品 （Metals Products）	烟草 （Tobacco）
航空 （Aviation）	金融服务 （Financial Services）	矿业 （Mining）	旅游/休闲 （Tourism/ Leisure）
化学品 （Chemicals）	食品和饮料产品 （Food and Beverage Products）	非营利服务 （Non – Profit/ Services）	玩具 （Toys）
商业服务 （Commercial Services）	林纸产品 （Forest and Paper Products）	其他 （Other）	大学 （Universities）
电脑 （Computers）	保健产品 （Healthcare Products）	公共机构 （Public Agency）	废物管理 （Waste Management）
企业集团 （Conglomerates）	医疗服务 （Healthcare Services）	铁路 （Railroad）	公共事业 （Water Utilities）
施工 （Construction）	家用和个人产品 （Household and Personal Products）	房地产 （Real Estate）	
建筑材料 （Construction Materials）	物流 （Logistics）	技术硬件 （Technology Hardware）	
耐用消费品 （Consumer Durables）	能源公共事业 （Energy Utilities）	通信 （Telecommunications）	

表 2.11　三种类型公司的划分标准

公司类型	员工人数	营业额	资产负债总额
大型企业（Large）	≥250 人	>5000 万欧元	>43 万欧元
跨国公司（MNE）	≥250 人且跨国	>5000 万欧元	>43 万欧元
中小型企业（SME）	<250 人	<5000 万欧元	<43 万欧元

2.3.1 GRI 标准在美国的实践情况

2.3.1.1 报告类型分析

图 2.2 报告了 1999～2019 年美国企业发布的三种类型的可持续发展报告数量的变动趋势。从图中趋势可以看出，美国企业使用 GRI 发布可持续发展报告的数量远远高于不使用 GRI 和引用 GRI 标准所发布的数量，且使用 GRI 和不使用 GRI 发布可持续发展报告的数量在 2014 年之前均呈逐年递增的趋势；2014 年之后，使用 GRI 发布的可持续发展报告数量逐年递减，不使用 GRI 发布的可持续发展报告数量逐年递增。相对而言，美国企业引用 GRI 发布的可持续发展报告数量较少且增幅不大。

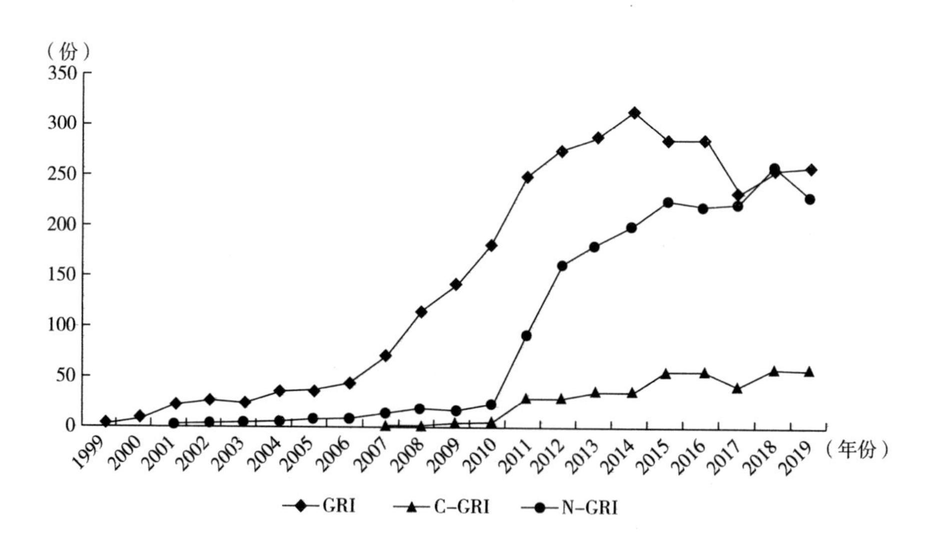

图 2.2 美国企业发布各类型可持续发展报告的数量变动趋势（1999～2019 年）

图 2.3 报告了 1999～2019 年美国企业发布的各类型可持续发展报告类型占比。从图中结果可以看出，美国企业使用 GRI 发布的可持续发展报告数量最多，共计 3180 份。具体来看，G1 自 2000 年发布后，使用 G1 发布的可持续发展报告共计 53 份；G2 自 2002 年发布后，使用 G2 发布的可持续发展报告数量共计 159 份；G3 自 2006 年发布后，使用 G3 发布的

可持续发展报告数量共计 1062 份；G3. 1 自 2011 年发布后，使用 G3. 1 发布的可持续发展报告数量共计 549 份；G4 自 2013 年发布后，使用 G4 发布的可持续发展报告数量共计 842 份；G – Standards 自 2016 年发布后，使用这一标准发布的报告数量共计 515 份。其次是不使用 GRI 发布的可持续发展报告数量，共计 1900 份。最后是引用 GRI 发布的可持续发展报告，共计 424 份。

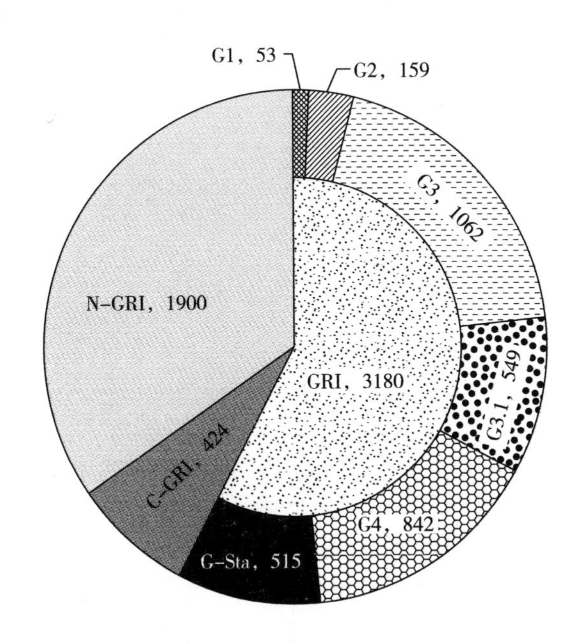

图 2. 3　美国企业发布各类型可持续发展报告类型占比
（1999 ~ 2019 年）（单位：份）

2. 3. 1. 2　行业分布分析

图 2. 4 报告了 1999 ~2019 年美国各行业发布的各类型可持续发展报告的数量变动差异。从图中结果可以看出，美国各行业发布可持续发展报告的数量存在较大差异。其中，金融服务业发布的可持续发展报告数量最多，共计 463 份，随后分别是食品和饮料产品行业（426 份）、其他行业（355 份）；玩具行业发布的可持续发展报告数量最少，共计 7 份，随后

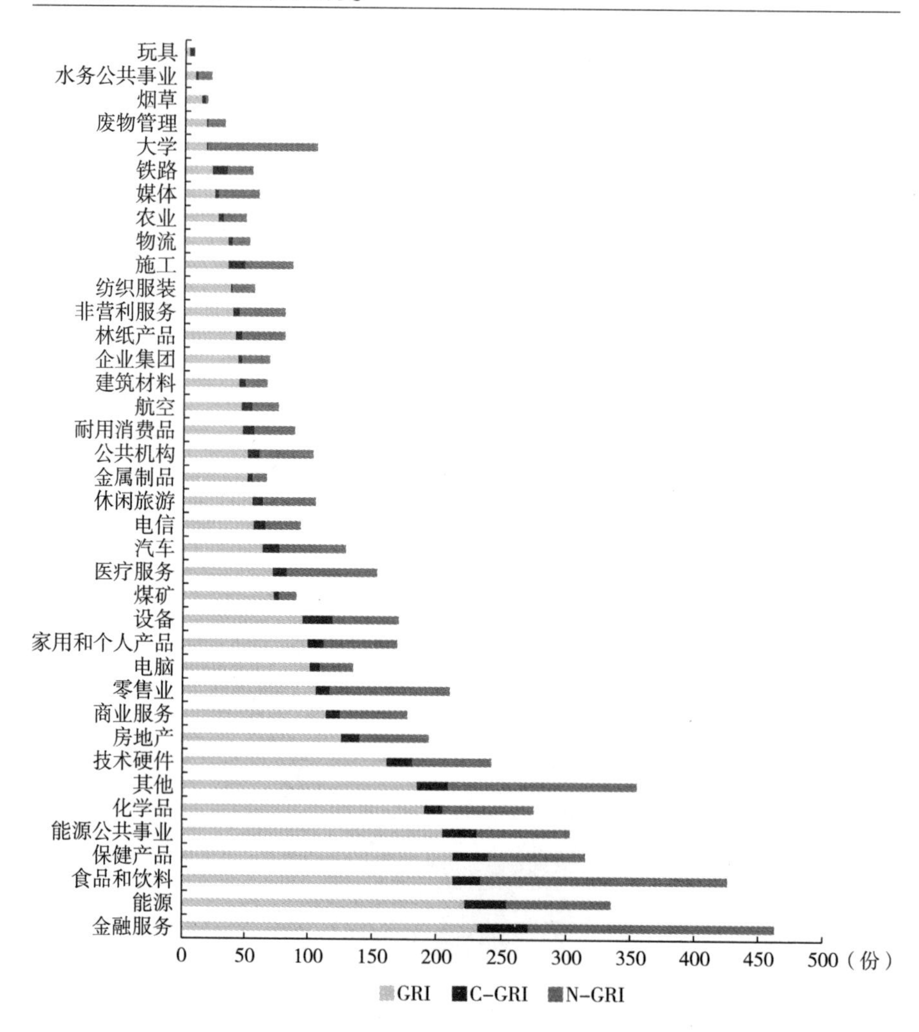

图 2.4　美国各行业发布各类型可持续发展报告的数量变动差异（1999~2019 年）

分别是烟草行业（18 份）、水务公共事业（21 份）、废物管理行业（32 份）和农业（49 份）等。从使用 GRI 发布的可持续发展报告数量看，金融服务业使用 GRI 发布可持续发展报告数量最多，共计 232 份，随后分别是能源行业（222 份）、食品和饮料行业及保健产品行业（213 份）、能源公共事业行业（205 份）和化学品行业（191 份）等；玩具行业发布这一类型的可持续发展报告最少，共计3份，水务公共事业行业共计发布8份，烟草行业共计发布13份，大学和废物管理行业均共计发布17份。从引用GRI发布的可持续发展报告数量看，金融服务业发布这一类型的可持续发展报告数量最多，共计39份，随后分别是能源行业（32份）、保健产品行业（27份）、能源公共事业行业（26份）和设备行业（24份）等；废物管理行业、大学和纺织服装行业发布这一类型的可持续发展报告数量最少，共计1份，公共事业行业共发布2份，企业集团、后勤行业、媒体行业和烟草行业均共计发布3份。从不使用GRI发布的可持续发展报告数量看，金融服务业发布的这一类型可持续发展报告数量最多，为192份；玩具行业没有企业发布这一类型的可持续发展报告，烟草行业仅有2份。

2.3.1.3 公司类型分析

图2.5报告了1999~2019年美国各类型企业发布的各类型可持续发展报告的数量变动差异。从图中结果可以看出，大型企业发布的可持续发展报告数量最多，为2592份；其次分别是跨国企业（2490份）和中小型企业（422份）。具体来看，大型企业使用GRI发布可持续发展报告的数量最多，为1528份，其次分别是跨国企业（1475份）和中小型企业（177份）；跨国企业引用GRI发布可持续发展报告数量最多，为211份，其次分别为大型企业（189份）和中小型企业（24份）；大型企业不使用GRI发布的可持续发展报告数量最多，为875份，其次分别为跨国企业（804份）和中小型企业（221份）。

图2.6报告了1999~2019年美国各类型企业发布的各类型可持续发展报告的数量占比。从图中结果可以看出，美国大型企业和跨国企业使用GRI发布可持续发展报告的占比较高，均为59%，中小型企业占比为42%；中小型企业不使用GRI发布可持续发展报告的占比较高，为52%，其次分别是大型企业（34%）和跨国企业（32%）；跨国企业引用GRI发布可持续发展报告占比为8%，其次分别是大型企业（7%）和中小型企业（6%），但整体而言相差不大。

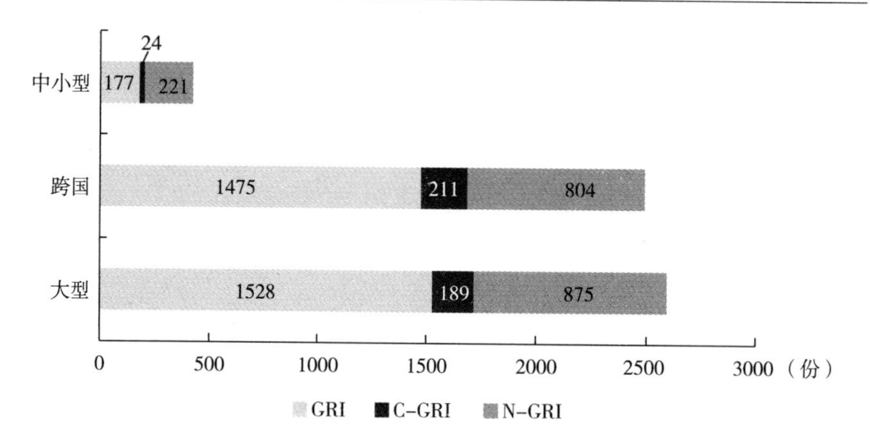

图 2.5　美国各类型企业发布各类型可持续发展报告的数量变动差异（1999～2019 年）

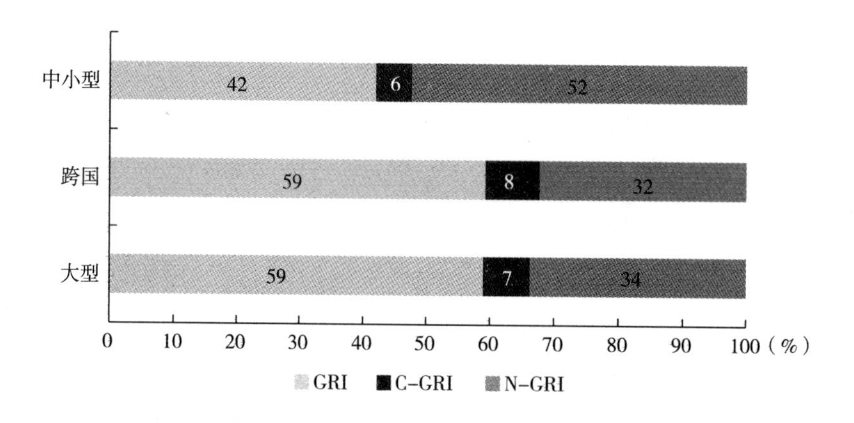

图 2.6　美国各类型企业发布各类型可持续发展报告的数量占比（1999～2019 年）

2.3.2　GRI 标准在英国的实践情况

2.3.2.1　报告类型分析

图 2.7 报告了 1999～2019 年英国企业发布的三种类型的可持续发展报告数量的变动趋势。从图中趋势可以看出，2012 年之前，英国企业使

用GRI发布可持续发展报告的数量高于不使用GRI和引用GRI标准所发布的数量。2012年之后，英国企业不使用GRI发布的可持续发展报告数量逐年攀升，且超越了使用GRI发布的可持续发展报告数量。相对而言，英国企业引用GRI发布的可持续发展报告数量较少且增幅不大。

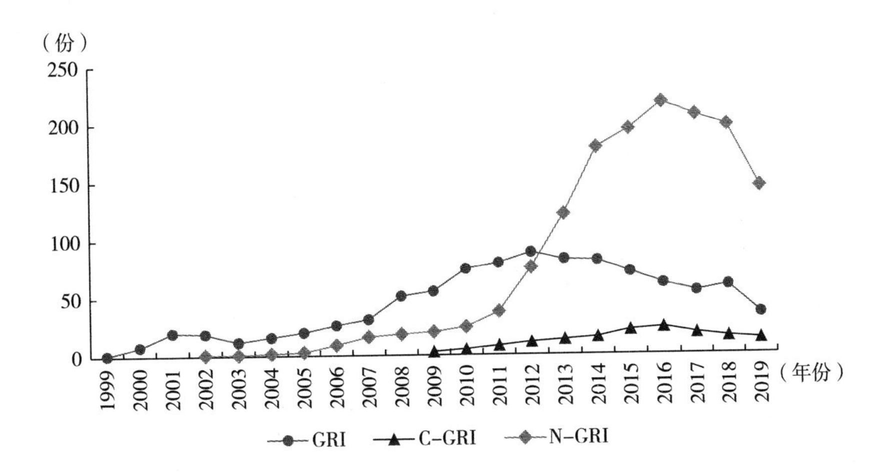

图2.7 英国企业发布各类型可持续发展报告的数量变动趋势（1999～2019年）

图2.8报告了1999～2019年英国企业发布的各类型可持续发展报告类型占比。从图中结果可以看出，英国企业不使用GRI发布的可持续发展报告数量最多，共计1463份；其次是使用GRI发布的可持续发展报告数量，共计943份。具体来看，G1自2000年发布后，使用G1发布的可持续发展报告共计45份；G2自2002年发布后，使用G2发布的可持续发展报告数量共计80份；G3自2006年发布后，使用G3发布的可持续发展报告数量共计369份；G3.1自2011年发布后，使用G3.1发布的可持续发展报告数量共计168份；G4自2013年发布后，使用G4发布的可持续发展报告数量共计196份；G－Standards自2016年发布后，使用这一标准发布的报告数量总计85份。最后是引用GRI发布的可持续发展报告数量，共计145份。

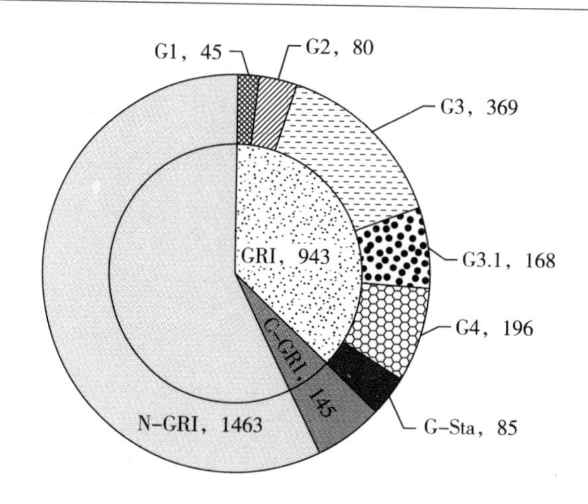

图 2.8 英国企业发布各类型可持续发展报告类型占比
（1999~2019 年）（单位：份）

2.3.2.2 行业分布分析

图 2.9 报告了 1999~2019 年英国各行业发布的各类型可持续发展报告的数量变动差异。从图中结果可以看出，英国各行业发布可持续发展报告的数量存在较大差异。其中，金融服务业发布的可持续发展报告数量最多，共计 330 份，随后分别是其他行业（306 份）、零售业（181 份）、房地产行业（180 份）以及食品和饮料产品行业（158 份）；农业发布的可持续发展报告数量最少，共计 3 份，随后分别是耐用消费品行业（5 份）、林纸产品行业（6 份）、大学（7 份）和纺织服装行业（14 份）等。从使用 GRI 发布的可持续发展报告数量看，煤矿行业使用 GRI 发布可持续发展报告数量最多，共计 106 份，随后分别是金融服务业（102 份）、能源行业（66 份）、施工行业（62 份）和房地产行业（59 份）等；纺织服装行业和电脑行业没有使用 GRI 发布可持续发展报告，农业共计发布 1 份，耐用消费品行业和企业集团均共计发布 2 份，大学和林纸产品行业均共计发布 3 份。从引用 GRI 发布的可持续发展报告数量看，英国行业整体引用 GRI 发布可持续发展报告的数量较少。其中，金融服务业和其他行业发布这一类型的可持续发展报告数量最多，共计 22 份，随后分别是房地

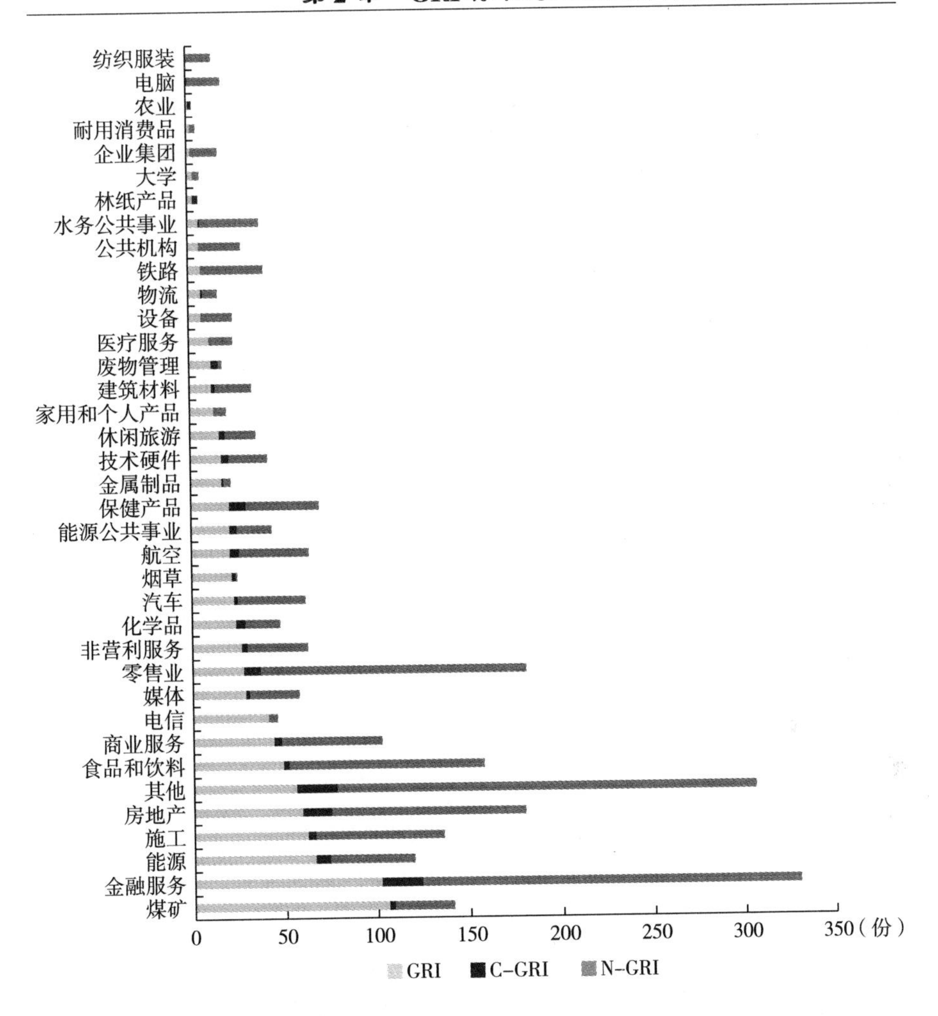

图 2.9 英国各行业发布各类型可持续发展报告的数量变动差异（1999～2019 年）

产行业（16 份）、零售业和保健产品行业（9 份）、能源行业（8 份）及化学品行业和航空行业（5 份）等；而纺织服装行业、耐用消费品行业、企业集团、大学、公共机构、铁路行业、设备行业、医疗服务行业、家用和个人产品行业及通信行业没有引用 GRI 发布可持续发展报告，金属制品行业和电脑行业仅有 1 份报告。从不使用 GRI 发布的可持续发展报告数量看，金融服务行业使用这一类型发布的可持续发展报告数量最多，共计206份，随后分别是零售业（144份）、食品和饮料行业（106份）、房地产行业（105份）和施工行业（70份）；但林纸产品行业和农业没有不使用GRI发布的可持续发展报告，烟草行业仅有1份，废物管理行业仅有2份，耐用消费品行业仅有3份。

2.3.2.3 公司类型分析

图2.10报告了1999～2019年英国各类型企业发布的各类型可持续发展报告的数量变动差异。从图中结果可以看出，大型企业发布的可持续发展报告数量最多为1666份，其次分别是跨国企业（799份）和中小型企业（86份）。具体来看，大型企业使用GRI发布可持续发展报告的数量最多，为606份，其次分别是跨国企业（304份）和中小型企业（33份）；大型企业引用GRI发布可持续发展报告数量最多，为77份，其次分别是跨国企业（60份）和中小型企业（8份）；大型企业不使用GRI发布的可持续发展报告数量最多，为983份，其次分别为跨国企业（435份）和中小型企业（45份）。

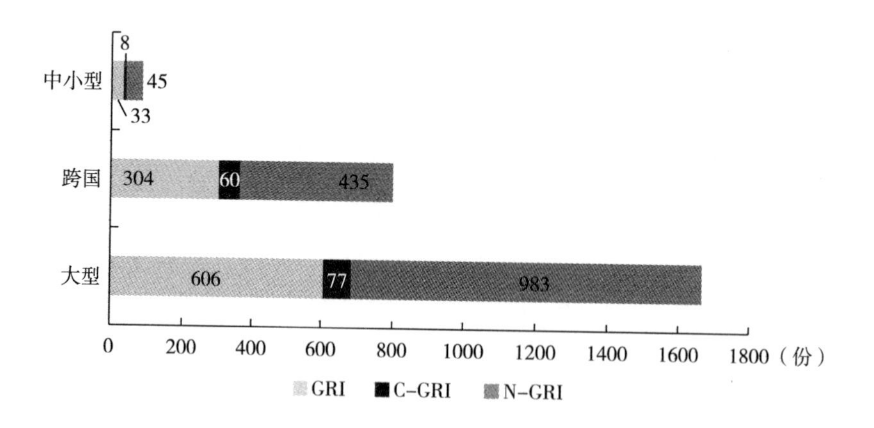

图2.10 英国各类型企业发布各类型可持续发展报告的数量变动差异（1999～2019年）

图2.11报告了1999～2019年英国各类型企业发布的各类型可持续发展报告的数量占比。从图中结果可以看出，英国各类型企业发布的各类型

可持续发展报告数量占比差距不大。其中，中小型企业和跨国企业使用GRI发布可持续发展报告的占比均为38%，相较而言大型企业占比较小，为36%；大型企业不使用GRI发布可持续发展报告的占比较高，为59%，其次分别是跨国企业（54%）和中小型企业（52%）；中小型企业引用GRI发布的可持续发展报告占比较高（9%），其次分别是跨国企业（8%）和大型企业（5%）。

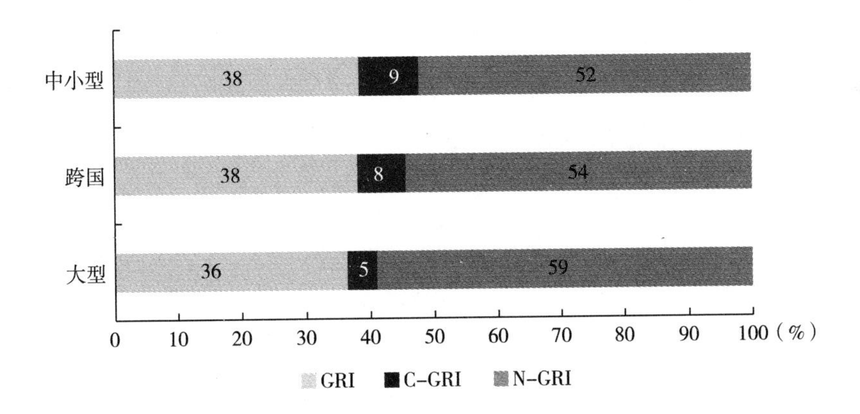

图2.11 英国各类型企业发布各类型可持续发展报告的数量占比（1999～2019年）

2.3.3 GRI标准在日本的实践情况

2.3.3.1 报告类型分析

图2.12报告了1999～2019年日本企业发布的三种类型的可持续发展报告数量的变动趋势。从图中趋势可以看出，2007年之前，日本企业发布的三种类型可持续发展报告数值差异不大，且呈逐年递增的趋势。2007年之后，三种类型的报告经波动式上涨后呈逐年递减趋势。其中，引用GRI发布的可持续发展报告数量在2011～2015年最多。

图2.13报告了1999～2019年日本企业发布的各类型可持续发展报告类型占比。从图中结果可以看出，日本企业引用GRI发布的可持续发展

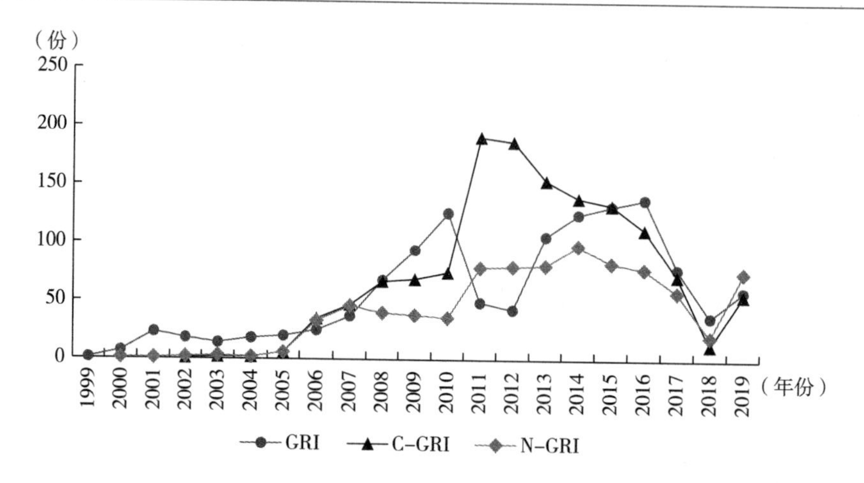

图 2.12　日本企业发布各类型可持续发展报告的数量变动趋势（1999～2019 年）

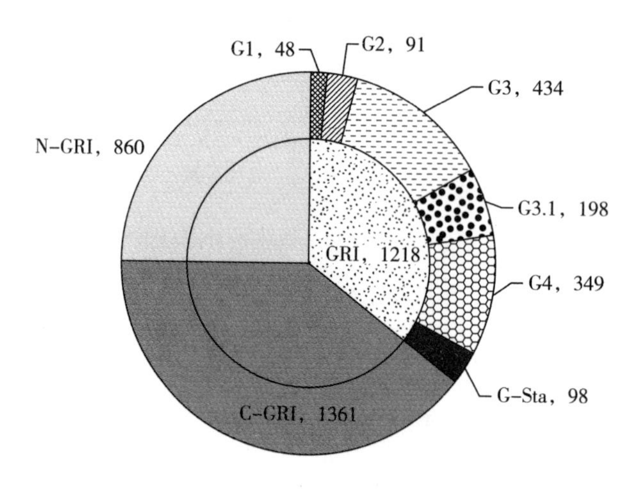

图 2.13　日本企业发布各类型可持续发展报告类型占比

（1999～2019 年）（单位：份）

报告数量最多，共计 1361 份，其次是使用 GRI 发布的可持续发展报告数量，共计 1218 份。具体来看，自 2000 年发布 G1 后，使用其发布的可持续发展报告共计 48 份；自 2002 年发布 G2 后，使用其发布的可持续发展报告数量共计 91 份；自 2006 年发布 G3 后，使用其发布的可持续发展报

告数量共计 434 份；自 2011 年发布 G3. 1 后，使用其发布的可持续发展报告数量共计 198 份；自 2013 年发布 G4 后，使用其发布的可持续发展报告数量共计 349 份；自 2016 年发布 G - Standards 后，使用这一标准发布的报告数量共计 98 份。最后是不使用 GRI 发布的可持续发展报告数量，共计 860 份。

2. 3. 3. 2　行业分布分析

图 2. 14 报告了 1999 ~2019 年日本各行业发布的各类型可持续发展报告的数量变动差异。从图中结果可以看出，日本各行业发布可持续发展报告的数量存在较大差异。其中，设备行业发布的可持续发展报告数量最多，共计 384 份，随后分别是化学品行业（363 份）、技术硬件行业（340 份）、其他行业（301 份）和企业集团（233 份）；公共机构和非营利服务发布的可持续发展报告数量最少，共计 1 份，随后分别是烟草行业（3 份）、旅游行业（5 份）、废物管理行业及医疗服务行业（6 份）。从使用 GRI 发布的可持续发展报告数量看，技术硬件行业使用 GRI 发布可持续发展报告数量最多，共计 186 份，随后分别是化学品行业（123 份）、其他行业（100 份）、企业集团行业（99 份）和金融服务行业（97 份）等；水务公共事业行业和保健产品行业没有使用 GRI 发布可持续发展报告，废物管理行业、非营利服务行业和公共机构行业共计发布 1 份，航空行业共计发布 2 份，烟草行业和休闲旅游行业共计发布 3 份。从引用 GRI 发布的可持续发展报告数量看，日本行业整体引用 GRI 发布可持续发展报告的数量较多。其中，设备行业发布这一类型的可持续发展报告数量最多，共计 206 份，随后分别是其他行业（119 份）、化学品行业（116 份）、食品和饮料行业（100 份）及技术硬件行业（92 份）等；而烟草行业、航空行业、非营利服务行业、公共机构行业没有引用 GRI 发布可持续发展报告，食品和饮料行业及医疗服务行业仅有 1 份报告。从不使用 GRI 发布的可持续发展报告数量看，化学品行业发布的可持续发展报告数量最多，共计 124 份，随后分别是装备行业（105 份）、其他行业（82 份）、技术硬件行业（62 份）和企业集团行业（54 份）；但废物管理行业、旅

游行业、矿业、烟草行业、非营利服务和公共机构没有不使用 GRI 发布的可持续发展报告，玩具行业仅有 1 份，电脑行业仅有 4 份，能源公共事业行业、纺织服装行业和保健产品行业均仅有 5 份。

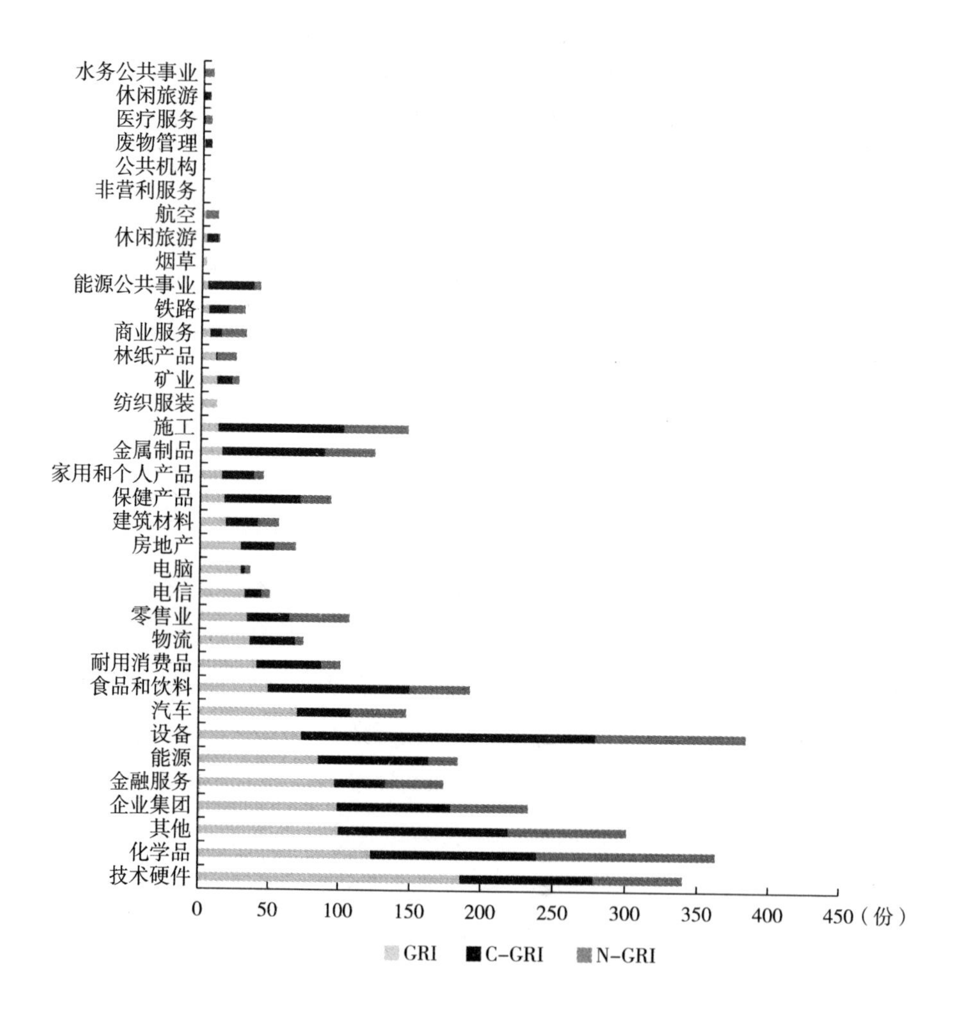

图 2.14　日本各行业发布各类型可持续发展报告的数量变动差异（1999～2019 年）

2.3.3.3　公司类型分析

图 2.15 报告了 1999～2019 年日本各类型企业发布的各类型可持续发展报告的数量变动差异。从图中结果可以看出，跨国企业发布的可持续发

展报告数量最多，为 2076 份，其次分别是大型企业（1307 份）和中小型企业（56 份）。具体来看，跨国企业使用 GRI 发布可持续发展报告的数量最多，为 781 份，其次分别是大型企业（415 份）和中小型企业（22 份）；跨国企业引用 GRI 发布可持续发展报告数量最多，为 854 份，其次分别是大型企业（485 份）和中小型企业（22 份）；跨国企业不使用 GRI 发布的可持续发展报告数量最多，为 441 份，其次分别为大型企业（407 份）和中小型企业（12 份）。

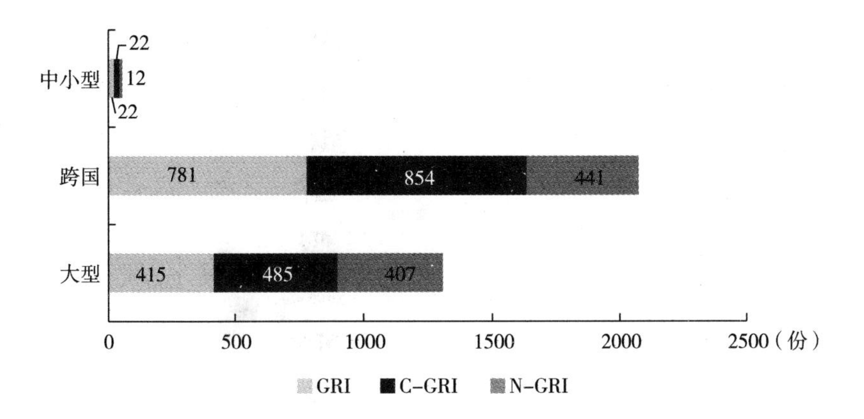

图 2.15　日本各类型企业发布各类型可持续发展报告的数量变动差异（1999～2019 年）

图 2.16 报告了 1999～2019 年日本各类型企业发布的各类型可持续发展报告的数量占比。从图中结果可以看出，日本各类型企业发布的各类型可持续发展报告数量占比差距不大。其中，中小型企业使用 GRI 发布可持续发展报告的占比为 39%，其次是跨国企业（38%）和大型企业（32%）；跨国企业引用 GRI 发布可持续发展报告的占比为 41%，其次是中小型企业（39%）和大型企业（37%）；大型企业不使用 GRI 发布可持续发展报告的占比为 31%，其次是跨国企业和中小型企业，占比均为 21%。

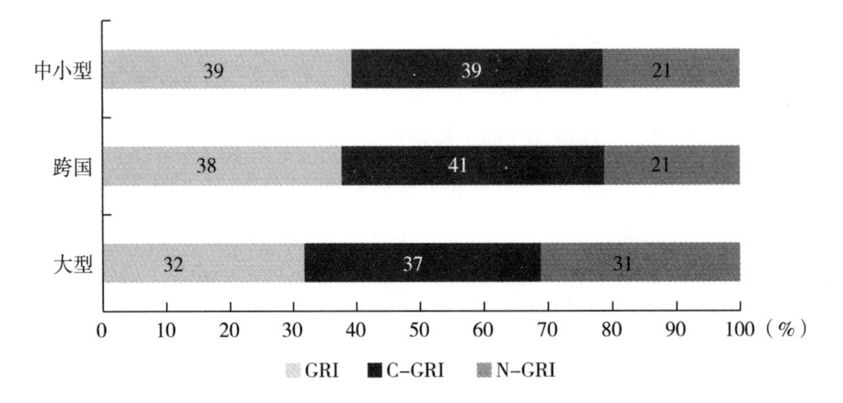

图 2.16　日本各类型企业发布各类型可持续发展报告的数量占比（1999～2019 年）

2.3.4　GRI 标准在中国的实践情况

由于中国大陆、台湾和香港企业发布可持续发展报告的情况不尽相同，因此，本部分对中国大陆、台湾和香港应用 GRI《指南》发布可持续发展报告的报告类型、行业类型和公司类型分别进行分析。

2.3.4.1　报告类型分析

图 2.17 至图 2.19 报告了 1999～2019 年中国大陆、台湾和香港企业发布的三种类型的可持续发展报告数量的变动趋势。从图中趋势可以看出，中国大陆企业在 2014 年之前发布的三种可持续发展报告数量相差不大，2014 年之后不使用 GRI（N－GRI）发布的可持续发展报告数量锐增，远远超过其余两种类型的可持续发展报告数量。中国台湾企业使用 GRI 发布的可持续发展报告数量最多，远远超过引用 GRI 和不使用 GRI 发布的可持续发展报告数量。中国香港企业在 2016 年之前使用 GRI 发布的可持续发展报告数量显著多于不使用 GRI 和引用 GRI 发布的可持续发展报告数量，2016 年之后不使用 GRI 发布的可持续发展报告数量开始增加，远远超过使用 GRI 和引用 GRI 发布的可持续发展报告数量。

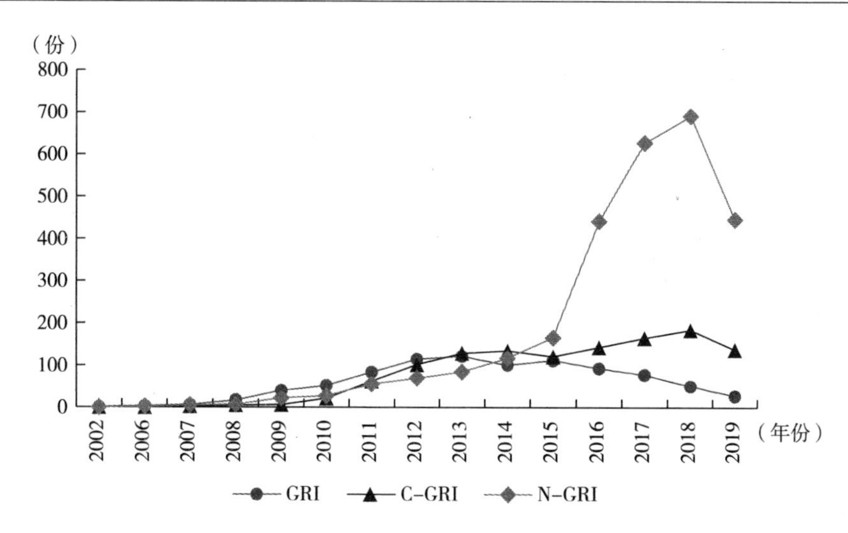

图 2.17　中国大陆企业发布各类型可持续发展报告的数量变动趋势（1999～2019 年）

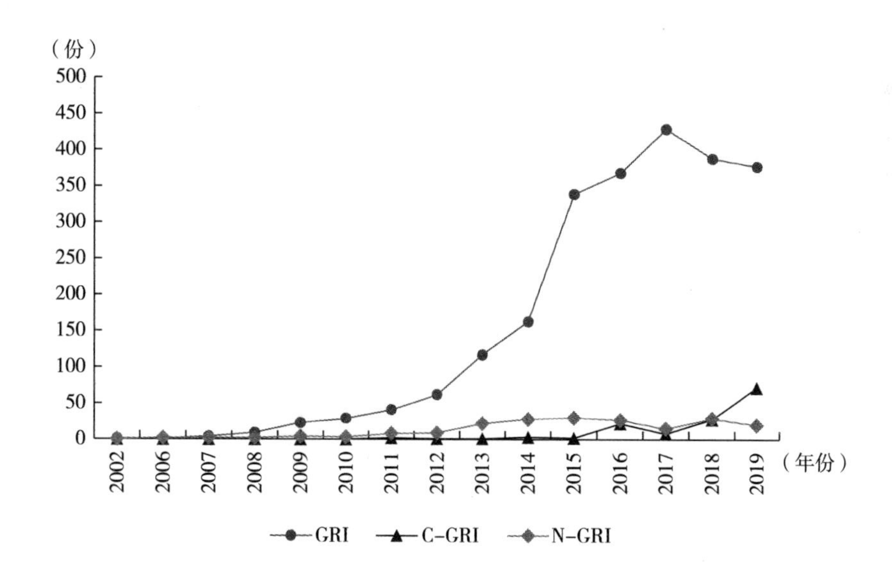

图 2.18　中国台湾企业发布各类型可持续发展报告的数量变动趋势（1999～2019 年）

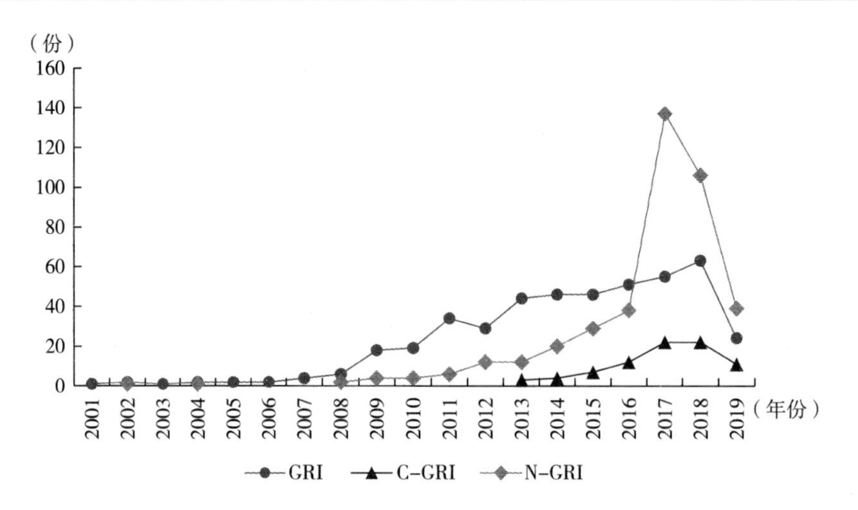

图 2.19　中国香港企业发布各类型可持续发展报告的数量变动趋势（1999～2019 年）

图 2.20 至图 2.22 报告了 1999～2019 年中国大陆、台湾和香港企业发布的各类型可持续发展报告类型占比。从图中结果可以看出，中国大陆企业不使用 GRI 发布的可持续发展报告数量最多，共计 2763 份；其次是

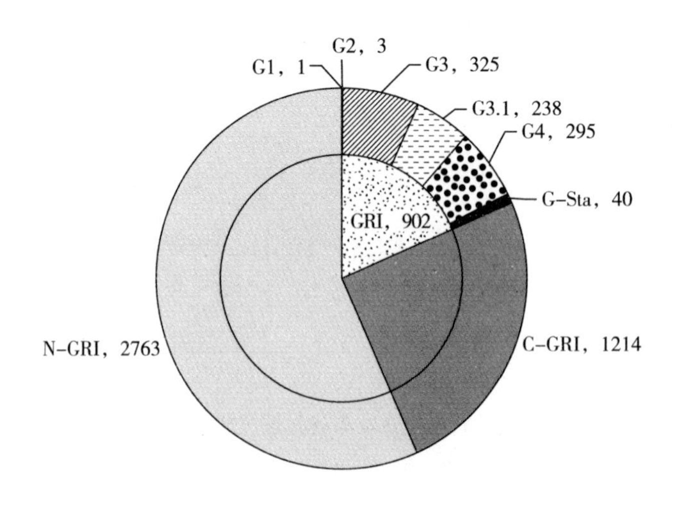

图 2.20　中国大陆企业发布各类型可持续发展报告类型占比（1999～2019 年）（单位：份）

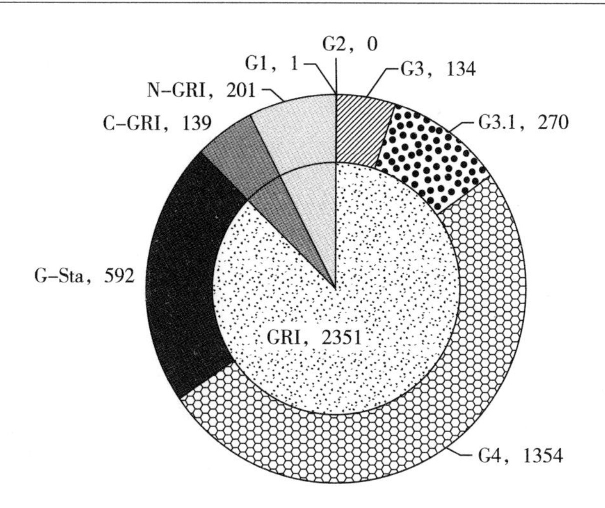

图 2.21　中国台湾企业发布各类型可持续发展报告类型占比

（1999 ~ 2019 年）（单位：份）

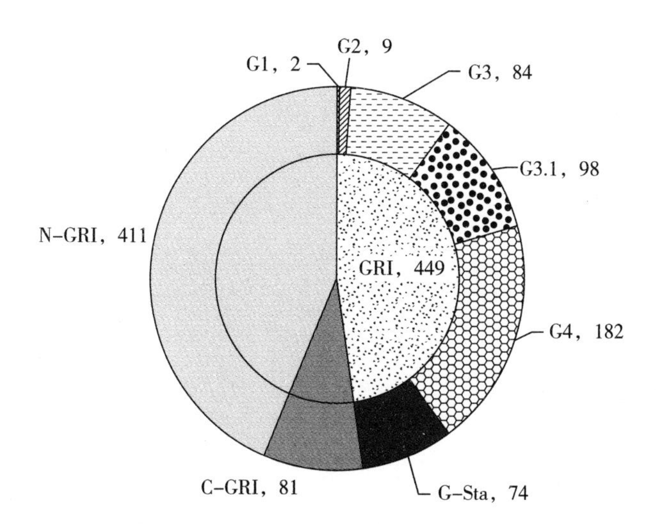

图 2.22　中国香港企业发布各类型可持续发展报告类型占比

（1999 ~ 2019 年）（单位：份）

引用 GRI 发布的可持续发展报告，共计 1214 份；最后是使用 GRI 发布的可持续发展报告，共计 902 份。中国台湾企业使用 GRI 发布的可持续发展报告数量最多，共计 2351 份；其次是不使用 GRI 发布的可持续发展报告，共计 201 份；最后是引用 GRI 发布的可持续发展报告，共计 139 份。中国香港企业使用 GRI 发布可持续发展报告数量最多，共计 449 份；其次是不使用 GRI 发布的可持续发展报告数量，共计 411 份；最后是引用 GRI 发布的可持续发展报告数量，共计 81 份。

2.3.4.2 行业分布分析

图 2.23 至图 2.25 报告了 1999～2019 年中国大陆、台湾和香港各行业发布的各类型可持续发展报告的数量变动差异。从图中结果可以看出，

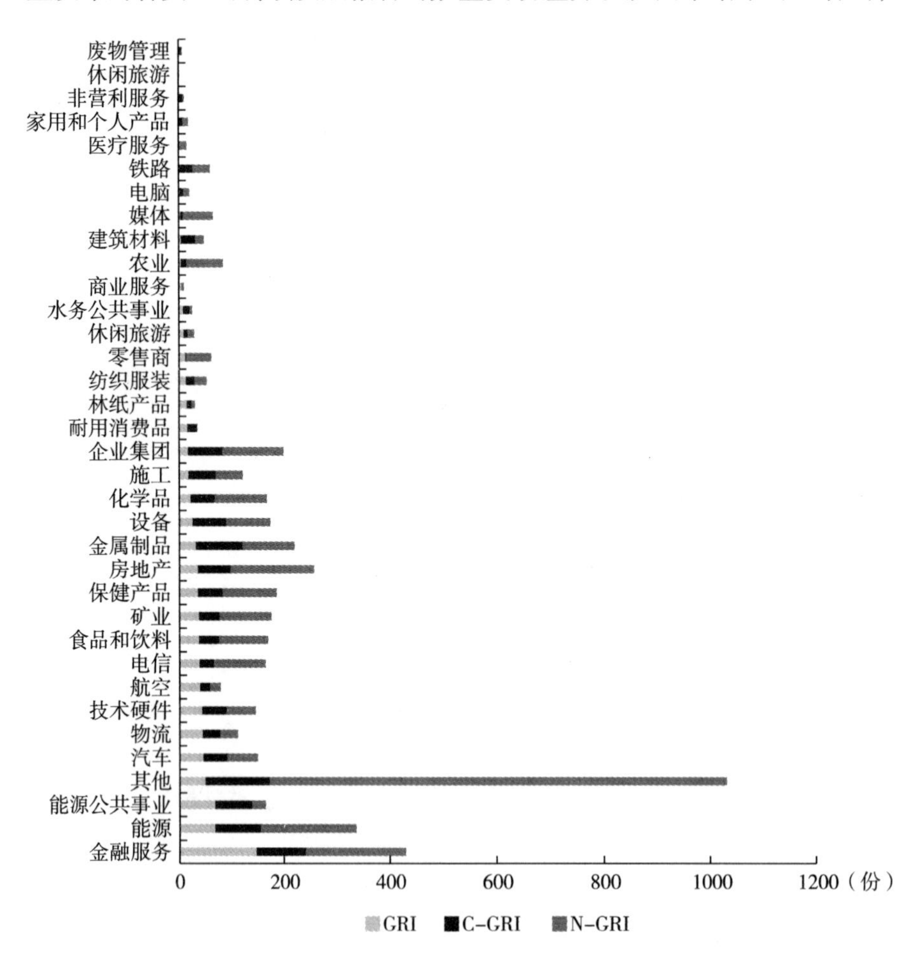

图 2.23 中国大陆各行业发布各类型可持续发展报告的数量变动差异（1999～2019 年）

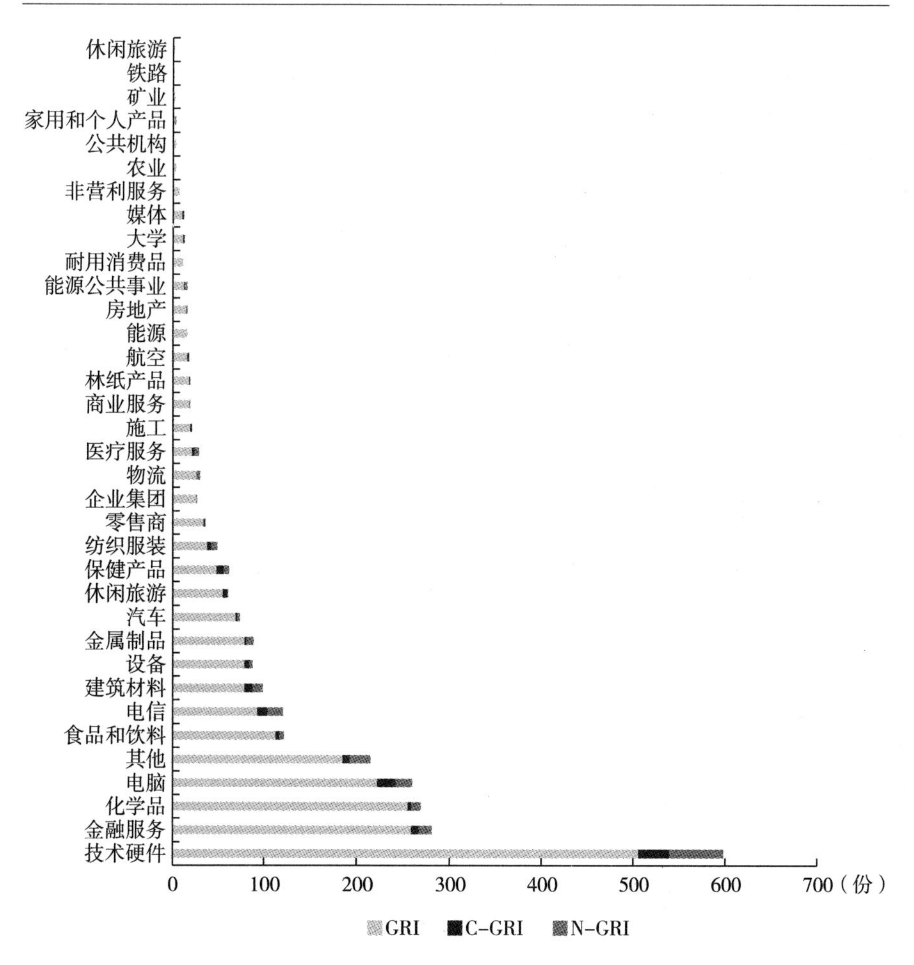

图2.24 中国台湾各行业发布各类型可持续发展报告的数量变动差异（1999～2019年）

中国大陆金融服务业使用GRI发布的可持续发展报告数量最多，共计147份；其次分别是能源行业和能源公共事业（68份）、汽车（46份）、物流（45份）、技术硬件（44份）等。中国大陆使用GRI发布可持续发展报告数量最少的行业为废物管理行业、休闲旅游行业、非营利服务行业、家用和个人产品行业、医疗服务行业，均没有使用GRI发布可持续发展报告。中国台湾技术硬件行业使用GRI发布的可持续发展报告数量最多，共计506份；其次分别是金融服务行业（259份）、化学品行业（255份）、电脑行业（222 份）、食品和饮料行业（113 份）、电信行业（93 份）。中国台湾使用 GRI 发布可持续发展报告数量最少的行业为休闲旅游行业（0 份）、铁路行业（1 份）、矿业（2 份）、家用和个人产品行业（2 份）、公共机构（3 份）和农业（3 份）。中国香港房地产业使用 GRI 发布可持续发展报告数量最多，共计 67 份；其次分别是航空行业（55 份）、金融服务业（46 份）、企业集团（36 份）、纺织服装（29 份）、能源公共事业（26 份）。中国香港使用 GRI 发布的可持续发展报告数量最少的行业为农业、汽车、化学品、商业服务、电脑、家用和个人产品和金属制品，均没有使用 GRI 发布可持续发展报告。

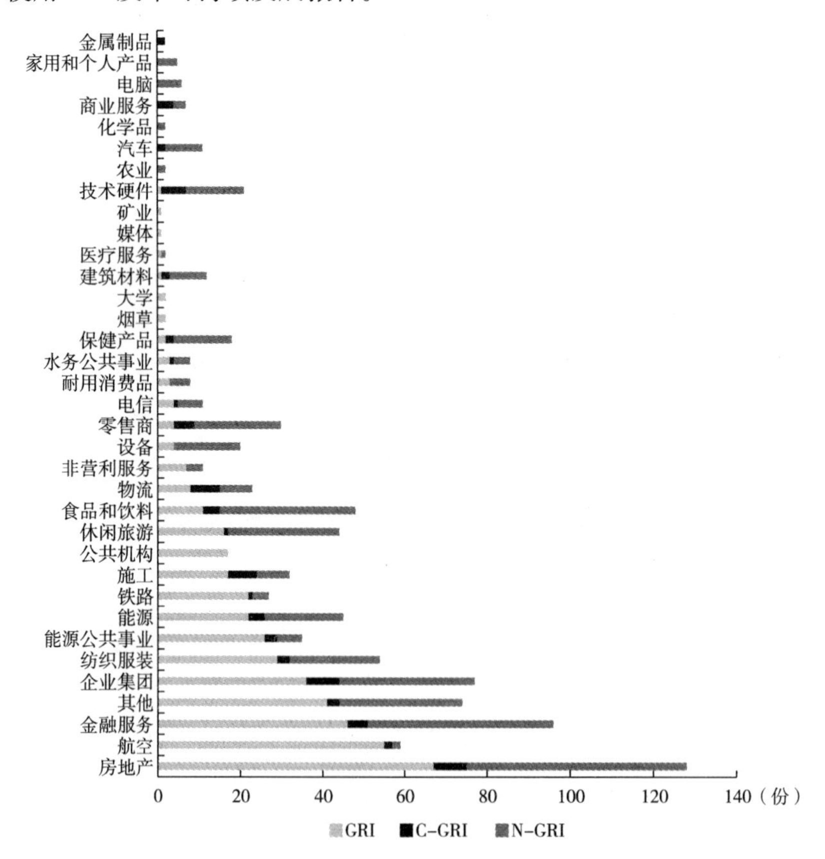

图 2.25　中国香港各行业发布各类型可持续发展报告的数量变动差异（1999～2019 年）

2.3.4.3 公司类型分析

图2.26至图2.28报告了1999~2019年中国大陆、台湾和香港各类型企业发布的各类型可持续发展报告的数量变动差异。从图中结果可以看出，中国大陆的大型企业发布的可持续发展报告数量最多，远远超过跨国企业和中小型企业。而且，相较于引用GRI和使用GRI发布的可持续发展报告，中国大陆大型企业不使用GRI发布的可持续发展报告数量最多。

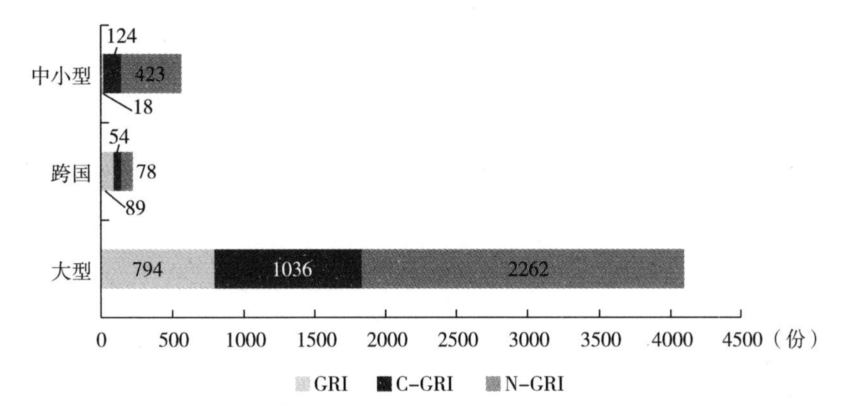

图2.26 中国大陆各类型企业发布各类型可持续发展报告的数量变动差异（1999~2019年）

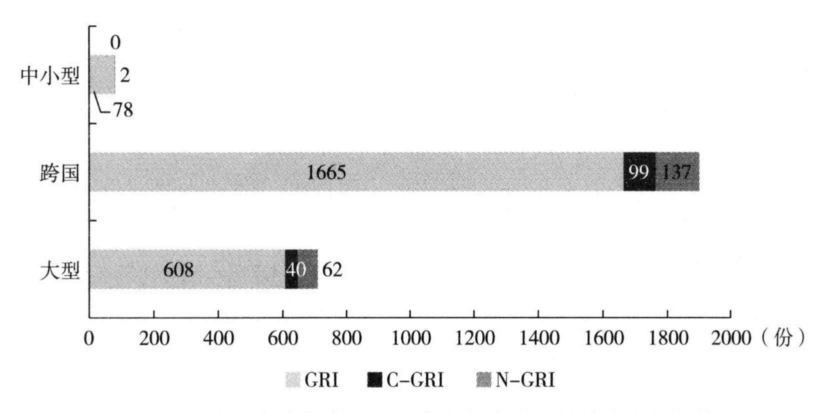

图2.27 中国台湾各类型企业发布各类型可持续发展报告的数量变动差异（1999~2019年）

中国台湾的跨国企业发布的可持续发展报告数量最多，远远超过大型企业和跨国企业。而且，相较于不使用 GRI 和引用 GRI，中国台湾中小型企业使用 GRI 发布的可持续发展报告数量最多。中国香港的大型企业发布的可持续发展报告数量最多，远远超过跨国企业和中小型企业。而且，相较于不使用 GRI 和引用 GRI 发布的可持续发展报告数量，中国香港大型企业使用 GRI 发布的可持续发展报告数量最多。

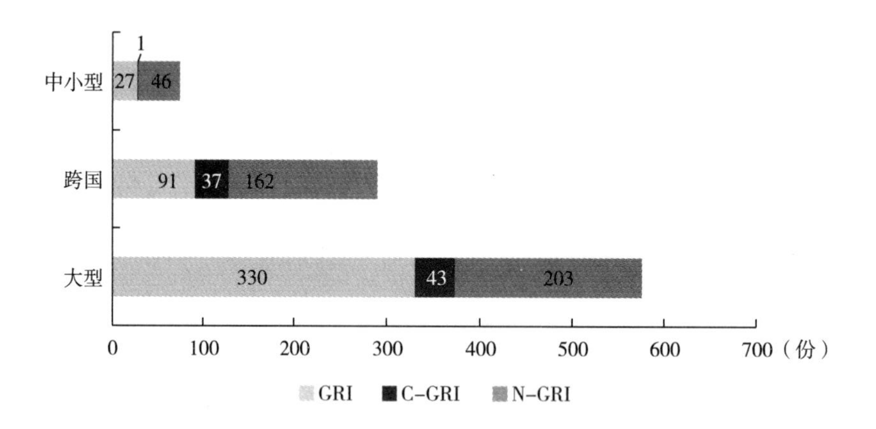

图 2.28 中国香港各类型企业发布各类型可持续发展报告的数量变动差异（1999～2019 年）

2.3.5 各国应用情况的对比分析

2.3.5.1 各国或地区发布各类型可持续发展报告的占比

表 2.12 报告了各个国家或地区发布各类型可持续发展报告的占比分析。从图中结果可以看出，美国发布的可持续发展报告总数最多，总计 5504 份；其次是中国大陆，总计 4879 份；随后是日本，总计 3439 份。英国和中国台湾的可持续发展报告数量相差不大，中国香港最少，总计 941 份。从使用 GRI 披露可持续发展报告的占比来看，中国台湾和美国企业以使用 GRI 发布可持续发展报告为主，使用 GRI 披露可持续发展报告数量占比超过 50%，中国香港使用 GRI 披露可持续发展报告的占比为

48%，英国和日本使用 GRI 披露可持续发展报告的占比相差不大，中国大陆使用 GRI 发布可持续发展报告的占比较少，仅有 18%。从引用 GRI 发布可持续发展报告的占比来看，日本引用 GRI 发布可持续发展报告的占比最高，为 40%；其次是中国大陆，为 35%；美国、英国、中国台湾和中国香港的占比较少且相差不大。从不使用 GRI 发布可持续发展报告的占比看，中国大陆和英国不使用 GRI 披露可持续发展报告的占比最高，为 57%；其次是中国香港，为 43%；美国和日本的占比相差不大，分别为 34% 和 25%；中国台湾占比最小，为 7%。

表 2.12 各国或地区发布各类型可持续发展报告占比分析

国家/地区	美国	英国	日本	中国大陆	中国台湾	中国香港
GRI	58%	38%	35%	18%	87%	48%
C - GRI	8%	6%	40%	25%	6%	9%
N - GRI	34%	57%	25%	57%	7%	43%
报告总数（份）	5504	2551	3439	4879	2691	941

2.3.5.2 各国或地区前十大行业使用 GRI 发布可持续发展报告数量

表 2.13 报告了各国或地区前十大行业使用 GRI 发布可持续发展报告的数量。从图中结果可以看出，各个国家或地区的行业使用 GRI 发布的可持续发展报告的情况存在显著差异。整体来看，中国台湾前四大行业使用 GRI 发布可持续发展报告数量较多；美国前十大行业使用 GRI 发布可持续发展报告整体数量较高；日本、英国和中国大陆前十大行业使用 GRI 发布可持续发展报告的数量差距不大；中国香港前十大行业使用 GRI 发布可持续发展报告数量整体较少。具体来看，美国使用 GRI 发布的可持续发展报告主要集中在金融服务业、能源行业、食品和饮料行业、保健产品行业、能源公共事业等，披露报告数量均在 200 份以上。英国使用 GRI 发布可持续发展报告主要集中在矿业和金融服务业，披露报告数量分别为 106 份和 102 份。日本的技术硬件行业和化学品使用 GRI 发布可持续发展

报告的数量最多，分别为 186 份和 123 份。中国大陆的金融服务业使用 GRI 发布可持续发展报告数量最多，共计 147 份。能源行业和能源公共事业次之，均为 68 份。食品和饮料行业、矿业使用 GRI 发布可持续发展报告的数量较少，均仅有 38 份。中国台湾的技术硬件行业、金融服务行业、化学品行业和电脑行业使用 GRI 发布可持续发展报告的数量均在 200 份以上，食品和饮料行业数量次之，共计 113 份。电信行业、建筑材料行业、设备行业、金属制品行业和汽车行业使用 GRI 发布可持续发展报告数量均在 100 份以下。中国香港使用 GRI 发布可持续发展报告的数量整体偏少，前十大行业的数量均在 100 份以下，分别是房地产行业、航空行业、金融服务行业、企业集团等。

表 2.13　各国或地区前十大行业使用 GRI 发布可持续发展报告的数量

单位：份

美国		英国		日本		中国大陆		中国台湾		中国香港	
行业	数量	行业	数量	行业	数量	行业	数量	行业	数量	行业	数量
金融服务	232	矿业	106	技术硬件	186	金融服务	147	技术硬件	506	房地产	67
能源	222	金融服务	102	化学品	123	能源	68	金融服务	259	航空	55
食品和饮料	213	能源	66	企业集团	99	能源公共事业	68	化学品	255	金融服务	46
保健产品	213	施工	62	金融服务	97	汽车	46	电脑	222	企业集团	36
能源公共事业	205	房地产	59	能源	85	物流	45	食品和饮料	113	纺织服装	29
化学品	191	食品和饮料	49	设备	73	技术硬件	44	电信	93	能源公共事业	26
技术硬件	161	商业服务	44	汽车	70	航空	40	建筑材料	79	能源	22
房地产	126	电信	41	食品和饮料	49	电信	39	设备	79	铁路	22
商业服务	114	媒体	29	耐用消费品	41	食品和饮料	38	金属制品	79	施工	17
零售商	106	零售商	28	物流	36	矿业	38	汽车	69	公共机构	17

2.3.5.3 各国或地区不同类型企业应用 GRI 发布可持续发展报告数量

表 2.14 报告了各国或地区不同类型企业应用 GRI 发布可持续发展报告的数量。从图中结果可以看出，美国企业使用 GRI 发布可持续发展报告的数量最多，总计 3180 份；其次是中国台湾，总计 2351 份；然后是日本，总计 1218 份；英国、中国大陆和中国香港的数量相差不大，分别为 943 份、901 份和 448 份。从大型企业的占比来看，中国大陆的大型企业使用 GRI 发布可持续发展报告的占比最高，为 88%；其次为中国香港和英国，分别为 74% 和 64%；随后是美国和日本，分别为 48% 和 34%；中国台湾的大型企业使用 GRI 发布可持续发展报告的占比最小，仅有 26%。从跨国公司的占比来看，中国台湾的跨国企业使用 GRI 发布可持续发展报告的占比最多，为 71%；其次是日本，为 64%；随后是美国和英国，分别为 46% 和 32%；中国香港占比为 20%；中国大陆最少，仅有 10%。从中小型企业占比来看，整体披露占比相对较少，均在 10% 以下。

表 2.14 各国或地区不同类型企业使用 GRI 发布可持续发展报告数量

国家/地区	美国	英国	日本	中国大陆	中国台湾	中国香港
大型企业（Large）	48%（1528）	64%（606）	34%（415）	88%（794）	26%（608）	74%（330）
跨国公司（MNE）	46%（1475）	32%（304）	64%（781）	10%（89）	71%（1665）	20%（91）
中小型企业（SME）	6%（177）	4%（33）	2%（22）	2%（18）	3%（78）	6%（27）
GRI 报告总数	3180	943	1218	901	2351	448

2.3.5.4 GRI 披露框架在美、日、英、中应用的经验总结

第一，GRI 披露框架在各个国家或地区应用方式不尽相同。从数据分析结果来看，美国、英国和日本发布的可持续发展报告类型占比侧重不

同。美国以 GRI 标准为主发布可持续发展报告，英国不使用 GRI 标准发布的可持续发展报告占比最多，日本使用 GRI 标准发布可持续发展报告的占比最多，中国大陆不使用 GRI 披露可持续发展报告数量最多，中国台湾使用 GRI 发布可持续发展报告数量最多，中国香港使用 GRI 和不使用 GRI 发布可持续发展报告的数量相差不大。这一结果表明由于社会体制、历史传统文化、所处社会环境等因素影响，不同国家在应用 GRI 可持续发展报告指南的过程中难免存在与企业不相适应的情况。因此，在推进可持续发展的过程中，应以 GRI 指南为参照，立足本国国情，探索出适合本国的可持续发展指标体系。

第二，各国或地区使用 GRI 发布的可持续发展报告集中的行业不尽相同。从数据分析结果看，美国、英国、日本和中国使用 GRI 披露可持续发展报告排名前十的行业既有重合也有差异。金融服务业、能源行业以及食品和饮料产品行业在三个国家行业中使用 GRI 标准披露的可持续发展报告数量均在前十名当中。其余行业在各个国家的表现情况均有所不同，而且行业披露的可持续发展报告数量也存在显著差异。因此，在推进可持续发展的过程中，可以分行业逐步推进。目前，我国发布社会责任报告的企业多分布于电力、电信、石油天然气、金融和运输、仓储、邮政等行业。GRI 指南对于行业可持续发展信息的披露十分全面和规范，且强调“实质重于形式”的原则，未来可参照 GRI 指南对具体行业做出的披露信息要求和原则，逐步推进企业可持续发展。

第三，与中小型企业相比，大型企业和跨国企业发布可持续发展报告的意愿更为强烈，也更倾向于使用统一的标准披露可持续发展报告。从数据分析结果看，中小型企业在美国、英国、日本和中国应用 GRI 发布的可持续发展报告的数量均为最少，表明中小型企业使用 GRI 披露可持续发展报告的意愿不强。相反，大型企业和跨国企业更倾向于披露可持续发展报告。原因在于 GRI 指南要求企业披露更多量化信息和实质性内容，成本较高。

2.4 GRI 标准对中国 ESG 披露标准制定的启示

一是结合中国情境构建适合于中国的通用 ESG 披露标准体系。美国、英国、日本和中国发布的可持续发展报告类型占比侧重不同。美国主要以 GRI 标准为主发布可持续发展报告，英国不使用 GRI 标准发布的可持续发展报告占比最多，日本使用 GRI 标准发布可持续发展报告的占比最多，中国大陆不使用 GRI 披露可持续发展报告数量最多。这一结果表明由于社会体制、历史传统文化、所处社会环境等因素影响，不同国家在应用 GRI 指南的过程中难免存在与企业不相适应的情况。因此，在推进可持续发展的过程中，应以 GRI 指南为参照，立足本国国情，探索出适合本国的可持续发展指标体系。

二是标准体系的建设应同时考虑普适性与行业差异性。ESG 标准体系的建设一方面需要满足普适性特征，为企业和利益相关者提供一个 ESG 对话的统一框架；另一方面，在各国的应用实践中可以发现，不同行业应用 GRI 标准的程度不一，侧重点有所差异。因此，针对不同行业具有不同特性，应予以充分考虑，识别行业特定的关键 ESG 议题，在统一的通用框架基础上构建行业特色模块。

三是实施分步走的标准制度建设模式。从 GRI 的发展框架中发现，GRI 标准的制定也并不是一蹴而就的，需要根据实际需求不断发展完善。在推进中国 ESG 披露标准的过程中，应循序渐进。由各国应用 GRI 的实践情况来看，不同类型的企业应用 GRI 的程度不一，大型企业和跨国企业应用 GRI 的程度较高。因此，对于中国 ESG 披露标准的推广，也应考虑到不同类型的企业进行信息披露的收益和成本有所不同，尊重这一客观规律，以信息披露程度较高且披露成本相对较低的上市企业为抓手，再逐步向非上市企业、中小企业覆盖，分步推动 ESG 披露范式的制度化。

第3章　SASB标准的主要内容体系与实践情况

可持续发展问题是全球性问题，目前越来越多的人开始关注企业是如何应对及报告相关问题的，因此可持续发展会计报告对各利益相关方的重要性不断增加。尽管出发点可能不同，但利益相关方都表达了相同的诉求：迫切需要改进可持续发展会计报告的一致性和可比性，以提高可持续发展倡议透明度从而建立公众信任。

近年来，Sustainable Development Accounting Standards Board（SASB）成为学术界和利益相关者的重要议题。企业的可持续发展是内外部因素共同作用的结果。在推动企业可持续发展过程中，企业社会责任发挥着重要作用。SASB认为企业的市场价值不仅取决于财务绩效。在许多行业中，多达80%的市值由无形资产组成，如智力资本、客户关系、品牌价值以及环境、社会和人力等其他资本。经过多年的研究和市场调查，在全球众多投资机构和企业的共同参与下，SASB于2018年发布了全球首套SASB标准。该标准旨在帮助企业和投资者衡量、管理和报告那些可以产生价值并对财务绩效有实质性影响的可持续发展因素，更好地识别和沟通创造长期价值的机会。

3.1 SASB标准的发展演变

SASB成立于2011年，是一家位于美国的非营利组织，致力于制定一系列针对行业ESG（环境、社会和治理）披露指标，促进增加投资者与企业交流对财务表现有实质性影响且有助于决策的相关信息。因此，深入研究SASB的发展演变是重中之重，本节主要以时间顺序介绍SASB从成立到现在的发展历程。

3.1.1 SASB的组织历史演变

SASB采取了与其他国际公认的披露标准制定机构——如财务会计标准委员会（FASB）以及国际会计标准理事会（IASB）——相似的治理架构，由董事会（The Foundation Board）和标准委员会（The Standards Board）组成。董事会负责监督整个机构的战略、募资、运营和任命标准制定委员会成员；标准委员会负责研发、发布和维护SASB标准（SASB Standards）。SASB还下设三个小组：SASB会员联盟（SASB Alliance）为付费会员提供教育培训机会和各类资源，由来自12个国家的98家机构会员组成；标准顾问小组（Standards Advisory Group，SAG）由来自22个国家的成员构成行业专家团队，负责为SASB制定中遇到的相关问题提供建议；投资顾问小组（Investor Advisory Group，IAG）由致力于提高可持续发展相关信息披露质量的资产所有者和资产管理者组成。这些成员机构来自12个国家，管理着约41万亿美元资产。

SASB于2016年底成立投资顾问小组，该小组由主要的资产所有者和管理者组成，致力于改善对投资者的可持续性相关披露，为该组织提供投资者反馈和指导，并证明投资者支持以投资者为中心的可持续性披露市场标准。2019年5月22日，SASB宣布扩大投资顾问小组，此次共15家机构加入投资者咨询小组，包括安盛投资管理、富达投资、哈佛管理公司等。目前，共有44家公司成为IAG成员，管理资产超过33万亿美元。同年12月10日，再次扩大投资顾问小组，本次共有6家机构加入，分别是ATP、Ivy Investments、LACERA、Railpen、RBC和ValueAct Capital。2020年7月30日，SASB宣布进一步扩张投资者咨询小组，本次扩张中总部设在新加坡的全球投资公司Temasek、澳大利亚建筑工会养老基金和日本第一人寿保险公司共三家机构加入。新成员极大地扩大了集团的资产所有者和亚太地区的代表性。

2014年7月，SASB发布了不可再生资源临时可持续性标准，主要针对不可再生资源领域内的行业，如石油、天然气和采矿业。不可再生资源领域是SASB标准所涉及的第四个领域。发布的临时性标准旨在解决环境、社会和治理等方面的问题，其中很可能包含该领域八类行业上市公司的重大信息，这八类行业包括石油和天然气——勘探与生产；石油和天然气——中游产业；石油和天然气——炼油与销售；石油和天然气——服务；煤炭业务；钢铁生产；金属与采矿；建筑材料。所涉及的问题包括温室气体排放量、空气质量、社区关系、健康、安全和应急管理。

2017年2月，SASB发布SASB标准概念框架和议事规则。概念框架规定了基本概念、原则、定义和目标，指导SASB标准委员会和技术人员制定SASB标准的方法。程序规则建立并描述了标准委员会在制定、发布和维护标准时遵循的政策和实践。这些文件共同作为主要的治理文件，指导标准委员会努力完成SASB的组织使命。2019年9月，SASB标准委员会开始修订和更新2017年概念框架和议事规则。董事会决定实施这些项目的依据是现有文件中过时的组织使命说明，以及董事会的观点，即现有文件没有反映SASB标准的全球观点，它们包含过时的假设、定义和数据。2020年8月25日，标准委员会批准发布90天公众评论期的概念框架和程序规则征求意见稿。

2018年，SASB发布了全球首套SASB标准。该标准旨在帮助企业和投资者衡量、管理和报告那些可以产生价值并对财务绩效有实质性影响的

可持续发展因素，更好地识别和沟通创造长期价值的机会。

2018 年 11 月 7 日，SASB 针对最有可能对某一行业的代表型企业造成重大财务影响的可持续因素集合，该标准给出了应对指导，旨在帮助投资者和企业做出更为明智的决策。SASB 制定这些标准的初衷是为财务申报资料、可持续发展报告、年度报告及公司网站发布内容提供强有力的支持。这套可持续会计标准可与其他可持续框架结合使用，它与“气候相关财务信息披露工作小组”的建议保持一致，为“全球报告倡议组织”（GRI）的相关工作提供了有益的补充。

2019 年 12 月 19 日，SASB 宣布成立四个新项目，以解决通过循证研究和市场咨询提出的关键问题，这些问题推动了其标准制定过程。标准委员会在其标准制定议程中增加了两个与资产管理和托管活动行业的系统性风险以及采掘和矿物加工行业的尾矿管理有关的项目。它还扩大了其研究项目，以探索互联网平台上的内容适度，以及化学品、纸浆和纸制品行业中与塑料相关的风险和机遇。

2020 年 2 月 4 日，SASB 推出了《SASB 标准使用指南》，这是一个将 SASB 标准纳入投资者沟通核心为目的所提供的在线资源。为公司在 SASB 实施过程中的关键步骤提供了实用指南，帮助它们为自己的组织选择合适的行业标准，并有效地将关键的 ESG 主题和指标嵌入它们与投资者的核心沟通中。

2020 年 2 月 27 日，SASB 宣布了三个新项目，以解决通过循证研究和市场咨询提出的关键问题。SASB 的标准制定议程中增加了一个项目，旨在衡量服装、配饰和鞋类行业原材料采购的绩效。SASB 还扩大了研究计划，探索两个问题。第一，标准委员会推迟了对烟草行业供应链管理标准制定项目的投票，但批准了对该项目的额外研究。第二，董事会批准了一个研究项目，以探索替代肉类和乳制品在食品和饮料行业的财务影响。[1]

---

① Standards Board Meeting Calendar & Archive（2021）.［online］Available at < https://www.sasb.org/standards/calendar/ >（4/7/2021 0942）.

2020 年 6 月 25 日，SASB 投票启动了一个新的标准制定项目，以解决化学品和纸浆造纸行业的一次性塑料和生物过滤器问题。加强公众对塑料使用的环境影响的监督有助于加强监管和改变消费者对包装的需求，为关键行业的公司及其投资者创造风险和机会。该项目获得董事会一致批准，将解决通过循证研究和市场咨询提出的重要问题。

2020 年 9 月 22 日，SASB 再次投票启动了一个新的标准制定项目，以解决互联网媒体和服务行业的内容治理问题。该项目评估对公司的财务、公司管理活动均有影响。具体内容涉及该行业在线内容、广告和用户言论自由等。

2021 年 6 月，IIRC 和 SASB 宣布合并成一个统一的新组织——价值报告基金会（Value Reporting Foundation），标准组织整合的主要目的是降低企业 ESG 信息披露成本，提高 ESG 信息有效性，建立有广泛影响力的整合性质的 ESG 标准。价值报告基金会将保留国际综合报告委员会原有的综合报告框架，该框架描述了金融资本、生产资本、人力资本、智力资本等价值创造因素和将此类因素整合到综合报告中的方法。同时，SASB 对各行业报告指标的精确定义也将得到价值报告基金会的沿用。

3.1.2 SASB 标准制定流程

SASB 采取了与其他国际公认的披露标准制定机构相似的治理架构，由董事会和标准委员会组成。[①] 本节介绍了董事会和标准委员会主要职责以及任命流程和 SASB 标准运作流程等。

3.1.2.1 董事会

SASB 董事会负责监督整个机构的战略、募资、运营和任命标准制定委员会成员。董事们通过治理和提名委员会（Governance & Nominating Committee）任命 SASB 成员，并监督通过标准监督委员会（The Standards Oversight Committee，SOC）标准制定过程。董事除扮演重要的监督角色之

① 资料来源于 SASB 官网管理机构划分 Governance – SASB。

外，他们的工作还包括治理和提名委员会提名SASB成员，任命SASB成员（包括主席），并通过其标准监督委员会直接监督标准制定过程。

标准监督委员会是指董事监督标准制定活动的正当程序的委员会。SOC负责维护组织的独立性和完整性，通过直接监视和评估SASB标准制定过程，以及解答程序相关的查询。SOC也可以成为SASB成员向董事的治理和提名委员会提出建议。

3.1.2.2 标准委员会

标准委员会的成员是由董事会任命的，其主要职责是通过标准，审查和维护技术议程，对标准进行拟议的更新，并对标准制定过程负整体责任。具体而言，包括审核和批准SASB工作人员提出的技术议程；监督员工活动程序是否正当，确保遵守关键原则和实践；为建议的更新启动公众意见征询；批准标准和更新；批准和发布本标准的解释；并要求咨询委员会或小组来通报标准制定情况。

标准委员会通常由五至九名成员组成，其中包括主席、其他成员。成员由董事会根据其治理和提名委员会任命，任期三年，有两个任期。其目标是让专家领导的标准制定组织。标准委员会每季度召开一次会议，若主席认为需要与SASB工作人员进行协商，可另举行其他会议。投票会议通过网络或音频广播向公众开放。此外，所有正式会议的记录（投票和不投票）都将公开。SASB至少在每次公开会议召开前至少10天公开宣布时间、日期、地点和议程，并视情况提前发布准备材料。①

3.1.2.3 咨询委员会和小组

SASB的主席可能会不时成立常设咨询委员会或特设咨询小组，以支持SASB及其工作人员制定具有成本效益的标准，从而产生重要的决策有用信息。咨询委员会或咨询小组将遵循一份章程，其中概述了一些主题，如目的、职责、规模、成员资格和操作程序。

咨询委员会和特设咨询小组可以专注于特定可持续性问题、行业主题

① 资料来源于SASB标准委员会官网Standards Board – SASB。

以及与其他标准制定者相协调的倡议相关的主题或技术问题；或者它们可能专注于针对 SASB 标准的关键目标（例如，实质性、决策有用和具有成本效益的）提供其他咨询意见。两种类型的实体本质上都是咨询性的，其建议没有约束力；根据 SASB 工作人员的建议，批准更新的最终权力在于 SASB。咨询委员会可能是常任理事国，而特设咨询小组则是寿命有限的实体，其活动期限由主席确定。

3.1.2.4 标准委员会决定

需要 SASB 的法定人数，即 SASB 成员的 2/3。组成法定人数后，SASB 将对以下事项进行表决，这些事项需要获得 SASB 的多数票的批准：

①通过将列入技术议程的项目；

②为一个或多个拟议更新的征求意见稿启动公众意见征询期；

③批准标准、修订、扩展或替换标准的权威部分的更新；

④标准解释；

⑤这些 SASB 议事规则的变更；

⑥成立常设咨询委员会或小组；

⑦SASB 需要其成员投票的任何其他行动都可以在 SASB 会议上或通过其成员的书面投票获得批准。

3.1.2.5 SASB 标准运作

SASB 的运作包括标准制定以及促进标准制定的监督和管理、支持机构。SASB 设计了透明、系统的标准制定流程，以平衡迫切的全面的科学研究和广泛的利益相关者的需求。利益相关者咨询是 SASB 运营不可或缺的一部分，因此组织建立了沟通渠道，以鼓励市场和公众参与标准制定过程的每个阶段。

SASB 定期维护技术议程（Technical Agenda Setting）中的项目。SASB 从其独立研究、利益相关者、咨询和实施中收集信息。通过信息梳理后，SASB 工作人员提出关于标准、主题或度量标准的合理反馈、建议。通过任何支持证据论述，审查后，SASB 可以通过投票方式审核并批准或修改技术议程。

3.1.2.6　SASB组织角色和责任[①]

在建立正式的治理程序时，应该明确SASB的组织结构，包括参与标准制定过程的各个实体的角色、组成和操作程序。本节总结了与SASB的标准制定过程相关的治理的关键要素。它定义了包括SASB及其员工在内的有关各方的角色与职责，以及SASB基金会董事会及其标准监督、治理和提名委员会。表3.1概述了SASB的标准制定、治理和监督机制所涉及的不同机构的角色与职责。

表3.1　SASB职责一览

	组成	角色与职责	产出
董事会	最多21位董事	信托责任与治理	根据董事治理和提名委员会的提名任命SASB成员
标准监督委员会（SOC）	3~5名董事成立委员会	监督标准制定活动，申诉和投诉解决的正当程序	关于正当程序上诉的裁决
标准委员会	5~9位具有政策、市场和标准制定经验的专家	进行标准制定过程，并负责遵循SASB概念框架和SASB程序规则，以确保质量	根据SASB概念框架和这些SASB程序规则制定的标准；并得到市场的认可，有可能促进实质性，决策有用和具有成本效益的披露
员工	部门分析师、研究人员和其他专业人员	进行研究并就可持续发展披露的行业特定标准进行咨询	提出技术议程项目并建议标准的更新以考虑SASB
咨询委员会和临时咨询小组	外部顾问，例如行业成员、投资者、财务分析师和其他专业人士	根据需要就部门、行业和主题的特定方面提供建议，包括指标和技术协议	就标准制定中出现的实践和技术问题提供意见

① 资料来源于SASB流程规则，SASB－Rules－of－Procedure.pdf。

3.2 SASB 标准的主要内容体系

3.2.1 行业划分

在传统行业分类系统的基础上，SASB 推出了一种新的行业分类方式：根据企业的业务类型、资源强度、可持续影响力和可持续创新潜力等对企业进行分类。可持续工业分类系统（Sustainable Industry Classification System，SICS）由此诞生。SICS 将企业分为 77 个行业（涵盖 11 个部门，见表 3.2）。

表 3.2 SICS 行业框架

行业	分类
消耗品	➢ 服装、配饰和鞋子 ➢ 设备制造 ➢ 建筑产品和家具 ➢ 电子商务 ➢ 家庭和个人产品 ➢ 多行业和专业零售商和分销商 ➢ 玩具和体育用品
食品和饮料	➢ 农产品 ➢ 酒精饮料 ➢ 食品零售商和分销商 ➢ 肉，家禽和奶制品 ➢ 不含酒精饮料 ➢ 加工食品 ➢ 餐厅 ➢ 烟草

续表

行业	分类
资源转换	➢ 航空航天和国防 ➢ 化学品 ➢ 容器和包装 ➢ 电器和电子设备 ➢ 工业机械和商品
抽提与矿物质处理	➢ 煤炭业务 ➢ 建筑材料 ➢ 钢铁生产 ➢ 金属和矿业 ➢ 石油和天然气勘探和生产 ➢ 石油和天然气——粗加工 ➢ 石油和天然气——精炼和营销 ➢ 石油和天然气——服务
卫生保健	➢ 生物技术和制药 ➢ 药品零售商 ➢ 医疗保健服务 ➢ 医疗品分销商 ➢ 管理式医疗 ➢ 医疗设备和用品
服务业	➢ 广告和营销 ➢ 赌场和游戏 ➢ 教育 ➢ 酒店和住宿 ➢ 休闲设施 ➢ 媒体与娱乐 ➢ 专业和商业化服务
金融	➢ 资产管理和托管活动 ➢ 商业银行 ➢ 消费金融 ➢ 保险 ➢ 投资银行和中介业务 ➢ 抵押贷款 ➢ 安全与大宗商品交易所

续表

行业	分类
基础设施	➢ 电力公司和发电机 ➢ 工程和建筑服务 ➢ 天然气公用事业和分销商 ➢ 房屋建筑 ➢ 房地产 ➢ 房地产服务 ➢ 废物管理 ➢ 水务与服务
技术与通信	➢ 电子制造服务与原始设计制造 ➢ 硬件 ➢ 互联网媒体与服务 ➢ 半导体 ➢ 软件和 IT 服务 ➢ 通信服务
可再生能源和替代能源	➢ 生物燃料 ➢ 林业管理 ➢ 燃料电池和工业电池 ➢ 浆纸业 ➢ 太阳能技术和项目开发人员 ➢ 风能技术和项目开发人员
运输	➢ 航空货运与物流 ➢ 航空 ➢ 汽车零部件 ➢ 汽车 ➢ 汽车租赁 ➢ 游轮公司 ➢ 海上运输 ➢ 铁路运输 ➢ 公路运输

3.2.2 可持续主题

每个行业在SASB标准中都有一套自己独特的可持续性会计标准。可持续性会计反映了企业对其生产和服务所产生的社会和环境影响，以及创造长期价值所必需的环境和社会资本的管理。还包括可持续发展挑战与创新、商业模式和公司治理的相互影响。因此，在制定标准时，SASB标准包括环境、社会资本、人力资本、商业模式与创新、领导与治理五个可持续主题。

（1）环境。该维度包括通过使用不可再生的自然资源作为生产要素（例如，水、矿物质、生态系统和生物多样性），或通过有害的释放进入环境（例如，空气、土地和水），企业对环境的影响，可能会对自然资源产生不利影响，并影响公司的财务状况或经营业绩。

（2）社会资本。该维度与企业在社会中的感知角色有关，或者与企业为获得社会许可而对社会做出贡献的期望有关。它解决了与关键外部方（例如，客户、本地社区、公众和政府）的关系管理。它包括与人权、弱势群体的保护、当地经济发展、产品和服务的使用和质量、可负担性、负责任的市场营销业务惯例以及客户隐私有关的问题。

（3）人力资本。该维度将公司人力资源（员工和个体承包商）的管理作为实现长期价值的关键资产。它包括影响员工生产力的问题，如员工敬业度、多元化、激励和薪酬，以及在特定人才、技能或教育的高度竞争或受限市场中员工的吸引力和保留率。它还解决了依赖规模经济并在产品和服务价格上竞争的行业以及具有遗留养老金负债的行业的工作条件和劳动关系管理。最后，它包括对员工健康和安全的管理，以及为在危险工作环境中运营的公司创建安全文化的能力。

（4）商业模式与创新。该维度解决了可持续性问题对创新和商业模式的影响。它解决了公司价值创造过程中环境、人类和社会问题的整合，包括资源回收和生产过程中的其他创新，以及产品创新，包括设计、使用阶段和产品处置中的效率和责任感。它还包括管理对有形和金融资产

（公司本身或作为他人的受托人管理的资产）的环境和社会影响。

（5）领导与治理。该维度涉及对业务模型或行业惯例中固有问题的管理，这些问题可能与更广泛的利益相关者群体（例如，政府、社区、客户和员工）的利益发生冲突，因此创建了一个潜在的责任，或更糟糕的是，限制或取消了经营许可。这包括监管合规及监管和政治影响。它还包括风险管理、安全管理、供应链和材料采购、利益冲突、反竞争行为及腐败和贿赂。

尽管“可持续性”问题的“普遍性”是 SASB 临时标准制定的起点，但通过一系列旨在确定合理的可能对行业中的公司产生重大影响问题的步骤，该广泛清单得到了完善。由于这些问题中的每一个都倾向于根据其发生的环境而产生不同的影响或结果，因此可持续企业活动在一个行业之间会有所不同，这意味着每个行业都有自己独特的可持续性特征。因此，SASB 特定于行业的临时标准中包含的披露主题是针对特定行业背景的一系列可持续发展问题的子集。在制定标准时，SASB 从在这五个可持续性维度下组织的 30 个议题中选取与该行业最相关的议题（见图 3.1）。

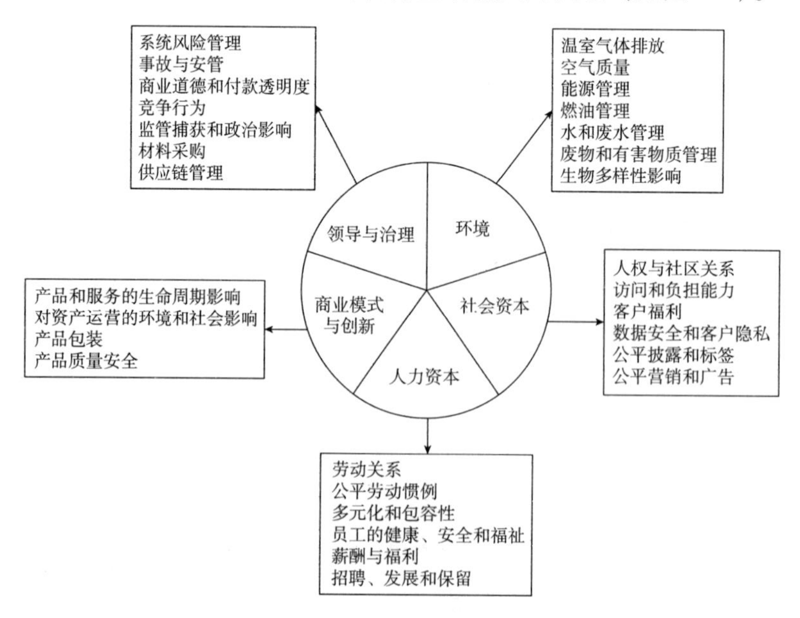

图 3.1　SASB 可持续发展议题

3.2.3 SASB标准的核心目标

SASB致力于促进发行人向投资者更有效地披露重要的可持续发展信息。本部分列出了指导SASB作为标准制定者工作的核心目标。SASB的正当程序旨在产生以下信息标准：

3.2.3.1 SASB标准确定可能是实质性的信息

SASB标准涉及可持续发展的主题，这些主题很可能对一个行业的公司的财务状况或经营业绩产生重大影响。SASB认识到，每家公司都有责任确定哪些信息是重要的，哪些信息应该包含在其提交给美国证券交易委员会（SEC）的文件中。在确定有可能产生重大影响的可持续发展主题时，SASB应用了美国证券法确立的"重要性"定义。根据美国最高法院的说法，如果"合理的投资者很有可能认为披露被遗漏的事实已经显著改变了所提供信息的'全部'，则该信息就是重要的"。[1]

根据S-K法规的要求，可能会产生披露重大可持续性信息的义务。S-K法规规定了与10-K和其他SEC文件相关的特定非财务报表披露要求，该法规要求公司描述已知的趋势、事件，以及表10-K中管理层对财务状况和经营成果（MD&A）部分的讨论和分析中合理可能对其财务状况或经营业绩产生重大影响的不确定性。表20-F和表40-F有相应的要求。

MD&A要求公司向投资者和其他用户提供必要的重要信息，以帮助他们了解公司的财务状况和运营绩效，以及未来的前景。[2] SEC关于气候变化和网络安全相关的披露要求的解释性指南着重强调了表10-K其他章节对可持续性相关披露的适应性，即业务描述（§229.101）和风险因素[§229.503（c）]。[3][4] 它还进一步提醒注册人，除被要求披露法规明

---

① TSC Industries v. Northway, Inc., 426 U.S. 438, 449 (1976).

② SEC, FR-72, Commission Guidance Regarding Management's Discussion and Analysis of Financial Condition and Results of Operations (December 2003).

③ SEC, Commission Guidance Regarding Disclosure Related to Climate Change (February 2010).

④ CF Disclosure Guidance: Topic No. 2 Division of Corporation Finance Guidance Regarding Disclosure Obligations Relating to Cybersecurity Risks and Cyber Incidents (October 2011).

确要求的信息外，还需要根据所作出的声明，如果有其他重要的相关材料，要一并披露，不能披露的含有误导意味的信息[①]，根据这些要求，SASB 标准可帮助发行人识别并报告可持续性主题，这些主题经证据证实，构成了已知趋势、事件和不确定性，这些可能对行业内的公司产生重大影响。

3.2.3.2　SASB 标准的决策有用信息

SASB 标准为投资者提供了有关可持续性问题的决策有用信息，这些信息可能会严重影响近期、中期或长期的商业价值。当可持续性信息具有代表性、公正、有用、适用、可比、完整、可验证、统一、中立和分配时，其决策用处就会增强。对于行业中确定的每个主题，SASB 会选择或开发可用于决策的会计指标，以说明该主题下的公司绩效。会计指标涉及可持续发展的影响及创新机会。综合起来，它们代表了公司在可持续发展问题和长期创造价值潜力方面的定位。使用 SASB 可持续性会计标准进行公开披露有助于：

①在关键的可持续性问题上进行企业绩效的对等比较和基准测试；

②公司将重点放在管理风险和改善关键可持续性问题的绩效上；

③全面了解重大可持续性风险和投资者机会；

④综合展示财务报表和重大可持续性信息，使投资者能够更好地了解背景情况；

⑤公众可以通过 SEC 文件和 SEC EDGAR 数据库访问定期报告的可持续发展数据；

⑥可靠、可信赖和可验证的可持续性信息。

3.2.3.3　SASB 标准对于企业发行者而言具有成本效益

SASB 标准旨在为公司提供经济有效的方式，向投资者披露对决策有用的重大可持续性信息。SASB 通过两个关键方式实现此目标：①因为 SASB 标准仅关注那些合理的可能会产生重大影响的可持续性问题，所以

① 17 C. F. R. §230.408 and §240.12b－20，Additional Information.

SASB标准确定了每个行业要考虑的最小主题集，许多上市公司已经以某种方式在SEC备案中解决了大多数主题。[①] ②SASB标准中很大比例的指标与已经使用的计划保持一致。作为其标准制定过程的一部分，SASB会识别并记录用于衡量每个披露主题绩效的现有指标和做法。SASB在可能的情况下，将其标准与现有的指标、定义、框架和行业特定和一般的管理披露格式进行协调，从而最大限度地减少公司的报告负担。SASB当前引用了200多个组织（例如，CDP、EPA、OSHA、GRI、IPIECA等）的标准和度量标准。

使用SASB度量标准还可以减轻对投资者、分析师和评级小组经常用于获取可持续性信息的昂贵且耗时的问卷的需求。

3.2.3.4 可持续发展会计核算和披露的目的

市场价值通常与账面价值有所不同，部分原因是传统财务报表未必涵盖构成公司长期创造价值能力的所有因素。这种“价值差距”在很大程度上归因于环境、社会和人力资本及公司治理的管理或管理不当，或者可能被其严重削弱。因此，公司报告必须超出财务报表的范围，以促进对可持续性信息的度量和报告，从而增强决策者对所有重大风险和机遇的理解。与财务会计一样，可持续性会计既具有确认性又具有预测性的价值，因此可用于评估过去的绩效并用于将来的计划和决策支持。作为财务的补充会计，可以帮助您更全面地了解公司在可能影响其创造长期价值的能力的重大因素方面的绩效。

财务会计处理可持续发展绩效的某些要素。但是，财务会计在很大程度上旨在反映实体当前的财务状况和财务绩效。由于缺乏适当的估值技术和适当的市场定价，评估可持续性问题的财务影响本质上受到限制。虽然

① SASB, The State of Disclosure 2016 (December 1, 2016); SASB research shows that 69 percent of industry - leading companies currently disclose information in SEC filings on at least three - quarters of the sustainability topics included in their industry standard, and 38 percent provide disclosure on every SASB topic. However, of those disclosures, only 24 percent include metrics while 53 percent use boilerplate language.

从概念上可以将环境、人力和社会资本理解为经济资产和负债，但缺乏可比数据使对这些可持续性因素的解释具有挑战性，而 SASB 标准的不足是要解决的。

因此，SASB 的可持续性会计方法包括针对可能影响当前或未来财务价值的，特定于行业的可持续性主题定义运营指标。与财务会计信息一样，可持续性会计信息可以捕获过去和当前的绩效，并且在帮助管理层描述已知趋势、事件和不确定性的范围内也可以具有前瞻性。可能会揭示对报告实体的财务状况或经营业绩的实际或潜在影响。因此，投资者和债权人都会对 SASB 指标（定性和定量）感兴趣，从而有助于进行交流并更完整地代表公司的业绩。

因此，可持续性会计有助于更全面地了解报告实体的基础。例如，与可持续性相关的"已知趋势"相关的影响可能来自：

①管理生产商品或服务所必需的关键资本；

②易消耗或滥用这些资本的脆弱性；

③接触新的或现有的法规或不断变化的社会规范；

④有关替代资源或业务模型的方案规划；

⑤与某些环境、社会或治理问题管理不当相关的风险；

⑥与全球或行业可持续发展挑战相关的机会。

SASB 相信，随着时间的流逝，对可持续发展绩效的考核将使投资者对公司（或整个行业）的前景以及管理风险和维持价值创造的能力有更全面的了解。另外，通过可持续性会计，投资者可以根据公司在这些问题上的战略和运营，更好地比较和区分公司。

3.2.3.5　SASB 标准的使用者

SASB 标准旨在上市公司自愿使用，以按照美国现行法规的要求以表 10－K、表 20－F 和表 40－F 披露的重大可持续性因素。它们是对可持续性信息需求的市场驱动响应，这种信息对投资者有用，对发行人而言具有成本效益。

SASB 标准也可能适用于其他类型的组织（包括在其他司法管辖区公

开上市的私有公司和外国公司）披露重要的可持续性信息。SASB 作为其核心原则之一，力求使其标准和指标与现有框架以及其他报告机制和协议（例如，监管文件或行业开发的最佳实践）保持一致。

公司有许多重要的利益相关者和各种渠道，他们可能已经在这些渠道上传达了一些可持续性信息，包括网站、可持续性报告、自愿性行业报告，以及政府机构和企业社会责任报告。但是，为投资者和其他依赖此类文件的人的利益，制定了 SASB 标准以用于法定财务文件。

3.2.3.6　可持续性会计准则的受益人

3.2.3.6.1　投资人

随着更广泛的经济活动变化，信息市场需要有效分配资本的需求也可能会发生变化，可能会要求上市公司调整其披露信息。SASB 标准旨在帮助发行人识别并更有效地披露当今投资者做出明智决定所需的信息。

截至 2016 年，管理资产总额达 62 万亿美元的 1600 多个组织签署了《负责任投资原则》（PRI），表明致力于将可持续发展问题纳入投资分析和决策制定流程。同时，可持续与负责任投资论坛（Forum for Sustainable and Responsible Investment）在 2016 年的报告中发现，美国 20% 的专业管理资产在其投资授权中考虑了可持续性因素。然而，由于缺乏有关可比较的问题，以及对决策有用的数据和信息，阻碍了实现 PRI 的目标或其他预期的可持续投资目标。即使这个信息是可用的，对投资者而言，从当前报告中剔除该信息可能需要大量时间和费用。

SASB 的使命是在 SEC 档案中促进重要且有效的可持续发展信息的披露，从而使投资者能够以最低的成本获得必要的可持续性信息，以做出明智的投资决策。SASB 标准和其他产品主要目的是支持投资者将可持续性信息融入核心活动中去，例如：

（1）基础分析：调整股权和债务估值模型以及评估单个证券选择的管理质量所需要的数据来自可持续性的基本要素以及财务基本要素。

比较和基准测试：在数千家公开上市公司披露的标准化数据中选择针对特定行业的可持续性会计指标，得出的数据能够让投资者点对点地比较可持续性绩效的关键维度，并建立行业基准。

（2）投资组合管理：SASB 标准确定了可持续性主题，这些主题很可能构成特定行业内公司的重要信息。SASB 的可持续行业分类系统（SICS™）将具有相似业务模式和可持续发展影响的行业分组。SICS™和特定行业的披露主题将共同帮助投资者识别和管理某些类型的可持续性风险和机会，从而在构建投资组合和管理流程中加入这些可持续性维度的 α 寻求和风险控制。

（3）积极参与：投资者和公司可以利用 SASB 标准及其所产生的信息来指导活动，从而在可持续性因素上产生更集中、更有成效的参与。

越来越多的公司开始在有关企业社会责任（CSR）或可持续性的自愿性独立报告中报告可持续性问题。实际上，标准普尔 500 指数中有 81% 的人在 2015 年发布了可持续发展报告，比 2011 年高出 20% 左右。到 2016 年，超过 13000 家公司发布可持续性报告，全球共超过 80000 个报告。

但是，这些报告的制作成本高昂，并且缺乏对投资者最感兴趣的可持续性问题的关注，也就是那些最有可能对公司的财务状况或经营业绩产生重大影响的可持续性问题。这些 CSR 报告也经常具有报告偏差，出于主观因素可以选择其中包含的信息。除此之外，公司还以投资者和评级机构的调查和问卷形式提供对可持续发展信息的要求，给发行人带来了额外的重大负担，给股东带来的利益有限。

通过关注对投资决策至关重要的可持续性因素的子集，SASB 标准产生的信息可能对公司管理层有用，同时也为向投资者披露信息提供了经济高效的解决方案。这种关注点与销售、销售增长、资产回报率和股本回报率方面的出色表现相关，此外还提高了风险调整后的股东回报率。SASB 度量标准可以增强或合并到公司的绩效评估系统中，以促进目标的一致性和协调性，传达期望，激励业务部门，向高层决策者提供反馈并为基准制

定工作提供信息。它们还可以帮助经理识别那些未达到期望的运营，并将它们的注意力集中在需要改进的地方。

3.2.3.6.2 政策制定者

监管机构（如 SEC）具有促进和实施实质性议题有效披露的职责。SASB 针对特定行业的研究结果帮助这些决策者和其他决策者对最可能对每个行业的公司产生重大影响的可持续性因素进行更好的理解，以及提供了对这些主题有用的公开内容的见解。监管机构可以使用这些标准来评估文件的完整性和有效性。

2016 年年中，SEC 发布了概念发布，以征询公众对其现代化 S－K 法规披露要求的方式的反馈，以使其对当今的投资者更加有用。其中，有 80% 的人要求在 SEC 备案中更好地披露可持续发展信息，其中 2/3 以上的人都支持 SASB 等市场标准，以协助公司满足其备案要求。

3.2.3.7 SASB 标准内容的分析

企业现今面临诸多时代特有的挑战，如气候变化、资源限制、城市化、科技创新等关乎长期可持续发展的问题。投资者也日益希望企业能够明确可持续发展问题如何影响企业价值创造，而 SASB 标准可以帮助企业明确直接影响价值创造的 ESG 和可持续发展议题、执行基于标准的报告框架，如整合报告和气候相关财务信息披露工作组（TCFD）相关的建议，更高效地与投资者沟通可持续发展相关数据。SASB 中 77 个行业标准特性鲜明，差异较大，本部分篇幅有限，难以一一罗列陈述，所以采用文本分析的方式提取共性关键词，并在此基础上形成 SASB 披露画像。

3.2.3.7.1 研究方法的选用

主要采用两种研究方法来梳理 SASB 国内通用标准：主题建模（Topic Modeling）和网络分析（Network Analysis）。

主题建模是一种流行的无监督技术，用于发现文本语料库中潜在的主题结构。对主题模型的评价通常涉及衡量描述每个主题的术语的语义连贯性，其中单个值用于总结整体模型的质量。在制定标准时，SASB 在五个可持续主题的30个议题中选取与该行业最相关的议题。通过此研究方法，首先识别30个主题，每个主题表示为一个排名靠前的t个相关术语的列表（通常称为主题描述符）。这些描述符通常被表示为该模型的主要输出。将这个过程应用于整篇报告中，我们可以自然地产生一个不相交的国内重点行业的划分，进而梳理出SASB国内通用标准。此外，通过词云（Word Cloud）可以为报告提供具有突出单词的文本数据的快速印象，同时也可以显示出比纯粹可视化词频更丰富的信息。

网络分析是通过图论的方式，以节点和连线来将某一系统的结构和信息可视化，并从网络的角度描述和解释该系统（蔡玉清等，2020）。通过此研究方法，运用了复杂网络理论中的网络拓扑结构分析法，选取多个指标，对消费者和金融行业的重点关键词进行了分析，进而梳理出重点行业之间的关系以及深刻地理解其可持续发展披露主题和会计指标。

通过这两种方法能够有效地分析出文本的重要信息，同时这两种方法也是现在常用的研究方法，能够快速地处理大批量的数据，精准地研究出词与词之间的关联关系，从而清晰地认识到SASB标准反映了企业对生产商品和服务所产生的环境和社会影响的治理和管理，以及企业对创造长期价值所必需的环境和社会资本的治理和管理。

3.2.3.7.2 SASB标准内容分析

为了确定影响公司财务绩效并因此对投资者具有财务重要性的环境、社会和公司治理问题，SASB制定了市场信息和行业特定的标准。为了促进采用与财务信息会计标准具有同等相关性和可靠性的企业社会责任问题报告衡量标准，SASB启动了一个基于公司、投资者和其他市场参与者的广泛反馈的进程，并公布了一套成文的标准。对于行业中确定的每个主题，SASB会选择或开发可用于决策的会计指标，以说明该主题下的公司绩效。会计指标涉及可持续发展的影响以及创新机会。综合起来，它们代表了公司在可持续发展问题和长期创造价值潜力方面的定位。图3.2为SASB标准关键词梳理，其中指出公司、标准设定、实体等是 SASB 标准中反复出现的词频（字体越大表示越关键）。

图 3.2　SASB 标准关键词整理

随着社会、经济、监管和其他方面的发展改变行业竞争格局，SASB 标准需要发展以反映新的市场动态。目前，SASB 标准的结构化明显且具有较高的规范性，主题描述清晰，标准设定详细，且广泛征求了社会各界人士的意见并进行修订，保证了标准和数据的可比性、完整性、适用性、可验证、中立性、有用性和一致性，并能公允呈现。图 3.3 为重点词频与 SASB 的相关程度，其中指出公司、标准设定、环境等与 SASB 标准关系密切，而员工、协议、燃料等与 SASB 标准关系较不密切（连线越粗表示越相关）。SASB 标准通过促进高质量的可持续性信息披露，目前能够在很大程度上满足美国各个行业使用者的基本需求，既为企业提供了一套具有成本效益的适用标准，又极大节省了信息使用者的时间成本和机会成本。通过研究重点词频与 SASB 标准之间的相关程度，可以得知 SASB 标准中重点关注哪些方面，为企业在可持续发展问题和长期创造价值潜力方面提供了强有力的依据支撑。

3.2.3.8 实质性问题路线图（Materiality Map）

SASB 还联合彭博社（Bloomberg）共同制定了一个覆盖 77 个行业的“实质性问题路线图”（Materiality Map）。在此之前，尽管许多企业公开披露了 ESG 的信息，但通常很难识别和评估哪些信息对财务决策最有用。该路线图对行业的某些类型的环境、社会和治理风险给予了充分曝光和披露，帮助投资者识别可能会影响企业财务状况或运营绩效的实质性问题。由于每个行业所涉及的实质性问题不同，SASB 开发了各个行业的关键性能指标，而这些指标成为全球许多企业披露其可持续发展相关信息的重要部分，提高了企业可持续发展数据的可比性。

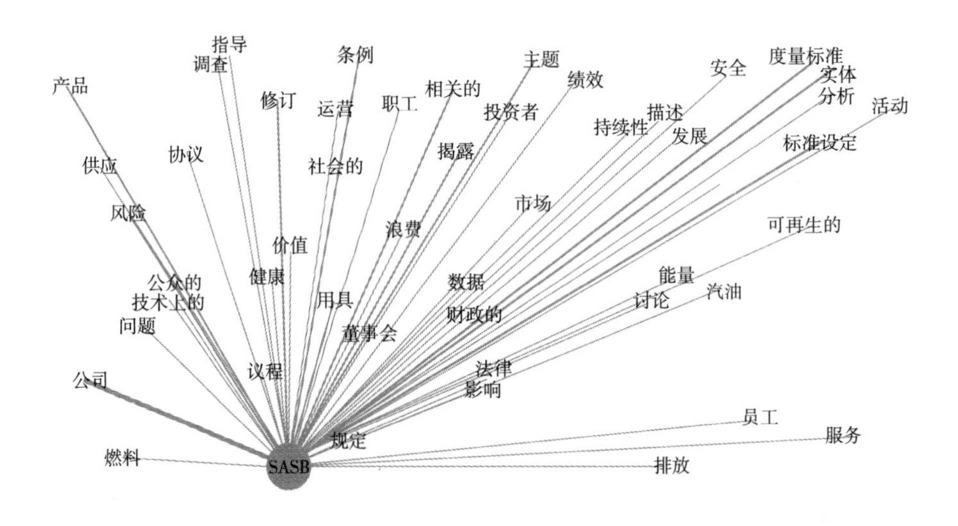

图 3.3 SASB 标准关键词相关性

3.2.3.8.1 实质性问题路线图概况

实质性问题路线图的概念是由哈佛大学 Initiative for Responsible Investment 在《从透明度到绩效：基于行业的关键问题可持续性报告》白皮书中首次提出的。该路线图包括之前介绍的五个可持续性维度及其 30 个可持续性议题。如表 3.3 所示，该列表对最有可能对公司产生财务影响的问题（在讨论 ESG 时可以讨论的所有问题）进行了细化。

表3.3 SASB实质性问题路线图*

		消费品	提炼物、矿物加工	金融	食品、饮料	医疗保健	基础设施	可再生资源和替代能源	资源转换	服务	技术与通信	交通
环境	GHG 排出量											
	空气质量											
	能源管理											
	水及排水管理											
	废弃物及有害物质管理											
	生物多样性影响											
社会资本	人权与社区的关系											
	顾客隐私											
	数据安全											
	存取及合理的价格											
	产品质量与产品安全											
	消费者福利											
	销售惯例与产品标识											
人力资本	劳动惯例											
	员工的卫生安全											
	员工参与度、多样性及包容性											

续表

		消费品	提炼物、矿物加工	金融	食品、饮料	医疗保健	基础设施	可再生资源和替代能源	资源转换	服务	技术与通信	交通
商业模式与创新	对产品和服务生命周期影响											
	商业模式的抗压力（韧性）											
	供应链管理											
	材料采购及资源效率											
	气候变化的物理影响											
领导与治理	商业道德											
	竞争行为											
	规制掌握和政治影响											
	重大事故风险管理											
	系统风险管理											

注：深色表示超过五成的企业认为这个问题很重要；浅色表示五成以下的企业认为这个问题很重要；白色表示对于企业来说这个问题并不重要。

当前的 SASB 实质性问题路线图是根据该研究中试行的基于证据的方法改编的，它确定了可能影响行业内公司财务状况或经营业绩的可持续性问题。实质性问题路线图根据两类证据按行业对问题进行排序：一类是行业投资者对该问题感兴趣的证据；另一类是证明该问题有能力影响行业内公司的证据。实质性问题路线图每年更新一次，可以快速了解特定行业的优先事项。

在上述 11 个行业中，共分为 77 个产业，不同产业的技术条件稍有不同。一般在使用本技术路线图时，推荐参照按产业分类的实质性问题路线图。

3.2.3.8.2　实质性问题路线图重要性

实质性问题路线图是以对企业和利益相关者最重要的关于社会和环境主题为主要原则。实质性问题路线图应作为一种战略业务工具，其影响范围超出企业责任报告或可持续发展报告。组织可以将应用于商业风险、机遇、趋势发现和企业风险管理过程，从而在实质性过程中获得最大利益。领先的组织应在现有流程中嵌入可持续性思维，而不是创建一个单独的、孤立的过程。一个广泛而包容的实质性过程包括利益相关者的参与，可以带来以下好处：

（1）确保业务战略考虑到重要的社会和环境主题，将可持续性问题的管理嵌入更广泛的业务流程中。

（2）识别未来的趋势，如缺水或天气模式的变化，这些趋势可能对公司长期创造价值的能力产生重大影响。

（3）将企业资源优先用于对企业和利益相关者最重要的可持续性问题上，把时间和金钱集中在最重要的主题上，并收集相关数据。

（4）强调需要管理和监控重要但目前尚未解决的风险的领域。

（5）确定最重要的利益相关者感兴趣的领域，使企业能够报告简明的信息，为需要的人提供有意义的进展情况。

（6）帮助确定公司为社会创造或减少价值的地方。

3.3 SASB 标准在不同国家和地区的实践情况

SASB 组织的愿景是创建一套针对各行业具备全球适用性的可持续发展会计标准，使世界各国的企业能够识别、管理并向投资者传达财务上重要的可持续发展信息，通过促进高质量可持续发展实质性信息的披露来满足投资者的需求。SASB 在世界各国得到了广泛的应用和发展，SASB 在中国应用尚处于起步阶段，在美国和欧盟应用范围较广。

3.3.1 SASB 标准的国内外合作

3.3.1.1 国际关系伙伴与协作（组织对接）①

SASB 与许多组织合作，推进向全面的全球公司披露系统接轨。2020 年 9 月，五个主要框架和标准制定组织——CDP、CDSB、GRI、IIRC 和 SASB——宣布了一个全面的公司报告系统的共同愿景，并承诺合作实现这一目标。该系统包括财务会计和可持续性披露，通过综合报告进行连接；五个组织联合发布了一篇题为《携手合作完成公司综合报告意向声明》的文章，文章规定：不仅要将现有可持续性标准和框架如何补充普遍接受的财务会计原则（财务公认会计准则）的共同愿景，作为连贯和全面的公司报告制度的基础，还要指出如何应用这些框架和标准的联合市场指导；文章还规定要共同承诺通过各机构之间不断深化合作的计划来推动实现这一目标。

这是可持续发展信息披露的五大参与者首次就明确的共同愿景达成一致。CDP、CDSB、GRI、IIRC 和 SASB 共同指导了大多数定量和质量的可持续性披露，并提供了将可持续性披露与财务和其他资本报告联系起来的

---

① 材料来源于 SASB 与其他组织，SASB & Other ESG Frameworks－SASB。

框架。这个共同承诺正处于取得进展的关键时刻：随着气候变化和全球大流行表明可持续性绩效与金融风险和回报之间的联系日益清晰，监管机构和市场正在采取行动，以确定其应对措施。这份联合文件以公司报告对话协调的“更好协调项目”的重要工作为基础。

SASB于2016年底成立投资者咨询小组，该小组由主要的资产所有者和管理者组成，致力于改善对投资者的可持续性相关披露，为该组织提供投资者反馈和指导，并证明投资者支持以投资者为中心的可持续性披露市场标准。经过投资者咨询小组的不断扩大，2020年7月30日，本次扩张中总部设在新加坡的全球投资公司Temasek、澳大利亚建筑工会养老基金和日本第一人寿保险公司共三家机构加入。新成员极大地扩大了集团的资产所有者和亚太地区的代表性。

3.3.1.2 SASB在我国的合作[①]

百观科技正式与SASB签订协议，成为中国首家被授权使用SASB准则的数据科技企业。百观科技将基于SASB研究框架，并利用大数据处理和人工智能在ESG领域进一步深耕，实现在该领域内产品的布局，促进ESG数据的采集与分析，揭示商业利益与社会责任之间的关系，为投资人和企业创造更透明高效的信息平台。近年来，“碳中和”和“碳达峰”成为经济发展的热点，特别是2020年9月22日，国家领导人在第七十五届联合国大会一般性辩论上表示，中国二氧化碳排放力争于2030年前达到峰值，努力争取2060年前实现碳中和。在刚刚结束的“两会”上，《政府工作报告》也明确指出“扎实做好碳达峰、碳中和各项工作”。在这样的大环境下，百观科技也有了更高的发展目标与全新的发展方向，此次获得SASB的授权代表了百观科技构建ESG产品体系的重要一步。

3.3.2 SASB在国外的应用

SASB是专门制定企业可持续发展会计准则的非营利性组织，最初的

① 材料来源于新浪科技，SASB & Other ESG Frameworks – SASB。

任务是提高递交给美国证券交易委员会（SEC）的文件中关于可持续发展信息披露的有效性，从而协助投资者进行科学决策。2012 年被美国国家标准协会（ANSI）认可为制定标准的机构。目前，使用、参考 SASB 标准的企业数量继续增加，图 3.4 是近年来企业对于 SASB 标准提及、报告的情况。

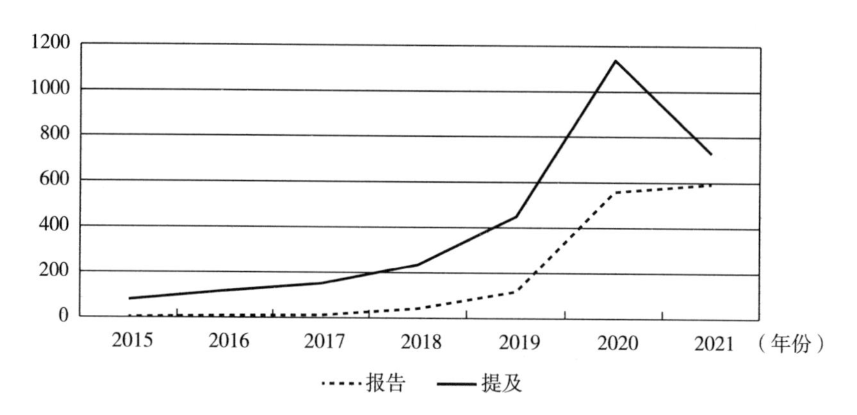

图 3.4 世界企业 SASB 标准披露报告和参考使用情况（2015～2021 年）

资料来源：SASB 官网，https：//www. sasb. org/。

3.3.2.1 SASB 标准在欧盟的应用

在披露标准上，SASB 是除 GRI 应用最广泛的参考和指引，欧盟在 2014 年修订的《非财务报告指令》中首次将 ESG 三要素列入法规条例，指令要求大型企业需要在披露非财务信息时运用 SASB 标准将 ESG 信息纳入其中，对于环境信息的披露设定了强制性披露的范畴，但是对于社会和治理两个议题仅提供了参考性信息披露范畴。在披露政策上，目前欧盟国家主要采用强制加自愿的披露政策，对污染严重的企业执行强制信息披露政策，其他企业自愿披露，欧盟成员国大多会根据政策进行适当调整，制定适合本国特征的信息披露政策。

欧盟国家运用 SASB 标准进行信息披露的目的是降低企业因疏忽环境、社会等要素带来的投资风险，作为积极响应联合国可持续发展目标和责任投资原则的区域性组织之一，欧盟在最早表明支持态度的同时有条不

紊地推进绿色金融，发展态势一片明朗。

从图3.5中我们可以发现，在参考SASB标准发布社会责任报告的企业中，欧洲是仅次于美国参考SASB标准最多的地区，约占28.3%。然而，欧洲运用SASB标准披露ESG信息也存在一些局限。首先，在缺乏相关监管条例的欧盟成员国中，指令的执行比较困难，它们需要借鉴其他国家对于该指令的应用经验。其次，欧洲无统一的信息披露鉴证标准，因此投资者在参考所披露出的信息时无法评估信息质量。

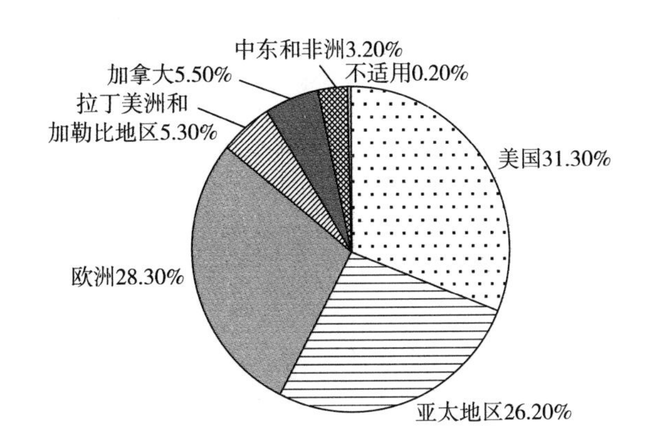

图3.5 2021年参考SASB标准披露报告世界区域分布

资料来源：SASB官网，https：//www. sasb. org/。

3.3.2.2 SASB标准在美国的应用

美国是最早运用SASB标准披露ESG信息的国家，作为全世界最大的经济体，美国对全球可持续金融领域的发展有着重大影响。1934年通过的《证券法》的S－K监管规制第101条、第103条、第303条规定上市公司要披露的重要信息，包括环境负债、遵循环境和其他法规导致的成本等内容，以此来加大对上市公司环境问题的监管，推动可持续性金融领域的发展。发展至今，美国应用SASB标准披露ESG信息的水平在全球范围内较高。

从图3.6中我们可以发现，世界上发布SASB报告的企业中，美国的公司最多，占比 48.3%，可见 SASB 在美国的应用已经非常广泛。

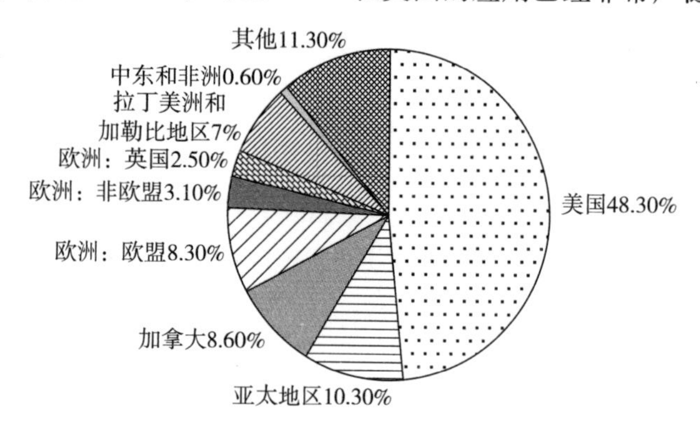

图 3.6　2021 年 SASB 披露报告发布世界区域分布

资料来源：SASB 官网，https：//www. sasb. org/。

虽然美国应用 SASB 标准披露信息的水平已经较高，但是美国的 ESG 信息披露的自我约束力还有待加强，大多运用 SASB 标准的公司仅遵循政策体系的指挥进行披露，但很少有公司为自己设立相关指标目标并为之努力。另外，披露报告中的外部鉴证仅涉及少量数据，报告数据的范围和质量还有待提升。

3. 3. 2. 3　SASB 标准在美国与欧盟的应用对比

目前，国际上应用 SASB 标准披露 ESG 信息较为典型的国家和地区是美国和欧盟（见表 3. 4）。其中，美国运用 SASB 标准披露 ESG 信息的

表 3. 4　美国与欧盟运用 SASB 披露 ESG 信息情况对比

地区	信息披露形式	披露政策	披露目的	实现作用/意义	现有不足
美国	强制披露	所有上市公司必须披露环境问题对公司财务状况的影响	加大对上市公司环境和责任问题的监管	商业化到可持续发展化的转变	目标设定自我约束不足；信息质量有待考量
欧盟	强制 + 自愿	污染严重企业强制披露，其他企业自愿披露	降低因疏忽环境、社会等要素带来的投资风险	加速了 ESG 投资在欧洲市场上的成熟	第三方鉴证缺失

目的是加大对上市公司环境和责任问题的监管。欧洲运用 SASB 标准披露 ESG 信息的目的是降低因疏忽环境、社会等要素而给投资者带来的投资风险。SASB 在促进美国和欧盟披露 ESG 信息上起到了巨大的作用，但同时也存在很多不足，比如美国很多企业在运用 SASB 时存在目标自我设定不足，欧盟存在运用 SASB 时第三方鉴证缺失的问题。

3.3.2.4　SASB 标准在不同行业的应用对比

SASB 标准发布后，企业可选择通过股东年报、整合报告、可持续发展报告、独立 SASB 报告、监管申报、投资人关系网页等多种渠道披露 SASB 数据。图 3.7 是 11 个领域在 2019 年和 2020 年的 SASB 应用情况，食品和饮料、财务、服务业等行业结合自身情况的 SASB 标准披露情况，并发布了行业的社会责任报告。

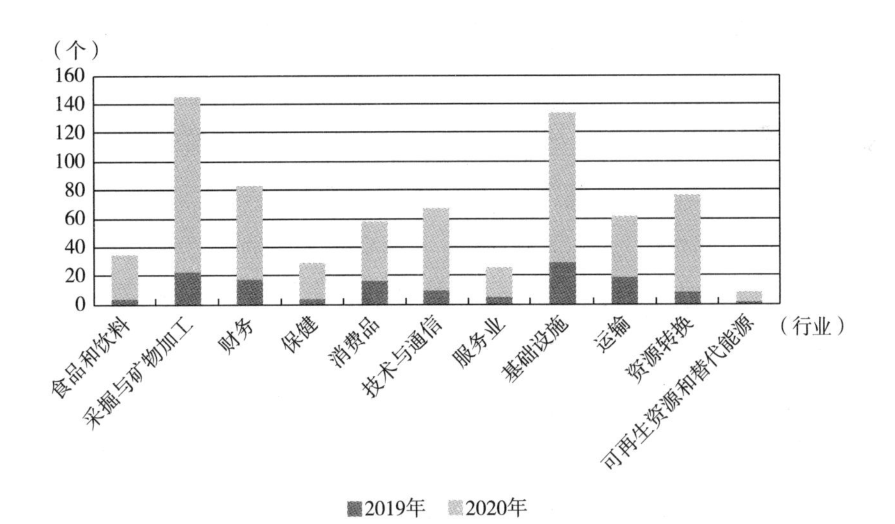

图 3.7　2019 年、2020 年 SASB 标准披露报告公司数量情况

资料来源：SASB 官网，https：//www. sasb. org/。

通过 SASB 官网的数据分析得出，11 个领域中，基础设施和采掘与矿物加工对 SASB 的应用较多，而食品和饮料、可再生资源和替代能源及保健对 SASB 的应用较少；随着年份的增加，行业对 SASB 应用率也大幅增长，这进一步说明，企业在现今面临诸多的挑战下，SASB 标准对于企业来说，具有更高透明度、更佳风险管理、更好长期表现及更强品牌价值的作用。

首先，对于采掘与矿物加工行业社会责任信息披露情况（见图 3.8）。相较于 2019 年，该行业在使用 SASB 的频率大大提高，尤其是石油和天然气、金属与采矿方面。矿物加工行业在国民经济生活中占有举足轻重的地位，目前该行业已有了一定程度的改观。该行业和国计民生休戚相关，承担提供原材料、居民日常用品的重任，发展潜力很大。在企业运营中加入 SASB 理念，不仅会提高企业社会责任报告的透明度，进而吸引更多投资者，而且也会提高企业控制风险的能力。

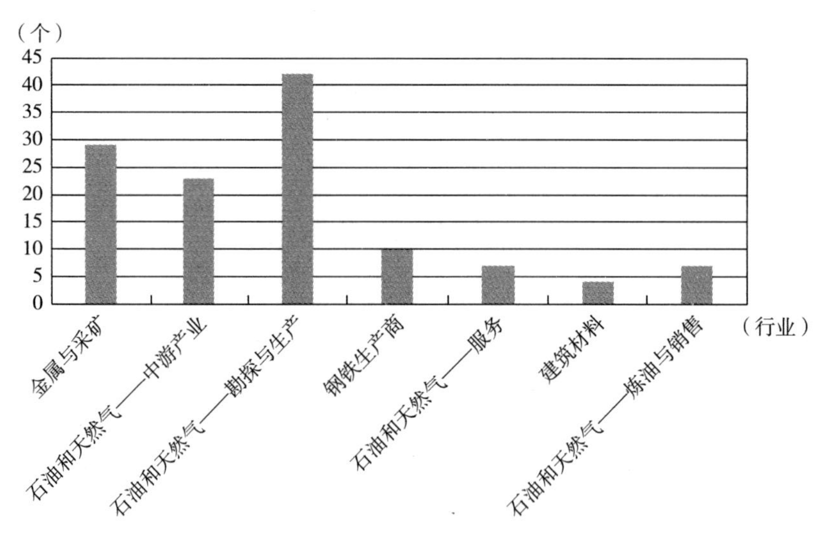

图 3.8　2020 年采掘与矿物加工行业 SASB 标准披露报告公司数量情况

资料来源：SASB 官网，https：//www. sasb. org/。

其次，对于基础设施社会责任信息披露情况（见图 3.9）。电力公用事业和房地产行业的数据相较于 2019 年大幅升高，而基础设施领域的其他行业增长不是很明显。电力工业是国民经济发展中最重要的基础能源产业，是一种先进的生产力和基础产业，是世界各国经济发展战略中的优先

发展重点，同时，电力行业对促进国民经济的发展和社会进步起到重要作用；房地产业属于第三产业，是具有基础性、先导性、带动性和风险性的产业，在促进国民经济发展中也发挥了重要作用。从以上两个行业的角度出发，通过在企业社会责任报告中添加 SASB 标准，企业自身和投资者都可以更好地发现、管理以及沟通跟财务绩效有关的可持续发展风险与机遇。

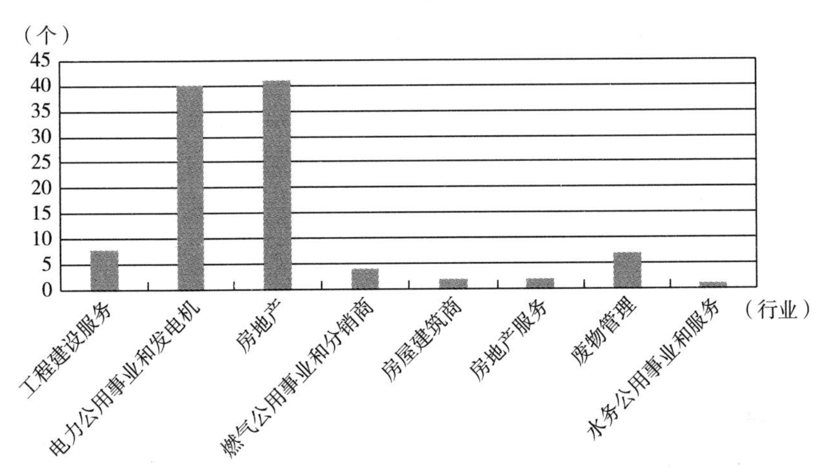

图 3.9 2020 年基础设施行业 SASB 标准披露报告公司数量情况

资料来源：SASB 官网，https：//www. sasb. org/。

最后，对于资源转换社会责任信息披露情况（见图 3. 10）。主要以化学品为例，从农药、石化产品、香水直至油漆、化学品及其衍生产品随处可见，而随着消费品中越来越多地使用化学品，健康风险成为了业界始终关注的焦点。所以截至 2020 年，化学品中 SASB 的应用最多，通过披露更多可持续发展的指标，进而提高透明度来建立公众信任是化学品行业中的重中之重。

3. 3. 3 SASB 在中国的应用

随着可持续发展理念的普及，资本市场逐渐意识到已有的投资组合方式存在很大缺陷，主要表现为大多投资产品或基金只能带来短期价值增长，但不具备长期存续能力，甚至给社会和自然环境带来负面影响。践行可持续发展理念不仅是各国政府和国际组织的职责，企业作为国民经济的支柱也需要积极参与其中，需要依据一套合法、合规、合理的 ESG 信息披露标准将环境、社会和治理相关问题进行整合。目前我国缺乏一套明确的、完整的、权威的、能与国际对接的可持续会计准则用来指导企业的生产经营活动，所以本节将着重结合 SASB 标准来讨论 SASB 在中国的应用。

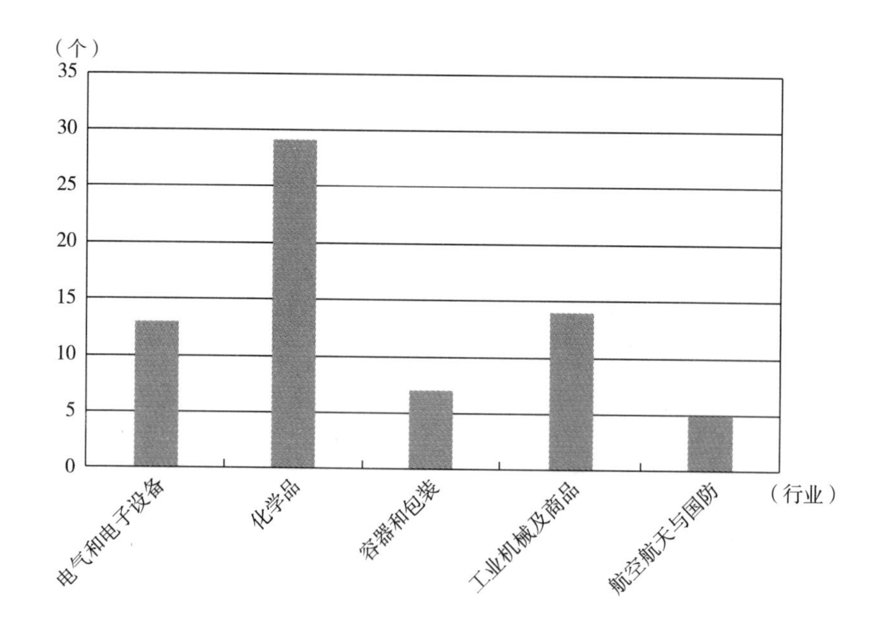

图 3.10　2020 年资源转换行业 SASB 标准披露报告公司数量情况

资料来源：SASB 官网，https：//www. sasb. org/。

3.3.3.1　我国 SASB 标准应用的背景

在 2015 年中共中央和国务院联合印发的《生态文明体制改革总体方案》文件中，明确指出要在资本市场“建立上市公司强制性环保信息披露机制制度”。2016 年中国人民银行、财政部等七部委发布《关于构建绿色金融体系的指导意见》，指出要积极助推绿色证券市场的双向开放，稳妥提升我国对外投资的绿色水平。2017 年习近平主席在党的十九大报告中指出，全党要坚持人与自然和谐共生，建设生态文明，树立和践行“绿水青山就是金山银山”的理念。随着ESG投资热潮的兴起，国内外投资者在选择产品组合时越来越多地会考虑项目是否具有可持续发展前景，因此需要尽快建立符合我国资本市场发展特点的SASB标准。该标准要综合考虑环境、社会责任和公司治理等因素，要尽可能涵盖企业未来前景规划中所涉及的可持续性问题。参考国际成熟资本市场的经验，通过有效风险管理和绿色金融的创新，实行信息披露不仅可以加强企业的社会责任和综合竞争力，而且对国家长期战略布局具有重要意义。

3.3.3.2　SASB标准在中国的应用现状

目前，SASB标准在我国的应用尚处于起步阶段，使用SASB标准的企业也较少。香港地区使用SASB标准进行披露的只有一家酒店企业。台湾地区已有8家企业使用SASB，其中3家是金融类企业，2家是通信企业，剩余3家分别为化工企业、消费品企业、电力企业。已披露企业中，各个企业披露的ESG信息质量参差不齐，可见我国ESG信息披露尚未形成统一标准；也有企业兼顾两个标准，如宏碁披露的企业责任报告中同时参考了GRI和SASB标准。当下，中国正全力以赴实现净零碳排放目标，这将引发宏观变化与广泛的行业影响。为了让ESG生态系统快速成熟，一批前沿企业正在加速探索前行。正如，百观科技正式与SASB签订协议，成为中国首家被授权的数据科技企业。随着SASB在中国的发展，中国企业将受益于更高透明度、更佳风险管理、更好长期表现及更强品牌价值，会有越来越多的公司和投资者紧随百观科技的脚步，使用SASB标准。

3.4　SASB标准对中国ESG披露标准制定的启示

总体而言，SASB标准的结构化明显且具有较高的规范性，主题描述清晰，标准设定详细，且广泛征求了社会各界人士的意见并进行修订，保证了标准和数据的可比性、完整性、适用性、可验证、中立性、有用性和一致性，并能公允呈现。该标准通过促进高质量的可持续性信息披露，目前能够在很大程度上满足美国各个行业使用者的基本需求，既为企业提供了一套具有成本效益的适用标准，又极大节省了信息使用者的时间成本和机会成本。但是因为该标准的发展时间并不长，所以也存在一定的缺陷，如遗漏潜在可持续性主题、具体指标过于个性化导致实用性不够、部分指标仅适用于美国资本市场企业等。

随着 ESG 投资热潮的兴起，国内外投资者在选择产品组合时越来越多地会考虑项目是否具有可持续发展前景，因此需要尽快建立符合我国资本市场发展特点的 ESG 信息披露准则。该准则要综合考虑环境、社会责任和公司治理等因素，要尽可能把企业未来前景规划中所涉及的可持续性问题涵盖进去。参考国际成熟资本市场的经验，通过有效风险管理和绿色金融的创新，实行信息披露不仅可以加强企业的社会责任和综合竞争力，还对国家长期战略布局具有重要意义。我们应关注国内外 ESG 发展，将国外理论融入中国国情，实现理论的突破和深化。① 以下将从四个方面来阐述 SASB 标准对 ESG 的启示。

3.4.1 目的明确、方法合理与格式规范

中国在制定关于 ESG 相关问题的标准时，要明确制定该标准的目的与服务对象：是旨在帮助投资者做决策还是只想规范企业行为，是为了促进可持续发展还是促使企业、社会、环境和谐共生，选用的指标是基于定量数据来对企业进行严格明确的规范还是通过定性描述来划分等级。当然，针对特殊性质的行业，可以同时使用这两种类型的指标或者是其他更合适的标准。中国在制定相关披露标准时也应该要基于实证调研，搜寻各行业的相关材料以确定研究主题和每个主题所对应的具体标准。结合市场

① 刘琪，黄苏萍．ESG 在中国的发展与对策［J］．当代经理人，2020（3）：8－12.

发展的实际情况，广泛征求社会各界利益相关者的意见，不断对标准进行调整和更新，制定一套全面有效的标准。

中国ESG披露标准中采用的财务数据应该与中国会计准则中对财务报告的要求一致，关于企业的信息应该与中国工商局中登记的信息保持一致，若有变更，应及时修改，便于审计活动的开展。披露标准中应该指出每个主题需要披露的商业数据，所有的计量单位应该选用国际计量单位制，方便企业活动的计量、管理和报告。

3.4.2　提高内容全面性与灵活性

全面性指的是两个方面：第一，确认哪些问题应该属于ESG的研究范畴，尽量全面地包含ESG涉及的主题，然后再商讨如何将这些主题进行划分。第二，确定哪些行业应该包括在ESG范畴内，随着科技的发展，及时对ESG所覆盖的行业及相关标准进行调整和更新。将主题和行业确定后，再根据具体主题的内容和行业性质与特点进行ESG标准的制定。

具体标准参考SASB标准的制定流程、参与标准制定人员的选取、具体标准内容等，结合中国具体国情制定一套具有中国特色的标准，根据行业的具体情况量身定做。这个体系必须有足够的灵活性，既能够满足区域发展的特点，又能保证国际一致性。

基于行业差异，建立并完善ESG信息披露特色化标准。在经济运行中，不同行业的环境、社会责任和公司治理存在明显差异，很难进行横向比较。据此，基于ESG信息披露行业特征，建立不同行业的差异化标准体系。例如，对商贸流通企业、制造企业和金融企业分别开发并推广特色化ESG披露标准。

3.4.3　加强制定流程规范性与专业性

标准的制定是一项复杂且耗时的工作，需要多方人员的配合，依靠合理制度和标准化程序规范行为，可以保证整个制定过程的公开化和透明化，使每一步程序都做到有证可循、有据可依、严谨合理。对于一些特殊情况可以采取特殊处理方式，比如临时披露。

参与人员可以借鉴 SASB 的组织结构来构建，包括关于制定、决策、监督的部门或委员会，使每一步程序都有专门的组织负责。成员要求不仅要明确什么样的人员才可以胜任该岗位，还要明确该人员在岗位上应履行什么样的职责。一方面，在工作人员的选取上，要确保相关性、专业性、广泛性。比如针对特定行业指定标准的人员是综合性人才或者是专业性人才，要对行业发展历程、问题、特点、趋势有充分的认知。另一方面，为了确保标准能够尽可能多地满足利益相关者的需求，需要让更多的相关人员参与进来，以完善并优化标准。

3.4.4 侧重披露实质性议题

在制定我国 ESG 标准时，应充分考虑企业实质性议题。通过学习 SASB 标准，主要应从三个层面考察：一是企业应注重可持续发展的重要影响：对于行业中确定的每个主题，SASB 会选择或开发可用于决策的会计指标，以说明该主题下的公司绩效。在制定 ESG 标准时，不仅要重视会计指标涉及可持续发展的影响，还要重视创新机会。二是要纳入利益相关方评估和决策：在披露实质性议题时应足够准确、翔实，以供利益相关方评估报告组织的表现。ESG 报告中披露的数据信息应经过充分的测量，并对报告中披露的会计指标进行充分的描述，通过会计指标可以反映出企业在可持续发展背景下的经营表现。三是要综合经济、社会、环境可持续发展的重要影响：在人类可持续发展系统中，生态环境可持续是基础，经济可持续是条件，社会可持续才是目的。作为一个具有强大综合性和交叉性的研究领域，可持续发展涉及众多的学科，可以有不同重点地展开。因此，基于可持续发展角度确立 ESG 标准具有可行性和实质性意义。这三者之间层层递进，适用于不同行业的企业实质性议题披露。

第4章　ISO 26000标准的主要内容体系与实践情况

随着社会的进步，人们开始认识到社会责任对于人类自身生存发展的重要意义。迫于消费者日益增大的需求压力，面对日益激烈的市场竞争，很多欧美跨国公司都制定了各自的社会责任守则。同时，很多行业性的、地区性的、全国性乃至全球性的行业组织和非政府组织也制定了各不相同的守则。由于守则内容各不相同，相互之间缺少协调，而且当守则用于认证时总是缺少专业化的审核员，零售商、供应商和工厂不得不花费大量的人力、物力和财力用于守则的实施，极大地增加了企业的运营成本。实际上，在全球范围内采用最多的行业标准是ISO质量和环境管理体系标准（ISO 9000和ISO 14000）。ISO（International Organization for Standardization）代表国际标准化组织。这些国际标准由国际标准化组织（ISO/TMB/WG SR，2006）[①] 制定，在全球范围内，越来越多的组织采用这些标准。与"权力下放"的理念相一致，采用这些标准是自愿的、分散的参与者替代了中央权力机构来进行各自的奖励和制裁（King et al.，2005）。但是这些标准缺少的一个关键要素是一个能够概述这个领域的通

① 国际标准化组织是全球领先的国际标准制定机构，成立于1947年，由156个国家标准组织组成。ISO只制定为促进贸易、传播知识、分享技术进步和管理实践而需要的标准。ISO标准是由来自工业、技术和商业部门的专家制定的，他们提出了标准的要求，并随后将这些标准付诸使用。ISO标准代表了国际社会对相关技术现状的共识（ISO/TMB/WG。SR，2006）。

用方法的全球可接受的“标准”。

基于此，社会各界都希望制定一个类似于 ISO 9000 的社会责任国际标准，同时建立一套独立的认证认可机制，提高社会责任审核的透明度和公信力，避免浪费资源及重复审核。因此，为了响应这一市场需求，国际标准化组织（ISO）于2001 年启动 ISO 26000 国际标准的制定，并于2010年正式颁布，颁布至今经历了十年之久的演变，给全球乃至各个行业都带来了极为深刻的影响。本章将从 ISO 26000 的发展演化和内容体系出发，梳理该标准在不同国家和不同行业的实践情况，进一步探讨其对我国的影响和相关启示，为我国 ESG 信息披露的政策和标准制定提供合理建议。

4.1 ISO 26000 标准的发展演变

地球除了自转、公转外，还进行着由南极逐渐向北极翻转、由北极逐渐向南极翻转的运动。每隔 13000 年，南北极会完全互换。26000 年正好是南北极翻转一周的用时。每一次南北磁极的翻转都会给地球带来巨大变化。比如 13000 年前，猛犸象、剑齿虎和北美洲穴居人突然灭绝，地球进入长达 1000 年的冰冻期。社会责任的目的是贡献可持续发展。将这一指南标准命名为 26000，是为了让人类关注我们共同的星球，这便是 ISO 26000 名称的来源。

由于 ISO 26000 自发布前后各经历了约十年的演变过程，因此本节将其发展演变分为制定过程的演变和应用过程的演变。制定过程的演变主要研究 ISO 26000 的开发过程，其中经历了准备、草拟和发布三个阶段。应用过程的演变主要研究 ISO 26000 自发布至今的应用和转化情况，其中分为国家地区的标准转化、国际标准的参考关联及与管理体系的结合三个方面（见图 4.1）。

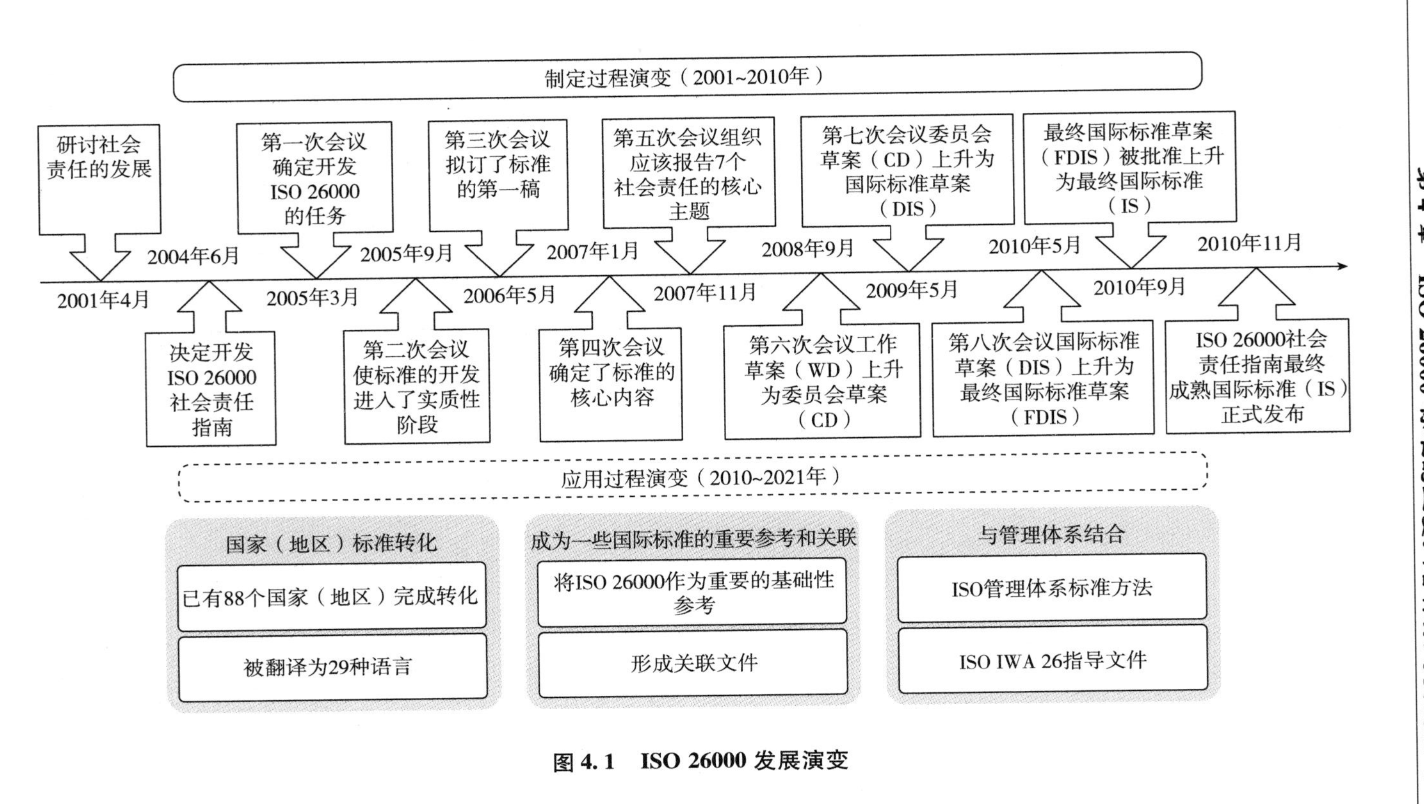

图 4.1　ISO 26000 发展演变

4.1.1 ISO 26000 标准制定过程演变

ISO 26000 是由 ISO 社会责任工作组（ISO/TMB/WG SR）负责制定，由巴西技术标准协会（Associação Brasileira de Normas Técnicas，ABNT）和瑞典标准协会（Swedish Standards Institute，SIS）共同担任 ISO/TMB/WG SR 的集体领导，下设六个工作组（Task Group，TG）。其中，TG4、TG5 和 TG6 主要负责起草 ISO 26000，另外三个工作组负责辅助和配合 ISO 26000 的制定工作。TG1 主要负责筹集资金以帮助经费困难的发展中国家和非政府组织（NGO）的专家；TG2 负责保证 ISO 26000 标准制定过程中的信息透明、公开和准确性；TG3 则是为保证工作组的正常运行和符合国际标准进行内部指导工作。此外，还设有一个编辑委员会（Editing Committee，EC），负责汇总、审查和编辑，以及西班牙、法语、阿拉伯语、俄语和德语五种语言的翻译组。标准的制定人员来自发展中国家和发达国家，并且代表着六个利益相关方：政府、企业、劳工、消费者、非政府组织（NGO）和服务、支持、科研及其他，以确保各方利益相关者均衡的可能性。

ISO 26000 标准是从 2001 年的筹备阶段起历时近十年的转化成果，作为社会责任领域的第一个国际标准，于 2010 年 11 月 1 日得以向世界展现。ISO 26000 开发的过程经历了准备、草拟和发布三个阶段，以下事件对该指南的形成具有决定性的意义：

2001 年 4 月，ISO 理事会要求其消费政策委员会研讨社会责任的发展；2004 年 4 月，ISO 战略咨询组建议开发社会责任标准；2004 年 6 月，ISO 斯德哥尔摩国际会议及发展中国家预备会、ISO 技术管理局（TMB）决定开发 ISO 26000 社会责任指南；2004 年 9 月，ISO 技术管理局（TMB）决定，所属 ISO 26000 工作组主席由巴西和瑞典共同担任；2005 年 1 月新工作项建议投票通过，ISO 社会责任指南项目启动；2005 年 3 月，ISO 与国际劳工组织 ILO 签订备忘录，在巴西萨尔瓦多的第一次会议中确定开发 ISO 26000 的任务，决定社会责任工作组的组织结构，配备下属任务小组的领导和制定特殊工作流程。2005年9月，在泰国曼谷举行ISO社会责任标准第二次会议，确定了ISO 26000标准的最终草案完成时间至发布前的工作安排，确定了制定标准的机构和主要内容，使标准的开发进入了实质性阶段。2006年5月，在葡萄牙首都里斯本社会责任标准第三次会议上，拟定了标准的第一稿；2006年11月，ISO与联合国全球契约办公室（UNGCO）签订备忘录。2007年1月，在澳大利亚悉尼社会责任第四次会议上，则确定了标准的核心内容，从此，该标准的开发“开始朝着一个正确的方向发展”。2007年11月，在奥地利维也纳举行的第五次会议中明确组织应该（而不是可以）报告7个社会责任的核心主题；2008年6月，ISO与经济合作组织（OECD）签订备忘录。2008年9月，在智利圣地亚哥举行的第六次会议中一致同意工作草案（WD）上升为委员会草案（CD）。2009年5月，在加拿大魁北克举行的第七次会议中，ISO 26000参加成员国投票结果以67%赞成（满足至少2/3的条件）通过委员会草案（CD）上升为国际标准草案（DIS）。2010年5月，在丹麦哥本哈根举行第八次会议，ISO 26000参加成员国赞成票为79%，ISO成员国反对票为23%，通过国际标准草案（DIS）上升为最终国际标准草案（FDIS）；2010年9月，ISO 26000参加成员国赞成票为93%，ISO成员国反对票为6%，最终国际标准草案（FDIS）被批准上升为最终国际标准（IS）。2010年11月，国际标准化组织（ISO）在瑞士日内瓦国际会议中心举办了社会责任指南标准（ISO 26000）的发布仪式，ISO 26000社会责任指南最终成熟，国际标准（IS）正式发布。发布之后的ISO 26000标准按照每五年一次进行审查。

实际上，在ISO 26000的开发过程中，ISO 26000社会责任工作一共召开了八次全体会议。这些会议反映出ISO 26000标准开发的历史性结果和进程（见表4.1）。

4.1.2 ISO 26000标准应用过程演变

ISO 26000社会责任国际标准于2010年11月1日发布至今已经将近

11 年。在过去的十余年中，尽管标准文本还没有经过任何修改，在全球的各种组织运用还不是那么普遍，但 ISO 26000 的价值在全球范围内却得到了普遍认同。ISO 26000 社会责任国际标准应用的最重要进展表现在以下三个方面。

表 4.1　ISO 26000 开发会议进程

会议	时间	地点	代表性结果
第一次会议	2005 年 3 月	巴西萨尔瓦多	确定开发 ISO 26000 的任务，决定社会责任工作组的组织结构，配备下属任务小组的领导和制定特殊工作流程
第二次会议	2005 年 9 月	泰国曼谷	工作草案 1（WD1），设计规范达成一致，建立任务小组，同意任命任务组（TG）负责人的步骤、决议、不同观点，妥协。处理评注 1200 条
第三次会议	2006 年 5 月	葡萄牙里斯本	工作草案 2（WD2），同意对工作草案 1 的评论，进一步建立为增加参与人数和提高可信度的运作框架，讨论母语不是英语的参加者的困难。处理评注 2040 条
第四次会议	2007 年 1 月	澳大利亚悉尼	工作草案 3（WD3），进一步评论工作草案 2，同意工作草案 3 的详细内容计划、讨论如何清楚地描述指南，使之适合所有组织，如何能最佳地识别其利益相关方，如何指导使用者在供应链上的行为。处理评注 5176 条
第五次会议	2007 年 11 月	奥地利维也纳	工作草案（WD4.1）和（WD4.2），建立新的草案集成任务小组，深入讨论供应链关系的处理，第三方评价的作用以及国家或者当地法律与国际行为规范有冲突时问题的处理。组织应该（而不是可以）报告 7 个社会责任的核心主题。处理评注 7225 条
第六次会议	2008 年 9 月	智利圣地亚哥	委员会草案 1（CD1），一致同意工作草案（WD）上升为委员会草案（CD），讨论草案是否会被视为非关税贸易壁垒，草案适应于政府机构的程度，国际规范和协定在世界各国的适用性，包括人权宣言及对中小企业的重要性。处理评注 5231 条

续表

会议	时间	地点	代表性结果
第七次会议	2009 年 5 月	加拿大魁北克	国际标准草案（DIS），提高文件共识的程度，同意委员会草案上升为国际标准草案（DIS），讨论包括：在环境和消费者问题中是否包括预警原则，在公平运营实践中是否包括公平处理供应链中实施社会责任的成本和利益，如何处理过去、现在或者将来其他有关社会责任的倡议和工具等。处理评注 3411 条
第八次会议	2010 年 5 月	丹麦哥本哈根	准备最终国际标准草案（FDIS）投票，多利益相关方多方位的辩论，其中包括如下问题：讨论 ISO 26000 中引用现有认证标准和自愿性倡议的程度，当国家法律和传统习惯与联合国文件表达的国际规范不一致时，使用者如何处理，对发展中国家、全球跨国公司、中小企业以及非营利或者公共服务组织的适应性，对世界贸易和国际义务的影响，预警方法，指南普遍适用性及某些法律验证等。总体达成共识、结束最终谈判，是将标准推向最终成熟阶段的决定性一步。处理评注 2400 条

资料来源：孙继荣 . ISO 26000——社会责任发展的里程碑和新起点［J］. WTO 经济导刊，2010（10）：60 - 63.

第一，国家（地区）标准转化。目前，已有 88 个国家（地区）将 ISO 26000 社会责任国际标准转化为其国家（地方）标准，其中有 45 个等同采用 ISO 26000 为其社会责任国家（地区）标准。ISO 26000 也被翻译成 31 种以上语言，还有 17 个成员正处于转化的过程中。转化率最高的是欧洲地区，已完成转化的国家占该地区国家总数的比重高达 79. 55%。

第二，ISO 26000 社会责任国际标准也正在成为一些国际标准的重要参考和关联。如国际标准化组织制定的 ISO 20400 可持续采购指南、ISO 37001 反腐败管理体系、ISO 45001 职业健康与安全管理体系标准、ISO 20121 大型活动可持续管理体系标准，都将 ISO 26000 社会责任国际标准作为重要的基础性参考。同时 ISO 26000 作为一个新的国际规范，也跟一些重要的国际文件形成了关联，如 ISO 26000 与 GRI G4 之间的关联文件、与联合国关于商业和人权的指导原则、联合国商业与人权准则（Guiding Principles on Business and Human Rights）、联合国 2030 年可持续发展议程（SDGs）的关联等。

第三，与管理体系的结合。ISO 26000 标准发布后，在促进全球应用组织 ISO 26000 PPO（Post Publication Organization）的努力下，瑞典标准协会（SIS）向国际标准化组织提出申请，制定一个 ISO 26000 指导文件，也就是 ISO IWA 26 指导文件（International Workshop Agreement），来促进 ISO 26000 在全球组织的应用。这个文件的核心思想是，在 ISO 26000 社会责任指南标准与 ISO 管理体系标准方法上通过寻求逻辑关联来促进 ISO 26000 的使用，从而改善组织社会责任行为和绩效。一方面，对于熟悉 ISO 26000 的组织来讲，可以更容易地运用 ISO 管理体系标准方法来促进 ISO 26000 在组织中的运用；另一方面，对于熟悉 ISO 管理体系标准方法的组织而言，也可以更容易地理解 ISO 26000，进而融入现有管理体系。而这个桥梁就是国际标准化组织于 2012 年颁布的关于所有 ISO 管理体系标准的标准高层次结构（High Level Structure，HLS）。

4.2 ISO 26000 标准的主要内容体系

ISO 26000 表明，它“旨在帮助所有组织（无论其起点是什么）将社会责任整合到他们的运作方式中”（ISO，2010，第 69 页）。制定 ISO 26000 的目的在于促进全球对社会责任的共同理解，为社会责任提供指引，向全世界愿意应用 ISO 26000 的所有组织（不仅限于企业），提供一个有助于践行社会责任的框架性指南，并帮助组织为实现可持续发展做出贡献。基于该标准的制定的初心，本节将讨论 ISO 26000 的主要内容体系。

4.2.1 定义社会责任

为给组织及各利益相关方建立一个共同的交流平台，为组织履行社会责任提供可靠的参考指南，建立同一语境下的社会责任定义成为ISO 26000首先要解决的问题。ISO 26000把社会责任推广到任何形式的组织，社会责任不仅适用于企业，对各类型的组织尤其是非营利组织同样适用。它将社会责任定义为："通过透明和道德行为，组织为其决策和活动给社会和环境带来的影响承担的责任。这些透明和道德行为有助于可持续发展，包括健康和社会福祉，考虑到利益相关方的期望，符合适用法律并与国际行为规范一致，融入整个组织并践行于其各种关系之中。"

ISO 26000的社会责任定义，主要规定了组织要为其行为造成的后果和影响承担责任的原则，并规定组织要充分考虑到利益相关方的期望，通过透明和道德行为努力造福于社会。

4.2.2 界定ISO 26000标准的核心内容

ISO 26000标准参照和引用了68个国际公约、声明和方针，其正式文本有109页，重点描述了"社会责任七个原则"和"七个核心主题"。与其他社会责任标准相比较，ISO 26000的内容涉及面更广、更全面。ISO 26000是国际标准化组织制定的社会责任指南，包括组织治理、人权、劳工、环境、公平运营、消费者问题、社会参与和发展七大项，共计37个核心议题及217个细化指标。ISO 26000标准除前言与引言外，共有七章内容（见图4.2），具体结构设置如下：

第一章是范围。该章主要是强调本国际标准为所有类型组织提供指南，无论其规模大小和所处何地。这实际就是强调社会责任的定义适用于除行使主权职责时的政府以外的任一组织。当然也包括了企业这一经济类组织。

第二章是术语、定义和术语缩写。影响社会责任发展并继续影响其性质和实践的因素、条件和主要问题。同时明确社会责任的相关概念——

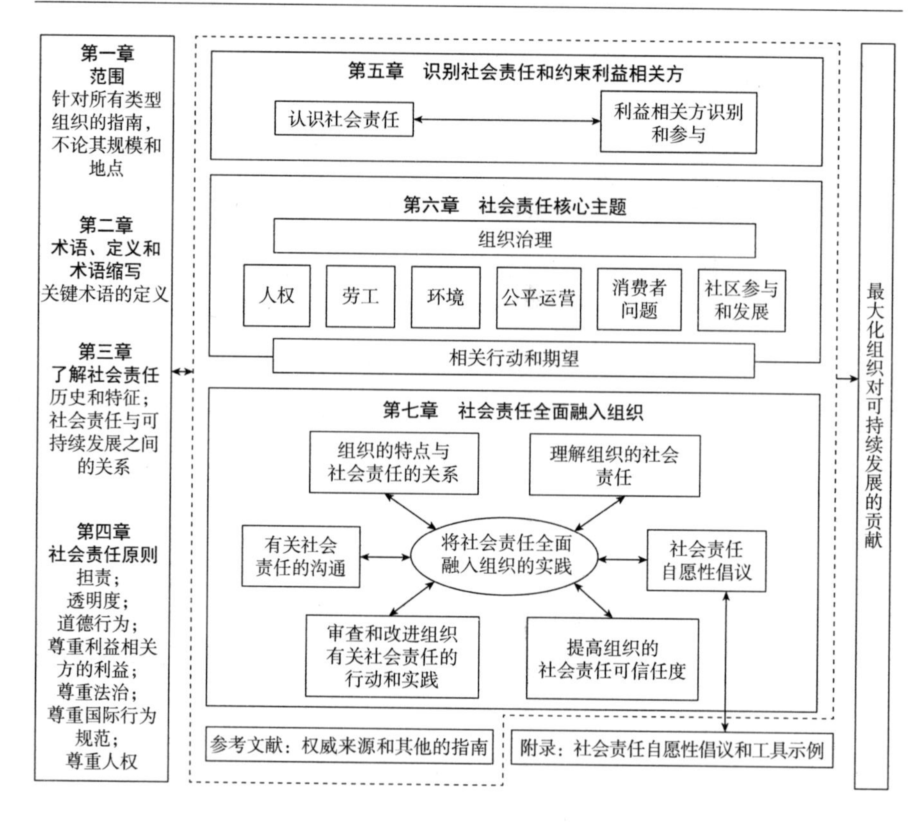

图 4.2　ISO 26000 主要内容体系

资料来源：根据 ISO 26000：2010 整理。

社会责任意味着什么，它如何应用于组织，组织的社会责任、社会责任的新趋势、社会责任的特征、国家与社会责任等。该章介绍了 27 个术语，分为两大类，一类是非直接与社会责任相关联的通用术语；另一类是直接与社会责任相关联的特定术语。该章的中心是社会责任概念，它包含了 27 个术语中的 14 个术语，并且其他 13 个术语仍与它有紧密联系。

第三章是了解社会责任。包括组织社会责任的发展历史和背景；社会责任的最新动向；特别是介绍社会责任的特点；社会责任概念与可持续发展概念之间关系的四个条款，核心是对社会责任定义的进一步阐述。

第四章是社会责任原则。由总则、承担义务、透明度、道德行为、尊

重利益相关方、尊重法律规范、尊重国际行为规范、尊重人权八个条款组成。实际上是对定义的具体阐述。

第五章是识别社会责任和约束利益相关方。由总则、辨识社会责任、利益相关方识别和约束三个条款组成。无论是理解社会责任，还是利益相关方的识别与参与，都是对定义的深化和具体化理解。

第六章是社会责任核心主题。阐述与社会责任有关的核心主题和相关问题，针对每个核心主题，就其范围和与社会责任的关系、相关原则与思考以及相关行动与期望等提供了信息，包括组织治理、人权、劳工、环境、公平运营、消费问题、社区参与和发展等方面。将组织的决策和活动划分为七大主题，确保组织在七大主题及其 37 个议题内表现出“对社会负责任的组织行为”。

第七章是社会责任全面融入组织。提供将社会责任融入组织实践中的方法，包括：组织的特征与社会责任的关系、理解组织的社会责任、企业贯彻社会责任实践、社会责任沟通、提升社会责任的可信度、审查和改进组织的社会责任相关行动与实践、自愿性社会责任倡议等。实际上就是指导组织如何将社会责任定义的各个方面的内涵通过组织的变革得到贯彻，从而使组织行为“对社会负责任”，并得到利益相关方和社会的信任。

4.2.3 确立组织开展社会责任活动应遵循的原则

国际标准化组织规定在应用 ISO 26000 标准时，建议组织要考虑社会、环境、法律、文化、政治和组织的多样性及经济条件的差异性，同时尊重国际行为规范。组织行为宜以标准、指南或行为准则为基础，这些标准、指南和行为准则要符合特定背景所接受的正确或良好行为原则，即使该背景环境具有挑战性。

因此，组织实施 ISO 26000 标准时应遵循以下七项社会责任原则：担责、透明度、道德的行为、尊重利益相关方的利益、尊重法治、尊重国际行为规范、尊重人权（见图 4.3）。其中，担责是指组织宜为其对社会、经济和环境的影响承担责任；透明度是指组织在影响社会和环境的决策和活动方面应当是透明的；道德的行为是指组织行为宜合乎道德；尊重利益相关方的利益是指组织宜尊重、考虑和回应利益相关方的利益；尊重法治是指组织宜接受尊重法制是强制性的；尊重国际行为规范是指组织宜在坚持尊重法治原则的同时，尊重国际行为规范；尊重人权是指组织宜尊重人权，并承认人权的重要性和普遍性。

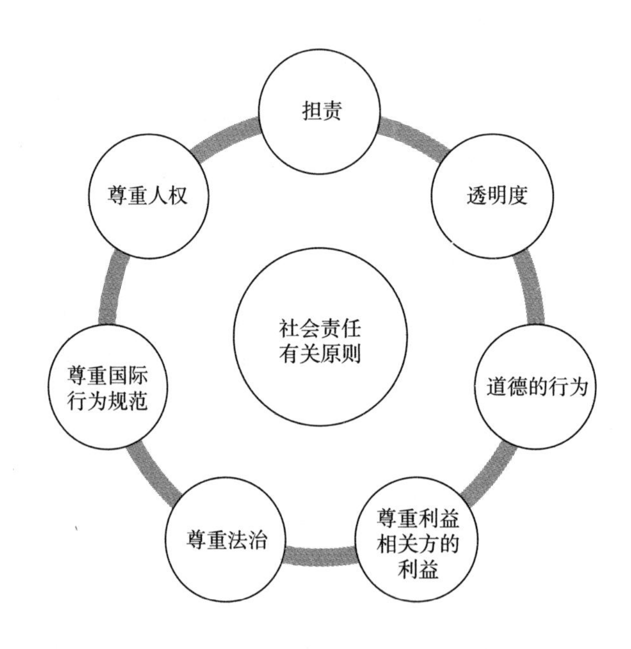

图 4.3　社会责任相关原则

资料来源：根据 ISO 26000：2010 整理。

4.2.4　提出社会责任核心主题和问题

ISO 26000 的核心主题和社会责任问题中列举了社会责任的七个核心主题，涉及 36 个议题（见图 4.4）。这七个核心主题包括：组织治理、人权、劳工、环境、公平运营、消费者问题及对社会发展做贡献等，所有的核心主题都是相互关联和相互依存的（见图 4.5）。其中，组织治理的性

组织治理

人权	劳工	环境	公平运营	消费者问题	对社会发展做贡献
承认和尊重人权对于法治及社会公正和公平的概念是必不可少的	创造就业并支付工资和其他劳动补偿	环境教育和能力建设促进可持续的社会和可持续的生活方式发展	组织在整个影响范围内发挥领导力并推动更广泛地接受社会责任实现积极结果	组织向消费者及其他顾客提供产品和服务，就对他们负有责任	组织以令人尊敬的方式参与社区并与其机构往来，显示并增强了自身的民主价值观和公民价值观
核心议题	**核心议题**	**核心议题**	**核心议题**	**核心议题**	**核心议题**
（a）尽责审查 （b）人权风险状况 （c）避免同谋 （d）处理申诉 （e）歧视弱势群体 （f）公民权利和政治权利 （g）经济、社会和文化权利 （h）工作中的基本原则和权利	（a）就业和雇佣关系 （b）工作条件和社会保障 （c）社会对话 （d）工作中的健康和安全 （e）工作场所中人的发展与培训	（a）防止污染 （b）资源可持续利用 （c）减缓并适应气候变化 （d）环境保护、生物多样性和自然栖息地恢复	（a）反腐败 （b）负责任的政治参与 （c）公平竞争 （d）在价值链中促进社会责任 （e）尊重产权	（a）公平营销、真实公正的信息和公平的合同实践 （b）保护消费者健康与安全 （c）可持续消费 （d）消费者服务、支持和投诉及争议处理 （e）消费者信息保护与隐私 （f）基于服务获取 （g）教育与意识	（a）社区参与 （b）教育和文化 （c）就业创造和技能开发 （d）技术开发和获取 （e）财富与收入创造 （f）健康 （g）社会投资

图 4.4 ISO 26000 核心主题与议题

资料来源：根据 ISO 26000：2010 整理。

质在一定程度上有别于其他社会责任核心主题。有效的组织治理，能使组织对其他核心主题和议题采取行动，另外，不能专注于某个单一议题，对某一社会责任议题付出努力，可能涉及该议题与其他议题之间进行权衡。人权部分包括公民和政治权利、社会经济和文化权利、弱势群体权利，以及工作中的基本权利。劳工实践包括就业和劳动关系，工作条件和社会保障、社会对话、职业安全卫生及人力资源开发等。保护环境包括承担环境责任、采取预防性方法、采用有利于环境的技术和实践、循环经济、防止污染、可持续消费、气候变化、保护和恢复自然环境等。公平运营包括反腐败和行贿、负责任的政治参与、公平竞争、在供应链中促进社会责任及尊重财产权等。消费者问题包括公平营销、信息和合同实践、保障消费者健康和安全、促进有益环境和社会的产品和服务、消费者服务、支持和争议处理、消费者信息和隐私保护、接受基本产品和服务、可持续消费、教育和意识等。对社会发展做贡献指的是组织应与当地社区建立关系并促成其不断发展。

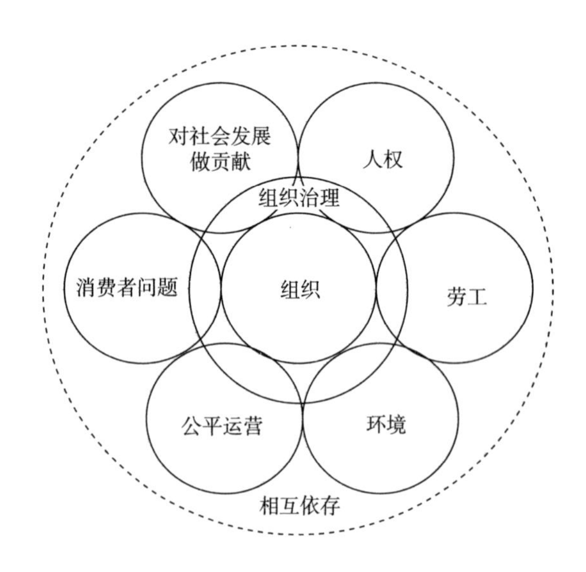

图 4.5　ISO 26000：2010 核心主题相互依存

资料来源：根据 ISO 26000：2010 整理。

4.2.5 提供处理社会责任实践的指导

ISO 26000详细描述了将社会责任融入组织的方法，为组织提供处理社会责任实践的指导。ISO认为组织实施ISO 26000应满足如下条件：①尊重文化、社会、环境和法律及经济发展条件的差异，有助于组织处理其社会责任；②提供实现社会责任可操作化的指南；③识别利益相关方并促进其参与；④强调绩效成果及其改进；⑤提高社会责任报告的可信度；⑥提高客户及利益相关方对组织信心和满意度；⑦促进社会责任领域术语统一；⑧保持与现有国际文件、条约、公约和其他ISO标准一致；⑨不削弱政府处理组织社会责任的权威；⑩增强社会责任意识。

实际上，社会责任的两大基本实践是组织对其社会责任的认识、组织对其利益相关方的识别和利益相关方参与。认识社会责任包括确认由于组织决策和活动的影响而产生的议题，以及有利于可持续发展议题的解决方式。组织认识社会责任需要理解三种关系（见图4.6）：组织与社会的关系、组织与利益相关方的关系、利益相关方与社会的关系。

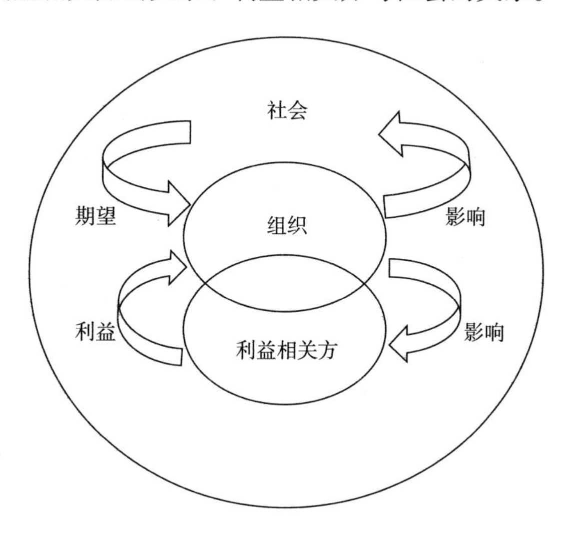

图4.6 组织、利益相关方、社会之间的关系

资料来源：根据ISO 26000：2010整理。

利益相关方的识别与参与在组织的社会责任实践中是至关重要的。利益相关方是在组织的任何决策或活动中有一项或多项利益的组织或个人。确定组织决策和活动的影响有助于识别最重要的利益相关方。为识别利益相关方，组织宜自问以下问题；组织对谁有法定义务？谁会受到组织决策或活动的积极或消极影响？谁有可能关注组织的决策和活动？在过去出现类似关注需要回应时，谁曾参与过？谁能够帮助组织处理特定影响？谁会影响组织的履责能力？如果被排除在参与进程之外，谁将处于不利地位？价值链中的谁受到了影响？

利益相关方参与涉及组织与一个或多个利益相关方之间的对话。利益相关方参与通过为组织提供决策所必需的信息，来帮助组织承担社会责任。利益相关方参与可采取多种形式，如个人会晤、会议、研讨会、公开听证、圆桌讨论、咨询委员会、定期进行的结构化的信息通报和咨询程序、集体谈判和网络论坛。了解利益相关方参与的明确目的；识别出利益相关方的利益；在这些利益基础上建立起来的组织与利益相关方之间的关系是直接或重要的；利益相关方的利益对可持续发展是相关和重要的；利益相关方掌握其决策所必要的信息和情况。

在大多数情况下，组织能够以现有的体系、政策、结构和网络为基础，将社会责任付诸实践，尽管可能会有某些活动要以新的方式开展，或者需要考虑更加广泛的因素。组织需要确定自身主要特征与社会责任是如何关联的。将社会责任融入整个组织的实践包括：社会责任意识提升和社会责任能力建设；设定组织的社会责任方向；社会责任融入组织治理、制度和程序（见图 4.7）。

在社会责任意识提升和社会责任能力建设方面，了解组织领导层对社会责任的当前态度，以及对社会责任的承诺力度和理解程度。对社会责任的原则、核心主题和益处的透彻理解，帮助社会责任融入整个组织及其影响范围。

在设定组织的社会责任方向方面，组织领导层的声明与行动和组织的目标、愿望、价值观、道德及战略为组织设定了方向，为使社会责任

成为组织运行的重要且有效的组成部分，组织可以通过使社会责任成为其政策、组织文化、战略、结构和运行中不可或缺的部分来设定自己的方向。

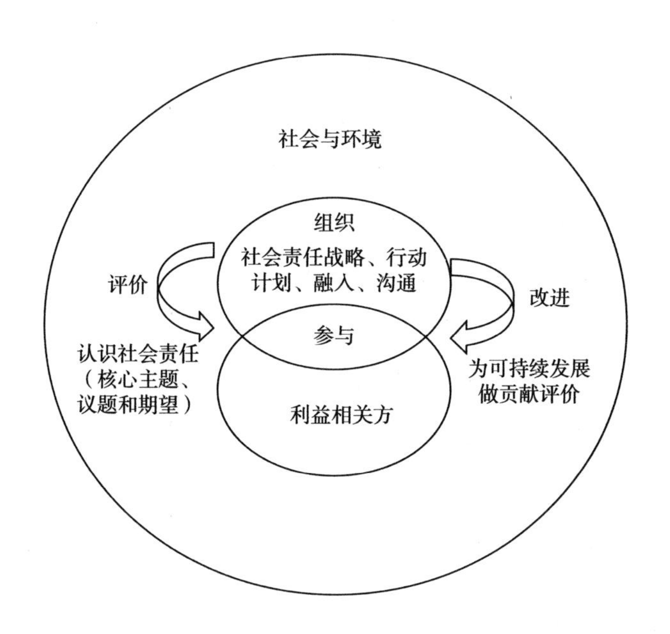

图 4.7　社会责任融入整个组织

资料来源：根据 ISO 26000：2010 整理。

在社会责任融入组织治理、制度和程序方面，组织可以认真勤勉地系统管理自身在每一个核心主题方面的影响，并在其影响范围内监测自身的影响，以使对社会和环境产生有害影响的风险最小化，使社会和环境受益的机会最大化，并最大限度地增进积极影响。组织在决策时，包括对新活动做出决策，宜考虑决策对利益相关方的可能影响。组织按照适当的周期对程序和过程进行评价，以确保他们考虑到组织的社会责任。认识到社会责任融入整个组织的过程不可能一蹴而就，而且在所有社会责任核心主题和议题方面的进展也无法做到同步。制订相应的计划以明确哪些社会责任议题宜在短期内处理，哪些社会责任议题需要付出长期的努力，对组织而言可能是有益的。

4.2.6 ISO 26000 标准的特点

4.2.6.1 用社会责任（SR）代替企业社会责任（CSR），统一概念

社会责任的定义是整个 ISO 26000 中最为重要的定语，而 ISO 用 SR 代替 CSR，就使以往只针对企业的指南扩展到适用于所有类型的组织。ISO 秘书长罗布·斯蒂尔（Rob Steele）在指南发布的当天接受记者采访时指出，最初社会责任工作组讨论的是企业社会责任，但是各方很快意识到 CSR 的七项原则不仅适用于私人部门，同样适用于公共部门，原则确定的七项主题——组织管理、人权、劳工、环境、公平运营、消费者权益、社区参与和发展同样都适用于公共部门，所以把 CSR 推广到 SR 是顺理成章的事情。撇开这些细节，ISO 把 CSR 推广到 SR，使指南的适用范围大为扩展，其重要性有了显著性的提升，这个变化是整个社会责任运动的里程碑，也是 ISO 自身的里程碑，因为这是 ISO 第一次突破技术和管理领域，涉足社会领域标准的制定。

4.2.6.2 指南全面系统，适用于各种类型国家的各类组织

ISO 26000 标准参照和引用了 68 个国际公约、声明和方针，其正式文本有 109 页，重点描述了“社会责任七个原则”和“七个核心主题”。与其他社会责任标准比较，ISO 涉及的内容更广更全面。无论是发达国家还是发展中国家，无论是有关公共的或是私人部门的各种类型的组织，ISO 26000 均可以适用，但是不包含履行国家职能、行使立法、执行和司法权力，为实现公共利益而制定公共政策，或代表国家履行国际义务的政府组织。

4.2.6.3 不是管理标准，不用于第三方认证

ISO 26000 的总则中强调，ISO 26000 只是针对组织履行社会责任的“指南”和指导方针，不是管理体系，不能用于第三方认证，不能作为规定和合同而使用，从而和质量管理体系标准（ISO 9000）及环境管理体系标准（ISO 14000）显著不同。任何提供认证或者声明取得认证都是对

ISO 26000 意图和目的的误读。因为 ISO 26000 并不“要求”组织做什么，所以任何认证都不能表明遵守了这一标准。

4.2.6.4 提供了社会责任融入组织的可操作性建议和工具

指南的一个重要章节探讨社会责任融入组织的方法，并给出了具体的可操作性的建议，指南的附录 A 中也给出了自愿性的倡议和社会责任工具，从而使组织的社会责任意愿转变为行动。指南致力于促进组织的可持续发展，使组织意识到守法是任何组织的基本职责和社会责任的核心部分，但是鼓励组织超越遵守法律的基本义务。指南促进了社会责任领域的共识，同时补充其他社会责任相关的工具和先例，而并非取代以前的成果。

4.2.6.5 前所未有的利益相关方的广泛参与和独特的开发流程

社会责任指南制定的五年中，有来自 99 个国家的 400 多位专家参与开发，和市场有关的利益相关方被分成六组：工业、政府、消费者、劳工（工会）、非政府组织和科技、服务（SSRO）。这六个小组分别组成六个工作组，各组内部形成自己的意见，并在彼此之间相互讨论，最终达成统一意见。由此看来，广泛的利益相关方参与确保了指南的合理性和权威性，是指南最终高票通过的关键。同时，ISO 26000 具有独特的开发流程，ISO 在技术管理局下直接设立社会责任工作组（ISO/WG。SR），工作组主席由来自巴西和瑞典的专家共同担任，平衡了发展中国家和发达国家的关系，工作组成员包括六个利益相关方，并在区域和性别上保持平衡，各成员国按照利益相关工作组推荐专家，并在国内组成对口的委员会；同时，建立基金支持发展中国家的参与。这种流程确保了利益相关方的平衡，从而对最终达成国家层面和利益相关方层面的两层共识起到了重要作用。

4.2.6.6 发展中国家的广泛参与

如上所述，在工作组的成员分配上，发展中国家和发达国家具有同等地位，工作组的主席由发展中国家和发达国家的专家共同担任；同时，在参与开发的 99 个国家中，有 69 个是发展中国家。由此可见，发展中国家确实广泛参与了 ISO 26000 的制定过程。

4.2.6.7 和多个组织建立合作关系，推广了社会责任相关的实践

ISO 和联合国的国际劳工组织（ILO）、联合国全球契约办公室（UN-GCO）、经济合作与发展组织（OECD）都签署了谅解备忘录，同时和全球报告倡议组织（GRI）、社会责任国际（SAI）等组织建立了广泛而深入的联系，确保这些组织能参与到指南的开发过程中，从而使指南不是替换，而是补充和发展了国际上存在的原则和先例。

4.2.6.8 共同性和差异性原则

ISO 26000 首次对组织社会责任做出普遍性定义，确定了社会责任的基本原则，并对处理核心主题及相应活动提出了原则性的推荐建议。同时，在 ISO 26000 总则中指出，应用指南时，明智的组织应该考虑社会、环境、法律、文化、政治及组织的多样性，同时在和国际规范保持一致的前提下，考虑不同经济环境的差异性。也就是说，在国际范围内，社会责任的含义和实践既具有共同性又具有差异性。这也是为什么 ISO 26000 设定为指南而非标准的一个重要原因。

4.3 ISO 26000 标准在不同国家和地区的实践情况

ISO 26000 标准中确定了企业履行社会责任的七大核心主题，即组织治理、人权、劳工、环境、公平运营、消费者问题、对社会发展做贡献。发达国家在这些方面具有先天的发展优势，各方面的基础条件都比较好，加之其高污染的制造业大多已转移到了发展中国家。因此，实施 ISO 26000 对他们来说将不存在多大的难度和负担。但对于发展中国家来说，由于经济条件比较落后，各方面的基础条件都比较薄弱，完全按照这七个核心主题的要求承担社会责任会有很大的难度。因此，一些发达国家会借着他们的这些优势突破现有的世界贸易组织制度框架将劳工标准、环境保

护、知识产权等问题与市场准入等贸易问题挂钩，形成新的贸易壁垒。ISO 26000标准草案在最后一次会议表决中得到了93.5%的支持率，只有五个国家投了反对票，分别是：印度、美国、古巴、土耳其和卢森堡。即便美国对ISO 26000投了反对票，但其反对的也不是社会责任定义，而是关于预防原则等对其利益有重要影响的内容，加之美国非营利环境经济组织（CERES）和联合国环境规划署（UNEP）共同发起了GRI，其制定的GRI标准在美国广为流传与沿用，因此本节将不再对美国对ISO 26000的应用进行详细阐述，将重点分析ISO 26000在全球的综合应用及在欧洲、日本和中国的实践情况。

4.3.1 ISO 26000标准在全球的实践情况

在ISO 26000制定过程中及正式出版发行后，相当多参与标准制定的国家和标准制定机构纷纷依据ISO 26000或者参考ISO 26000修订、制定或者完善自己的社会责任倡议和工具，出台新版本或者重新制定自己的标准。例如，GRI依据ISO 26000对自身的标准进行了修订；OECD跨国企业准则从2010年开始参考ISO 26000进行修改，并出台最新版准则；日本经济团体联合会根据ISO 26000对自己的社会责任倡议进行了修订；欧盟基于ISO 26000的定义对其社会责任政策文件进行了修订，将定义修改为与ISO 26000相一致；智利、瑞典和埃及的社会责任政策也受ISO 26000影响较大。

根据2020/2021最新的系统审查，采用ISO 26000的国家数量似乎有所增长。ISO 26000社会责任国际标准受到了世界各国重视，截至2021年3月，包括中国在内，已有88个国家（地区）将ISO 26000社会责任国际标准转化为其国家（地方）标准，其中有45个等同采用ISO 26000为其社会责任国家（地区）标准。ISO 26000也被翻译成31种以上语言，还有17个成员正处于转化的过程中，具体国家如表4.2所示。其中如图4.8所示，转化率最高的是欧洲地区，已完成转化的国家（地区）占该地区总数的比重高达79.55%，处于转化进程中的国家（地区）总数达到该地区总数的 2.27%。其次是南美洲，已完成转化的国家（地区）总数达到该地区总数的 66.67%。再次是北美洲，转化率是 43.38%，正在转化进程中的国家比例为 8.70%，采用 ISO 26000 的国家（地区）总数占该地区总数的 4.35%。接着是亚洲，转化率为 35.42%，处于转化进程中的国家（地区）总数达到该地区总数的 18.75%，仍有 4.17% 的国家（地区）并未采用 ISO 26000。最后是非洲，转化率为 30.00%，有 8.33% 的国家（地区）在转化进程中，有 1.67% 的国家（地区）没有采用该标准。

表 4.2 ISO 组织成员中将 ISO 26000 转化为本地标准的国家（地区）分布

区域	ISO 26000 转化为本地标准的状态		占该地区国家（地区）总数的比重（%）	语言版本
亚洲	已完成转化	韩国、日本、塞浦路斯、印度（待确认）、印度尼西亚、伊朗、约旦、哈萨克斯坦、吉尔吉斯共和国、黎巴嫩、蒙古、越南、阿曼、泰国、沙特阿拉伯、土耳其、阿拉伯联合酋长国（17 个）	35.42	阿拉伯语、泰国语、越南语、汉语、波斯语、印度尼西亚语、日语、哈萨克语、韩语、蒙古语
	转化进行中	巴林、孟加拉国、中国、格鲁吉亚、伊拉克、科威特、马来西亚、缅甸、新加坡（9 个）	18.75	
	未转化	不丹、以色列（2 个）	4.17	
非洲	已完成转化	阿尔及利亚、安哥拉、科特迪瓦、埃及、加纳、肯尼亚、马拉维、马里、毛里求斯、摩洛哥、南非、尼日利亚、卢旺达、苏丹、坦桑尼亚、突尼斯、乌干达、津巴布韦（18 个）	30.00	阿拉伯语
	转化进行中	布隆迪、刚果、加蓬、冈比亚、斯威士兰（5 个）	8.33	
	未转化	布基纳法索（1 个）	1.67	

续表

<table>
<tr><th>区域</th><th colspan="2">ISO 26000 转化为本地标准的状态</th><th>占该地区国家（地区）总数的比重（%）</th><th>语言版本</th></tr>
<tr><td rowspan="2">欧洲</td><td>已完成转化</td><td>阿尔巴尼亚、奥地利、比利时、波斯尼亚和黑塞哥维那、白俄罗斯、保加利亚、克罗地亚、捷克共和国、丹麦、爱沙尼亚、芬兰、法国、德国、匈牙利、冰岛、爱尔兰、意大利、立陶宛、马其顿、马耳他、摩尔多瓦、黑山、荷兰、英国、西班牙、挪威、波兰、葡萄牙、罗马尼亚、俄罗斯、塞尔维亚、斯洛伐克、斯洛文尼亚、瑞典、瑞士（35 个）</td><td>79. 55</td><td rowspan="2">阿尔巴尼亚语、波斯尼亚语、保加利亚语、捷克语、丹麦语、荷兰语、爱沙尼亚语、芬兰语、法语、德语、冰岛语、意大利语、黑山语、挪威语、波兰语、葡萄牙语、罗马尼亚语、俄语、塞尔维亚语、斯洛伐克语、西班牙语、瑞典语</td></tr>
<tr><td>转化进行中</td><td>亚美尼亚（1 个）</td><td>2. 27</td></tr>
<tr><td rowspan="3">北美洲</td><td>已完成转化</td><td>巴巴多斯、加拿大、哥斯达黎加、危地马拉、洪都拉斯、墨西哥、巴拿马、圣卢西亚、特立尼达和多巴哥、美国（10 个）</td><td>43. 38</td><td rowspan="3">英语</td></tr>
<tr><td>转化进行中</td><td>多米尼加共和国、牙买加（2 个）</td><td>8. 70</td></tr>
<tr><td>未转化</td><td>古巴（1 个）</td><td>4. 35</td></tr>
<tr><td>南美洲</td><td>已完成转化</td><td>阿根廷、玻利维亚、巴西、智利、哥伦比亚、厄瓜多尔、秘鲁、乌拉圭（8 个）</td><td>66. 67</td><td>西班牙语、葡萄牙语、荷兰语、英语</td></tr>
</table>

资料来源：根据 ISO（2021）整理，https：//ISO 26000. info/。

因此，由统计结果可知，ISO 26000 在全球各个成员国中的应用比例正在稳步攀升，亚洲、非洲和北美洲的转化率相差不大，但是与稳居前位的欧洲和南美洲地区的转化率相比还有很大差距。

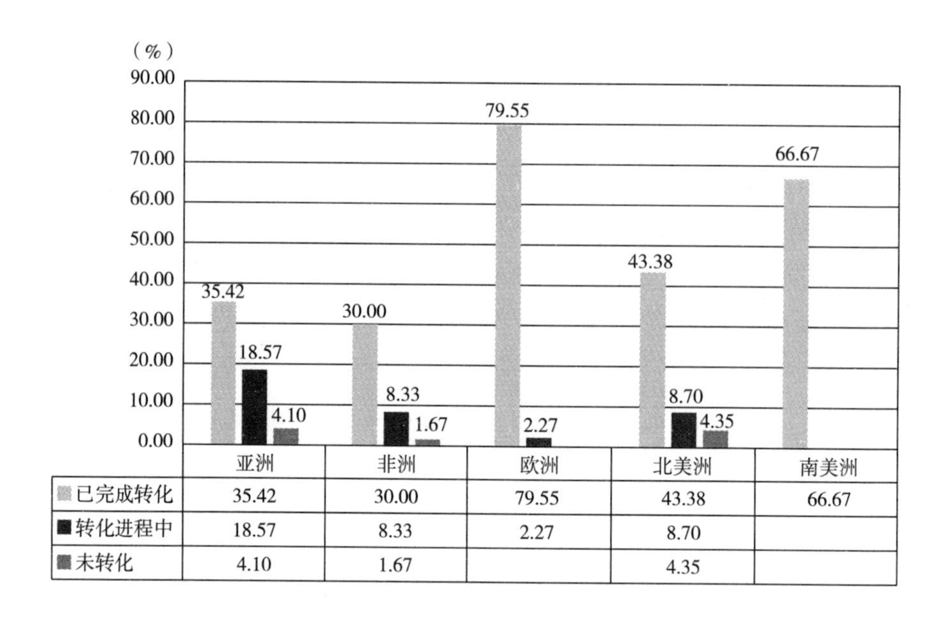

	亚洲	非洲	欧洲	北美洲	南美洲
已完成转化	35.42	30.00	79.55	43.38	66.67
转化进程中	18.57	8.33	2.27	8.70	
未转化	4.10	1.67		4.35	

图 4.8　ISO 26000 转换国家占该地区总数的比重

资料来源：根据 ISO（2021）整理，https：//ISO 26000. info/。

4.3.1.1　ISO 26000 标准在欧洲的实践情况

2020 年 10 月 21 日，欧洲标准化委员会（Comité Européen de Normalisation，CEN）的利益相关者协商进程最终决定将 ISO 26000 批准为 CEN 标准。简言之，这意味着所有 CEN 成员（欧盟成员国、欧洲自由贸易联盟成员国、冰岛、挪威、瑞士、英国、北马其顿、土耳其、塞尔维亚）必须执行 CEN/ISO 26000 作为国家标准，并取消所有类似的国家标准。欧盟企业社会责任战略（2011～2014）曾将 ISO 26000 作为五个政策工具之一（其他为：《经济合作和发展组织跨国公司指南》、联合国全球契约组织、国际劳工组织标准及联合国商业和人权指导原则）。

瑞典和荷兰制定了使用 ISO 26000 的自我申明指南或者说明。瑞典起草发布了应用 ISO 26000 自我声明的文件，并且制定了专门的第三方审计

标准——《关于SP2声明的第三方审计师标准》，指导第三方开展应用ISO 26000审计工作，以便于应用者发布声明。瑞典ICA、AB沃尔沃、爱立信、汇丰、ESAM、赫兹、维奥利娅、SCA、NCC、NCAB集团等著名公司均采用了ISO 26000作为社会责任发布的准则。荷兰专门制定了《自我应用NEN－ISO 26000的自我申明手册》，供ISO 26000者使用。西班牙、荷兰和英国则就ISO 26000某个议题制定了专门的使用指南，或者依托ISO 26000就某些产品或者行业制定专门的标准。西班牙依托ISO 26000制定了《社会责任与儿童组织良好做法的指南》及《对社会负责任的金融产品——投资产品要求》等。荷兰制定了《将尽职调查融入风险管理体系的指南》。英国制定了一系列的相关指南：《管理可持续发展指南》《负责任的建筑产品采购部门的认证机制——规范》《可持续采购原则和框架》《物料可持续利用的评估框架》《电影可持续管理体系规范》等。法国、巴西、葡萄牙、丹麦、捷克、哥斯达黎加和奥地利等制定了可用于认证的社会责任管理体系。法国制定了《提高基于ISO 26000的社会责任方法的可信性》可验证的管理体系标准，有400多位使用者，其中包括EDF、家乐福、施耐德电气、法航工业、法国电信、珀诺德·理查德、维奥利娅、GDF苏伊士、达能、AXA、雷诺等著名企业。巴西制定了《社会责任管理体系——要求》《社会责任管理体系——审计指南》，有200多个组织进行了认证。葡萄牙制定了《社会责任管理体系Ⅰ：要求和使用指南Ⅱ》《社会责任管理体系Ⅱ：实施指南》。丹麦制定了《社会责任管理体系》标准。捷克制定了《企业社会责任管理体系要求》。哥斯达黎加制定了《社会责任管理体系要求》标准等。ISO 26000在欧洲的具体应用情况如表4.3所示。

表4.3 ISO 26000的应用

国家	与ISO 26000有关的计划	评价	联系方式
法国	XP X 30－027：2010《提高基于ISO 26000的社会责任方法的可信性》	可验证的管理体系	www.afnor.org

续表

国家	与 ISO 26000 有关的计划	评价	联系方式
西班牙	UNE 165001：2012《对社会负责的金融产品——投资产品要求》 UNE 165010：2009《企业社会责任管理体系》 PNE 165002《社会责任与儿童——组织良好做法的指南》	可认证的管理体系	www. aenor. es
瑞典	SP 2：80《关于自我声明应用 ISO 26000 的问题》 SP 3《关于 SP 2 声明的第三方审计师标准》	自我声明	www. sis. se
荷兰	NPR 9026 + CI：2012（nl）《自我声明使用 NEN - ISO 26000 的指南》 NPR 9036：2015 en. MVO《将尽职调查融入风险管理体系的指南》	自我声明	www. nen. nl
巴西	ABNT NBT 16001：2012《社会责任管理体系——要求》 ABNT NBR 16003：2015《社会责任管理体系——审计指南》	可认证的管理体系	www. ipq. pt
葡萄牙	NP 4469 - 1：2008《社会责任管理体系Ⅰ：要求和使用指南》 NP 4469 - 2：2010《社会责任管理体系Ⅱ：实施指南》	可认证的管理体系	www. abnt. org. br
丹麦	DS 49001：2011《社会责任管理体系》 DS 49004：2011《社会责任指南》	可认证的管理体系	www. ds. dk
哥伦比亚	GTC 180《社会责任》	从 2008 年开始	www. icontec. org
捷克	CSN 01 0319《企业社会责任管理体系要求》	可认证的管理体系	www. unmz. cz
哥斯达黎加	INTE 35 - 01 - 01《社会责任管理体系要求》	可认证的管理体系	www. inteco. or. cr
奥地利	ONR 192500：2011 - 11《组织的社会责任（CSR）》	可认证的管理体系	www. as - institute. at

续表

国家	与 ISO 26000 有关的计划	评价	联系方式
英国	BS 8900《管理可持续发展指南》 BS 8902《负责任的建筑产品采购部门的认证机制——规范》 BS 8903《可持续采购原则与框架》 BS 8904《社区可持续发展指南》 BS 8905《物料可持续利用的评估框架》 BS 8909《电影可持续管理体系规范》	可认证的管理体系	www. bsigroup. com
国际认证联盟	IQNet SR10 是一个由国家认证联盟（IQNet Association）和其合作伙伴开发的规范。该规划是基于西班牙标准化和认证协会（AENOR Spain）发布的 RS 10 规范而研制的	可认证的管理体系	www. iqnetcertification. com

资料来源：https：//ISO 26000. info/。

4.3.1.2 ISO 26000 标准在日本的实践情况

ISO 26000 在 2010 年 11 月发布以后，很多日本公司都已经开始运用。根据日本咨询公司 2011 年的调查，34% 的日本公司早已经用不同的方式在运用 ISO 26000。在 66% 未运用的企业中，很多也都将其提到了议事日程上。日本参照 ISO 26000，于 2012 年 3 月正式发布了一个新的日本社会责任国家标准：JISZ 26000。除了与 ISO 26000 一致的内容外，JISZ 26000 还有四个日本特定的倡议，比如委员会的章程和公司的行为等。日本著名公司东芝、阿吉诺本、富士通、理光、NEC、SONY、横川、华为、日立、丰田、三得利、公元、京瓷、住友、阿尔卑斯、矿本、大阪燃气、大分、松下等均使用了 ISO 26000 作为其社会责任履行标准，Keidanren 日本联合商会作为日本最大的商业协会和日本商业的强大代言人，将 ISO 26000 作为商业协会成员中履行社会责任的标准。总而言之，ISO 26000 在日本已被转化为本地标准并被广泛使用。ISO 26000 在日本的被接受度非常高，尤其是在商业领域，不管是投资者还是消费者。这个指南也被日本企业用作搭建企业行动宪章和国际标准的一个桥梁。

4.3.1.3 ISO 26000 标准在中国的实践情况

我国曾积极参与 ISO 26000 标准的编制过程，为本国利益提出了诸多要求。ISO 26000 标准发布以后，我国组织本领域专家将其翻译为唯一由国际标准化组织 ISO 授权的标准中文版，将 ISO 26000 标准引入我国企业社会责任的实践与信息披露中。2010 年 11 月 1 日，国际标准化组织（即 ISO）在瑞士日内瓦召开了新闻发布会，正式发布 ISO 26000《社会责任指南》。2010 年 11 月 2 日，《参照 ISO 26000 制定符合中国国情社会责任标准》由国家标准委发布在其官方网站，其中综述了 ISO 26000 的主要内容、所遵循的原则和制定目的，并提出参考 ISO 26000 标准，根据对中国政治、经济、文化特点的研究制定有中国特色和符合中国国情的社会责任标准，以促进我国各种组织的社会责任建设。我国当下推出的国家标准中 GB/T 36000/36001/36002 的制定灵感均来自 ISO 26000。

ISO 26000 标准发布至今已有十年之久，在此期间我国企业社会责任有了新的、更大的发展，表现出了新的特征，我国也在一直积极研究本土化的企业社会责任标准。现阶段，我国企业编制社会责任报告的参考标准呈现多元化的特点，我国企业社会责任报告编制的参考依据主要有中国社会科学院《中国企业社会责任报告编写指南》（CASS－CSR 1.0/2.0/3.0/4.0），国务院国资委《关于中央企业履行社会责任的指导意见》，上交所的《公司履行社会责任报告指引》，港交所的《环境、社会及管治报告指引》，深交所的《上市公司社会责任指引》、行业指引，中国工经联指南，金融机构社会责任指引，GRI G3/G4，全球契约，ISO 26000 等。ISO 26000 标准在全球范围内发布之后，我国企业纷纷将其作为社会责任报告的编写依据。例如，2010 年 8 月，国家标准化管理委员会确定由济南阳光大姐有限责任公司面向国内、国际发布中国第一份基于 ISO 26000 的 2001～2009 年《企业社会责任报告》，表达对于社会责任的积极担当与持续关注，这也是国内家庭服务行业的首份企业社会责任报告。2011 年 4 月 28 日，中国铝业公司向社会公开发布了 2010 年社会责任报告，这也是我国首份按照最新的社会责任国际标准 ISO 26000 体系编写的社会责任

报告。

本节将基于国泰安数据库内中国上市公司社会责任数据（2019年）进行分析，基于数据库内对中国上市公司对于ISO 26000的相关议题披露，探究中国上市公司ISO 26000的应用实践情况。在2019年发布的共1018份上市公司社会责任报告中，有969份（占比约为95.19%）报告披露了股东权益保护，有910份（占比约为89.39%）披露了债权人权益保护，有1007份（占比约为98.92%）报告披露了职工权益保护，有780份（占比约为76.62%）报告披露了供应商权益保护，有945份（占比约为92.83%）报告披露了客户及消费者权益保护，有987份（占比约为96.95%）报告披露了环境和可持续发展，有994份（占比约为97.64%）报告披露了公共关系和社会公益事业（见图4.9）。

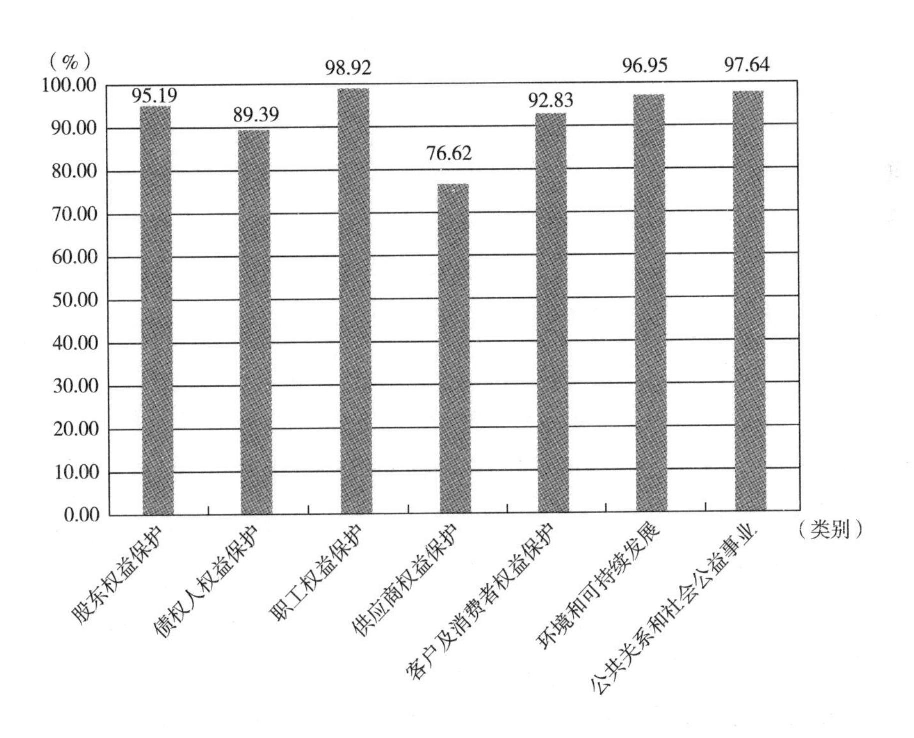

图4.9 我国上市公司社会责任披露情况

资料来源：基于国泰安数据库社会责任相关信息整理。

由此可见：①我国上市公司社会责任信息披露仍处于初步发展阶段，共4000余家上市公司中仅发布了1018份社会责任报告，说明我国上市公司社会责任信息披露水平总体较低。②从已发布的社会责任报告中可以看出，大多数上市公司均按照ISO 26000框架中的七个核心议题进行了相关的信息披露，如对于利益相关者权益的保护、客户和消费者问题及公共关系和社会公益事业，这些信息都能够体现出ISO 26000在我国上市公司的应用情况。③所发布的社会责任报告数据显示我国上市公司对于供应商权益保护方面关注度不足，需要在此方面进行相关制度的完善与提升。④值得一提的是，这些报告中仅有68份披露了公司存在的不足，不到一半的企业表示是自愿进行信息披露，仅有307份报告披露了社会责任制度建设及改善措施。说明我国上市公司社会责任披露意识远远不足，企业社会责任报告欲说还休，只写优点不找缺点，而且没有真正的责任意识去帮助我国CSR相关制度的完善，可见还需要从意识上进行改进。

4.3.2 ISO 26000标准在国内外的应用比较

通过全球实践与我国实践的对比可以发现，我国对ISO 26000的响应很积极，从参与ISO 26000的制定与决策投票到应用过程都可以看到中国的身影。但是在应用ISO 26000的过程中也面临了许多挑战，从中暴露了诸多问题。

一方面，在认识上，我国对于社会责任重要性的认知程度不足。《企业社会责任蓝皮书：中国企业社会责任研究报告（2019）》显示，2019年中国企业300强社会责任发展指数为32.7分，整体处于起步阶段；约五成企业发展指数低于20分，仍在“旁观”。受评价方法更为严格的影响，2019年企业社会责任发展指数相比2018年出现小幅下降。我国在进行推广应用ISO 26000甚至存在对ISO 26000应用的错误认识，即只有大公司才需要应用或将慈善、捐赠等行为简单等同于应用ISO 26000，一些地方甚至认为履责是同地方文化或者商业道德相违背的。与此不同的是，欧洲、日本等发达国家非常重视社会责任履行，并且会通过多种途径开展形

式多样的培训教育会来帮助企业和组织正确认识 ISO 26000。比如，瑞典和荷兰制定了使用 ISO 26000 的自我申明指南或者说明，来帮助组织更好地理解和使用 ISO 26000，但是我国相关理解性文件相对较少，没有一个统一标准来规定企业的 ESG 行为。由此可见，与发达国家相比，中国企业还未能站在战略层面，对社会责任进行认知和理解。

另一方面，在行动上，我国企业缺乏对社会责任工作的高度参与。首先，ISO 26000 特别强调，对于有效的公司治理，管理层的参与至关重要，这表现在决策过程中，动员员工践行社会责任，以及将社会责任融入组织文化等多个方面，而中国企业的管理层对于社会责任工作的参与程度还略显不足。其次，我国企业缺乏创建与社会责任绩效相关的非经济激励制度的经验，日本企业通过制定非经济激励制度来引导企业各层级员工不断提升责任意识，不断学习履行社会责任的方法，努力在工作中以一种负责任的行为进行实践。我国在这方面表示出明显的不足，应该充分考虑如何利用非经济制度来产生有利影响的社会责任绩效。

4.4　ISO 26000 标准在中国不同行业的实践情况

ISO 26000 发布后，不同行业依托 ISO 26000 就某些议题制定了更为专门的标准及社会责任管理体系标准来推动 ISO 26000 的使用，比如 ISO 22000（食品安全管理系统）、ISO 9001（质量管理系统）、ISO 14001（环境管理系统）等，此外，中国纺织工业协会、中国电子工业标准化技术协会等行业协会也加大了 ISO 26000 的研究和推广，并先后发布了行业的社会责任标准，以此推进行业社会责任建设。所以，ISO 26000 作为企业社会责任报告指南，对我国不同行业的上市企业社会责任履行产生了深远影响。本节通过下载 CSMAR 中上市公司社会责任报告基本信息相关数据，分析不同行业 CSR 披露情况，结果如图 4. 10 所示。

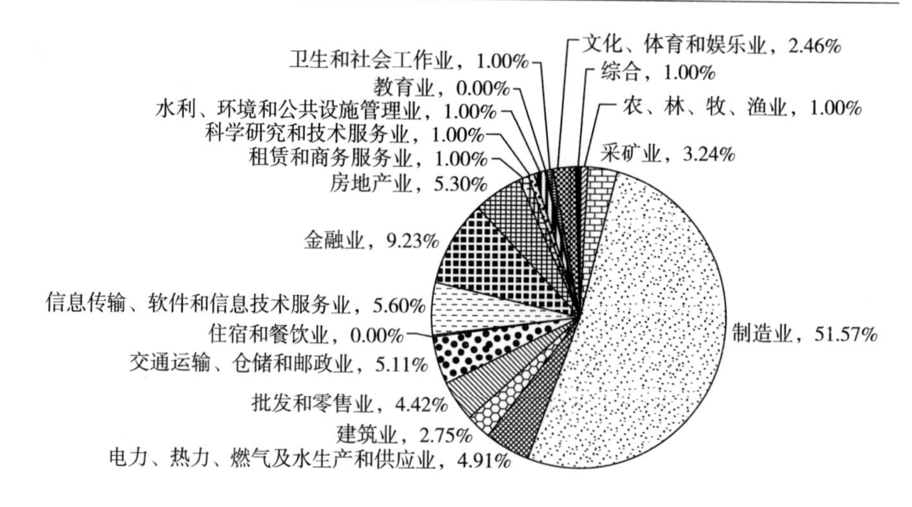

图 4.10　2019 年上市公司社会责任报告

资料来源：基于国泰安数据库社会责任相关信息整理。

本节根据证监会 2012 年行业分类标准对不同行业的社会责任信息披露情况进行分析，从 2019 年上市公司社会责任报告图可以看到，制造业披露社会责任报告占比最高，其次是金融业，占比 9.23%，接下来是信息传输、软件和信息技术服务业，占比 5.60%。相对其他行业社会责任信息披露情况，制造业、金融业及信息传输、软件和信息技术服务业三种行业占比相对较高，接下来将针对上述三种行业进行详细阐述。

首先，对于制造业社会责任信息披露情况。2019 年数据库显示，在 1018 家上市公司中制造业行业有 523 家发布了企业社会责任信息报告，占比最高。其中计算机、通信和其他电子设备制造业优异公司数量最多，占比约为 16%。其次是医药制造业和化学原料及化学制品制造业（见图 4.11）。对应 ISO 26000 相关核心议题，化学原料及化学制品制造业在劳工、社区参与和发展、环境三个维度上表现优异。就上市公司具体来说，江苏扬农化工股份有限公司于 2002 年通过 ISO 9001（2000 版）质量体系认证，2004 年通过 ISO 14001 环境管理体系认证。其积极履行社会责任，近三年连续入围全球农化企业前 20 强，在保护股东与债权人权益、保护

职工权益、保护供应商、客户和消费者权益等方面所履行的社会责任情况进行了报告，比如特殊环境下工作的员工给予特殊津贴的实践情况、在废气处理上实施多点位 LDAR 检测、在社会回报上公司于 2019 年捐赠善款 105 万元等。同样，中国知名瓶装水企业华润怡宝也是一个很好的案例，其用实际行动开辟了独有的 ISO 26000 企业社会责任实践模式，华润怡宝"百所图书馆计划"是为教育资源匮乏地区的中小学校捐建图书馆的公益行动，截至 2013 年，该计划已经为全国 15 个省份的贫困地区捐建了 105 所华润怡宝图书馆，捐赠了约 73 万册图书，受益儿童达百万人。华润集团一直积极承担作为中央企业的社会责任，积极推动慈善事业的发展。从各个优秀案例中可以看到，ISO 26000 标准对履行社会责任提出了很多要求，正在成为衡量企业是否具有可持续发展能力的"量尺"。

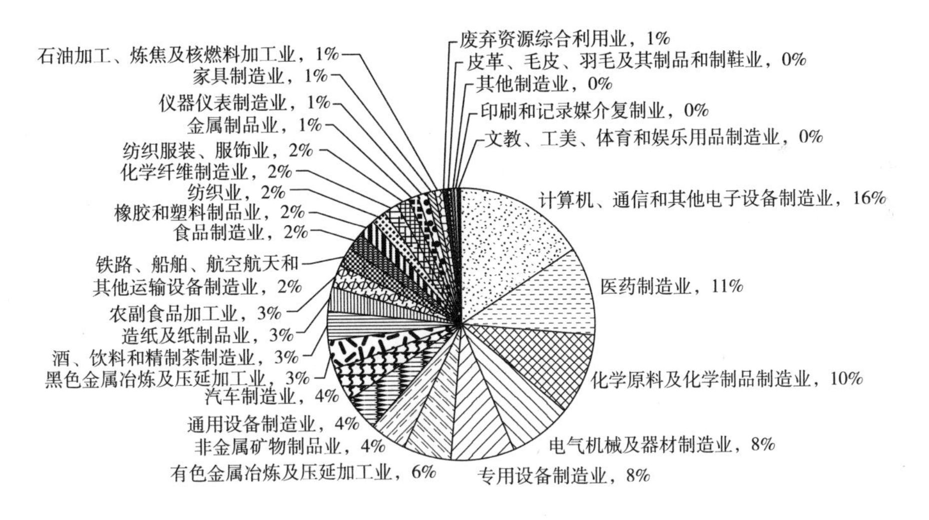

图 4.11 2019 年制造业社会责任信息披露情况

资料来源：基于国泰安数据库社会责任相关信息报告整理。

其次，对于金融业社会责任信息披露情况。2019 年金融业约有 93 家上市公司披露了社会责任信息情况，其中资本市场服务占比较高，约为 44%（见图 4.12），其次是货币金融服务和其他金融业。金融企业作为特殊的行业，其独特的社会地位决定了它必须承担的社会责任。在现代社会中，金融渗透在社会的各个方面，其独特的作用决定了它需要承担更加重大的社会责任。招商银行是金融业中披露社会责任信息报告的典型企业之一。其凭借持续的金融创新、优质的客户服务、稳健的经营风格、良好的经营业绩，以及勇于担当的社会责任感，成为中国境内最具品牌影响力的商业银行之一。招商银行 20 年定点扶贫云南永仁、永定，践行“扶真贫，真扶贫”，2019 年其为两县投入帮扶资金 5142.28 万元，向两县购买农产品 1287.44 万元，为两县培训技术人员 1455 人，20 年来累计为两县投入扶贫基金和员工捐款 65 亿元。招商银行秉承“源于社会，回报社会”的社会责任理念，不断深化社会责任实践，努力实现经济价值与社会价值、环境价值的和谐统一。

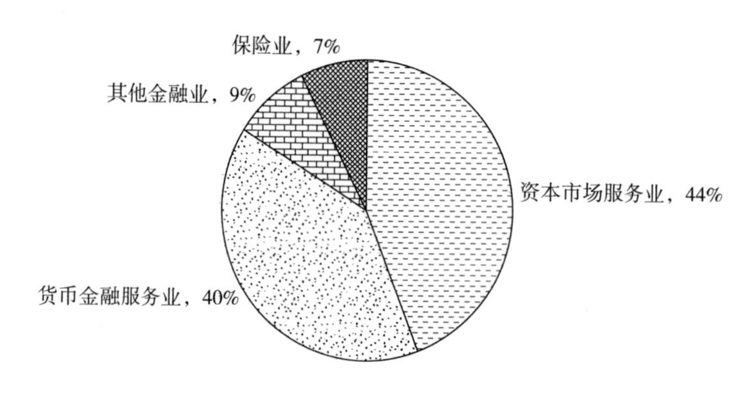

图 4.12　2019 年金融业社会责任信息披露情况

资料来源：基于国泰安数据库社会责任相关信息报告整理。

最后，对于信息传输、软件和信息技术服务业社会责任信息披露情况。从图 4.13 中数据可以看到，在 2019 年，此行业 57 家上市公司中大约有 61% 属于软件和信息技术服务业企业，互联网和相关服务行业约占 28%（见图 4.13）。具体来说，电子信息行业作为当今最具创新性的行业，在工信部和中国电子工业标准化技术协会的推动和中国电子信息企业的积极响应和创新实践下，成为应用国际国家社会责任标准促进行业社会责任发展的先锋行业，逐步构建起中国信息通信行业企业社会责任管理体系。2016 年，工业和信息化部发布 SJ/T 16000—2016《电子信息行业社

会责任指南》；2017 年，中国电子工业标准化技术协会制定了 T/CESA 16003－2017《电子信息行业社会责任治理评价指标体系》，并基于此对一批电子信息行业企业开展社会责任治理评估；2018 年，T/CESA 16001－2018《电子信息行业社会责任管理体系》发布，为企业提供开展社会责任管理、促进可持续发展的有效工具。2018 年，SJ/T 11728－2018《电子信息行业社会责任管理体系》行业标准在北京发布。此行业中的优秀企业案例也有很多，比如中兴通讯位列中国企业 300 强社会责任发展指数前 100 名，是连续十年发布社会责任报告的七家企业（中兴通讯、华为、比亚迪、平安保险、招商银行、万科、腾讯）之一。公司从企业经营、产品与服务、生态环境、共融社会四个领域推动中兴可持续发展和企业社会责任能力提升，为相关方和社会创造价值。此外，中兴通讯建立了公司可持续发展委员会，构建完整健全的安全管控体系与知识产权保护制度，保护客户和合作方的核心信息资产安全及合法权益不受侵害，积极响应联合国可持续发展目标，严格按照 ISO 14001 环境管理体系和 ISO 50001 能源管理体系构建完善的环境管理制度；中兴通讯公益基金会成立后，聚焦医疗创新、教育扶贫和弱势救助三大领域，以专业化模式精耕细作，逐步形成了以“联爱工程”“关爱滇西老兵”为代表的一批公益项目，持续践行企业社会责任，推动慈善事业不断发展。

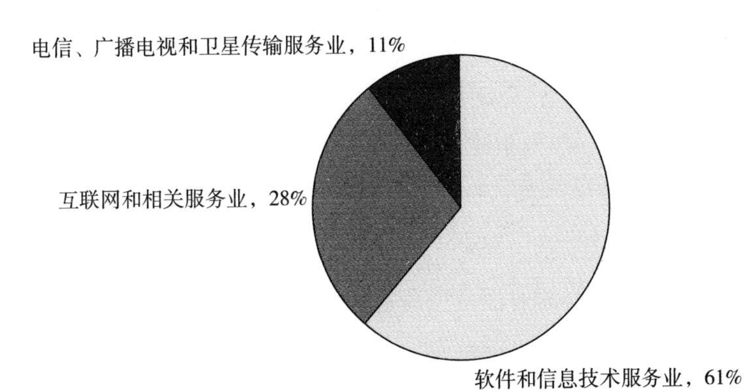

图 4.13　2019 年信息传输、软件和信息技术服务业社会责任信息披露情况

近年来，各个行业借鉴并吸纳了 ISO 26000 的基本方法和框架结构，以 ISO 26000 为标准指南，建立适合的行业标准体系，使我国各行业社会责任标准建设成绩显著，社会责任治理水平不断提升。为深入贯彻落实党的十九大精神，推进企业社会责任理念和实践全面融入企业日常管理，并不断推进企业负责任的全球品牌形象和核心竞争力提升，各行业需要以更加严厉的标准要求自己，遵循开放、公平、透明、广泛参与协商一致的原则，加强行业社会责任建设，实现可持续发展。

4.5 ISO 26000 标准对中国 ESG 披露标准制定的启示

4.5.1 总结

正如联合国前秘书长安南所指出的，“企业社会责任并不是要求企业做新的事情，而是要求企业以新的方式做事”。对于中国企业来说，公司治理并不是一个新生事物，但是在社会责任的语境下，ISO 26000 要求企业分析、理解 ISO 26000 针对公司治理所提出的新概念、新的方法和新的行动，这种“新”在某些情况下还意味着在传统公司的治理内容、边界上提出了更多的要求、更高的标准。一方面，ISO 26000 要求组织与国际规范行为保持一致，帮助组织促进和实现可持续发展；另一方面，尽管 ISO 26000 不适用于第三方认证，但由于潜在利益的存在，ISO 26000 有可能成为新的“贸易壁垒”。因此，在实施 ISO 26000 之后，与发达国家相比，我国在 ISO 26000 的应用方面既有优点也存在不足。

一方面，我国对 ISO 26000 的响应非常积极，无论是标准制定还是执行，我国都积极参与其中。ISO 26000 在环境部分条款上，针对污染、可持续利用资源、气候变化、环境保护与恢复等重大问题，提出了可持续采

购、可持续教育、节能减排等方案，来确保组织可持续行为的全面性；在消费者问题条款上，强调“可持续消费”，要求在各个消费环节做到可持续操作；在社区参与和发展条款上，要求不破坏社区资源和环境，维护和促进社区的可持续发展等。这些条款要求较高，在一定程度上可以促进我国的技术创新和产业升级，为我国发展方式由“粗放式”向“集约式”的发展提供指导方向。2020 年面对新冠肺炎疫情冲击，我国在“两山理论”指导下，以生动的绿色实践着力推动复工复产，支持绿色脱贫，服务绿色发展。目前社会各方共同依据 ISO 26000 标准开展高质量研究，携手助力我国后疫情时代的可持续发展。ISO 26000 在我国的应用给予了我们产业转型和结构升级的机会，特别是在当下数字化全连接的智能时代，万物感知、万物互联、万物智能成为主要特征。以物联网（IoT）、大数据、人工智能等为代表的新一代信息与通信（ICT）技术，已成为驱动社会和经济发展的新型生产力，并成为我们生活中越来越重要的一部分，科技不再高居象牙塔，而要普济天下。例如，华为基于 ISO 26000/SA 8000 等国际标准和指南建立 CSD 管理体系，制定和发布了政策、流程、基线等一系列管理方法和工具，充分运用 CSD 管理流程系统来策划、实施、监控和改进可持续发展工作。[①] 基于 ISO 26000 的核心议题我国企业纷纷转变其未来发展方向，致力于积极承担社会责任，构建和谐生态，在国际市场中树立良好的企业形象，在这一过程中 ISO 26000 便起到了很好的助力作用。

另一方面，通过与国外 ISO 26000 的应用对比，我们也发现了当下的诸多不足。首先，我国企业的履责意识不强，自愿披露社会责任的公司占比不足一半，这也反映出我国对于社会责任教育普及度与发达国家相比还远远不够。其次，我国企业社会责任体系不成熟，与发达国家的差距很有可能给我国带来贸易壁垒。由于 ISO 先前制定的很多标准规范在国际上具

---

① 华为2019年可持续发展报告，https：//www. huawei. com/cn/sustainability/sustainability - report。

有较高权威，很多国家和地区在贸易往来时，大都采用了 ISO 制定的相关国际标准规范。一些国家、地区也极有可能将 ISO 26000 与贸易市场准入等问题挂钩，从而形成新的贸易壁垒。对中国企业既是一种“困惑”，又是一种“诱惑”。说它是“困惑”，是因为它的缺失给企业、社会造成了不小的麻烦；说它是“诱惑”，是因为企业一旦跨越了“门槛”，拿到了“门票”，就拥有了在市场上竞争的基础，因此我国出口企业为了获得跨国采购商更多的订单，无论需要与否，也会想办法通过“社会责任门槛”标准的认证，为争取更多的出口订单增添砝码。最后，我国许多企业不愿承担履行社会责任所带来的种种成本。新增加的成本主要包括两部分：显性成本和隐性成本。显性成本主要由以下三部分组成：一是认证或认可成本，即组织为取得 ISO 26000 认证或认可资格所付出的费用，包括咨询费用、专家评估费用、检查费用、审核费用、监督费用、工本费等；二是改造成本，即企业为达到 ISO 26000 的各项要求所付出的改造成本，如改善员工的工作条件、社会保障、安全卫生、人力资源培训及环境保护等活动而支出的成本；三是附加成本，即组织在认证或认可后期的宣传成本等。隐性成本包含企业没有获得 ISO 26000 认证或认可的机会成本，认证或认可过后增加的劳动力成本、环保成本等。短期内成本的大幅上升必然会给企业的持续经营带来不小的压力，特别是对于中国数目庞大的参与国际贸易的中小企业而言，这将成为摆在眼前的现实压力（黎友焕、魏升民，2012）。

4.5.2 启示

现阶段，我国企业 ESG 信息披露水平距 ISO 26000 的要求还有一些距离，为促进我国企业 ESG 信息披露的发展，我们可以从 ISO 26000 的相关规定中得到以下启示：

4.5.2.1 政府应进一步完善国内相关法律法规，建立政府主导的 ESG 信息披露体系

我国国内与 ISO 26000 相关的法律有《合同法》《劳动法》《质量法》

《消费者权益保护法》等，仔细研究，ISO 26000 的绝大多数内容并没有超越我国的法律。但在企业的实际组织活动中，违反国内法律的事件仍屡有出现。比如在不少企业仍然有加班的规定，有的甚至成为一种规矩，而在我国所颁布实施的《劳动法》中，有关工作中的安全与健康、平等就业、工作条件及社会保障、员工休息的权利等都有明确的规定。针对诸多违反法律法规的事件，政府应完善相关立法，组织专家研究论证现行法律中存在的缺陷并及时进行改进，同时制定相关的实施细则，加大执法力度，做到严格执法，采用强制性规范来规定企业应履行的经济责任和法律责任，采用指导性规范和鼓励性规范来规定企业应履行的伦理和慈善责任，将散布于各法律法规中的社会责任规范进行系统整理并重新发布，这些措施都有利于从法律的高度对企业社会责任信息披露进行强制约束。

政府不仅应为企业创造更好的发展环境做出努力，如减少税费、简化管理环节、增加企业的剩余利润，以减少企业通过认证和履行社会责任标准条款所遇到的风险和危机；而且政府作为经济管理部门应引导企业树立危机意识，积极组织研究 ISO 26000 标准，接纳其中的合理成分，并参照 ISO 26000 的内容，及早研究并制定符合我国国情的 ESG 信息披露标准体系；引导企业建立社会责任的目标管理，建立以自我约束和激励为主的社会责任管理机制，定期评估企业经营管理行为与社会责任目标之间的差距，公开发布社会责任报告及其他社会责任信息，促进企业社会责任竞争力的迅速提高；应对企业担当社会责任制定量化考核标准，对优秀企业实行政策、资源、舆论倾斜，对不担当或履行社会责任较差的企业，实行关、停、并、转等强制措施，用机制的力量而非行政命令来推动企业履行相关社会责任，从而保障企业社会责任工作健康、有序地开展。

4.5.2.2 行业协会应加强行业自律，做企业导入社会责任标准的倡导者和推动者

行业协会作为一个处在政府和企业中间层面的组织，其桥梁、沟通信息的作用十分重要。它既可以代表不同的行业向政府反映问题，也可以代政府向企业宣传相关的政策。政府通过行业协会也可以更好地了解市场，

有利于制定更符合市场实际的相关政策。实际上，行业协会比政府部门更了解市场，比单个零散的企业更有信服力。因此，为了更好地促进市场的发展进步，使企业能够跟上市场前进的步伐，行业协会有必要及时根据市场的变化与时俱进地制定和更新本行业规则，使企业行为更符合国际标准；同时行业协会可以通过制定本行业行为规范，对本行业内企业的生产经营进行监督管理和约束，在一定程度上避免企业无序生产，规范整个行业的生产运作，维护市场经济秩序，减少贸易壁垒的发生，帮助企业打开更广阔的国际市场，树立良好的国际形象。

当 ISO 26000 在某种意义上可能成为新的“贸易壁垒”需要企业必须面对时，会有相当一部分中小企业感到压力巨大，甚至迷茫。作为行业协会应该未雨绸缪，在企业还没有遭受到 ISO 26000 的影响时，积极指导企业了解 ISO 26000，学习 ISO 26000，提前做好应对工作；尤其是，在整个行业或者相关领域要形成强大的经济联盟，依据 ISO 26000 来制定和规范其行业的企业社会责任。只有这样，才能在相关出口等领域形成合力，增强本行业在国际市场上的话语权。

4.5.2.3 企业应树立 ESG 发展的全新理念，加大技术创新力度

我国企业应尽快吸纳国外先进管理手段和方法，以 ISO 26000 社会责任的广泛实施为契机，将 ESG 的实践变被动为主动，彻底改变我国企业社会责任管理水平远远落后于发达国家的现状。企业管理者不仅要对 ESG 准则有深入的了解，而且还应组织企业内部人员开展关于 ESG 的培训、学习及宣传，采用多种形式针对 ESG 与企业员工进行探讨，通过宣传学习，企业上上下下、方方面面对 ESG 有全方位的认识和理解。企业无论是否具有践行 ESG 的能力，都要主动把 ESG 准则的合理成分纳入企业文化建设和企业战略管理中去，以社会责任绩效为企业业绩的重要评价标准，以实现企业经济效益、社会效益的双赢。

CSR 绩效在今后有可能被发达国家利用其成为新的贸易壁垒，因此企业在巩固深挖传统市场的同时应该积极开拓其他国际新兴市场，保持市场多元化，从而有效规避市场风险。在此基础上，要致力于企业的技术创

新和产业的转型升级，转变经营方式。企业要获得自己独特的竞争优势，尽快攻克重要领域“卡脖子”技术，有效突破产业瓶颈，因此需要企业拥有自己的独特技术和品牌，根据市场的不同需求和消费者的不同偏好，实施市场差异化战略，研发出不同的产品，满足不同市场的差异化需要。同时企业也要加大对人力资本、先进设备及管理方式的投入，培养高端人才、使用先进设备，采用科学管理方法，走技术密集型、资本密集型、高附加值的发展之路。

第5章　TCFD标准的主要内容体系与实践情况

本章主要对TCFD的主要内容体系和实践发展现状进行梳理，在此基础上，为中国ESG披露标准的建立提供了几条可供参考的政策建议。本章从TCFD的发展历程和框架体系两个方面梳理了TCFD的主要内容体系，其框架包括基于治理、策略、风险管理、指标和目标为核心原则的建议、建议披露事项、通用行业建议、特定行业建议。本章根据金融行业实际情况增加了补充建议，同时也为最可能受气候变化与低碳经济转型影响的非金融行业提供补充指引。从TCFD的实践情况看，各地区的企业纷纷加强了环境保护和信息披露的意识。而且，英国、美国、日本企业体现出更强烈的环境保护意识，更加注重气候变化对企业财务绩效和公司市值带来的实质性影响。中国目前使用TCFD建议的企业相对较少，但随着TCFD在国际上的广泛传播与国内对可持续发展的倡导，数量庞大的中国企业将会成为TCFD的潜在支持者。金融业、非金融业的TCFD支持者数量的增长状态符合全行业支持者数量的变动情况。其中，金融行业支持者数量占比较高，来自非金融行业支持者数量也体现出明显的增长趋势。

5.1　TCFD 标准的发展演变

5.1.1　TCFD 标准的简介

近年来，随着地球温度的上升，越来越常见的自然灾害正在破坏生态系统和人类健康，对经济和社会环境也造成了严重损害。应对气候变化，治理环境污染，促进人与自然和谐共存，已成为全球经济社会可持续发展的核心议题。但是，气候问题带来影响的实际时间和实际严重程度却是难以估计的。对于许多投资人而言，气候变化将为现在或未来带来显著的财务挑战或机会。因此，在全球气候变化所带来的潜在财务风险与日俱增大的背景下，金融市场参与者愈发需要获得有助于决策的气候相关信息。基于此，G20 财务部长和中央银行行长要求金融稳定委员会（FSB）审查金融部门该如何应对气候相关议题。FSB 发现，良好的咨询不仅能支持投资、贷款和保险承保决策，还能改善对气候相关风险与机会的理解和分析，同时也有助于帮助投资人强化企业策略的韧性与资本支出决策，并协助企业稳定地向低碳经济转型。为协助投资者、贷款人和保险公司明确需要运用哪些信息对气候相关风险和机遇进行适当评估和定价，金融稳定委员会（FSB）于 2015 年 12 月成立了气候相关财务信息披露工作组（Task Force on Climate - related Financial Disclosures，TCFD）。

5.1.1.1　TCFD 工作小组

TCFD 是制定企业自愿遵守的，关于气候相关财务咨询披露的一套建议，致力于设计一套独特、可引用的气候相关财务信息披露架构，帮助投资人、贷款机构和保险公司了解重大风险。其由来自全球的 32 名成员组成，成员来自不同组织，包括大型银行、保险公司、资产管理公司、退休基金、大型非金融公司、会计师事务所、咨询机构及信用评级等机构。通过关系成员的专业经验、利害关系人的共同参与，以及了解现有的气候相关披露制度，工作人员设计出一套独特、可引用的气候相关财务信息披露架构。从建议的起草到定稿，工作小组全程征求公众意见，拟定披露建议后，又通过访谈、会议或其他方式持续寻求回馈并及时调整。

工作小组针对气候相关财务信息披露提出可广泛采用的建议，建议的重要特点包括以下四点：第一，所有机构均可使用；第二，可内含于财务报表；第三，旨在收集有助于决策且具有前瞻性的财务影响信息；第四，高度专注于向低碳经济转型所涉及的风险与机会。工作小组针对气候相关财务信息披露提出可广泛采用的建议，适用于来自不同部门和地区的组织，适用于金融机构包括银行、保险公司、资产管理公司和资产所有人。大型资产所有人和资产管理公司位于投资链的顶端，可以对所投资的组织发挥重要的影响力，并要求强化气候相关财务信息披露。

5.1.1.2 气候相关风险、机遇和财务影响

TCFD 工作小组将气候相关风险分为两类：与低碳经济相关的转型风险；与气候变化的影响相关的实体风险。转型风险包括政策和法规风险、技术风险和市场风险，这些风险可能会给组织带来不同程度的财务和名誉风险。实体风险包括以单一事件为主的立即性风险（龙卷风、飓风或洪水等）和气候模式长期变化带来的长期性风险（持续性高温可能引起的长期热浪）。TCFD 工作小组认为为减缓气候变化而做出的努力会为组织创造机会，气候因素带来的机会依据组织所处地区、市场和行业而有所变化。具体包括资源使用效率、能源来源、产品和服务、市场和韧性。而且，气候因素也会对组织的收入、支出、资产、负债及资本和投融资等方面产生实际和潜在的财务影响。

5.1.1.3 TCFD 的核心要素

工作小组基于组织运营核心的四项元素建立报告架构，即治理、策略、风险管理及指标和目标，这四项元素相互联系、相互支持。具体结构如图 5.1 所示。

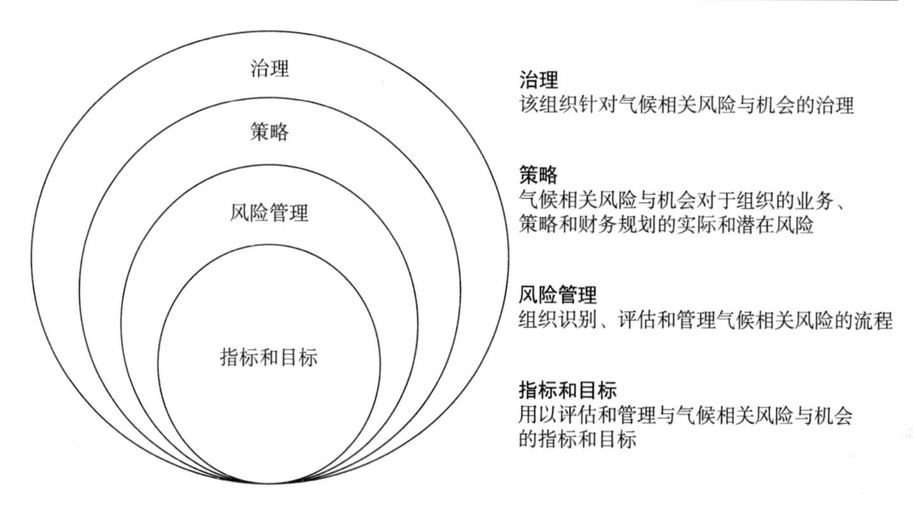

图5.1 气候相关财务信息披露的核心要素

资料来源：Final Report：Recommendations of the Task Force on Climate – related Financial Disclosures（June 2017）。

5.1.1.4 TCFD的有效披露七条原则

工作小组制定了七项有效披露原则，这些原则有助于组织提供高品质且有助于决策的信息。这些原则与国际上认可的财务报告架构大体一致，并普遍适用于多数财务信息披露者，旨在协助组织清楚揭示气候相关问题与治理、策略、风险管理及指标和目标之间的连接。七项原则包括：披露相关信息；披露应具体和完整；披露应清晰、平衡并易于理解；信息应在长期内具有连贯性；同一部门、产业或投资组合内各组织的披露应具有可比性；披露应客观、可靠、可供查验；披露应及时。

5.1.2 TCFD标准的发展历程

自2015年4月，G20财务部长和中央银行行长要求金融稳定委员会（FSB）审查金融部门该如何应对气候相关议题后，FSB认识到气候相关财务信息披露的重要性。为协助投资者、贷款人和保险公司明确需要运用哪些信息对气候相关风险和机遇进行适当评估和定价，金融稳定委员会

(FSB) 于 2015 年 12 月成立了气候相关财务信息披露工作组（以下简称 TCFD 工作小组）。成立至今，TCFD 工作小组发布了《气候相关财务披露的建议》和《气候相关财务披露的建议与实施指引》（附件）等文件，并发布了实践报告，对实践情况进行了披露。表 5.1 展示了 TCFD 自成立至今的主要发展过程。

表 5.1　TCFD 主要发展过程

时间	事件	主要内容
2015 年 4 月	FSB 将气候问题纳入考量	G20 财务部长和中央银行行长要求金融稳定委员会（FSB）审查金融部门考虑气候相关问题。作为审议的一部分，FSB 指出，需要提供更好的信息，以支持知情的投资、贷款和保险承保决策，并改善对气候相关风险的理解和分析
2015 年 12 月	TCFD 创建	在英国央行（Bank of England）前主席、现任行长马克·卡尼（Mark Carney）领导下，FSB 成立了一个特别工作组，帮助确定投资者、贷款机构和保险承保人所需的信息，以适当评估和定价与气候相关的风险和机会
2016 年 1 月	宣布 TCFD 成员构成	FSB 从不同的机构中挑选了最初的 29 名代表，包括大型银行、保险公司、资产管理公司、养老基金、大型非金融公司、会计和咨询公司以及信用评级机构，并正式开展工作
2016 年 12 月	拟定草案发布	TCFD 发布了气候相关财务信息披露的建议草案，在 60 天的咨询期内邀请公众反馈
2017 年 6 月	TCFD 建议正式发布	在发布了一系列报告草案之后，特别工作组发布了与气候相关的财务信息披露的最后建议，一百位首席执行官签署了一份支持 TCFD 的声明
2018 年 5 月	TCFD 知识中心成立	TCFD 与气候信息披露标准委员会（CDSB）合作推出了 TCFD 知识中心
2018 年 9 月	第一份实践报告发布	TCFD 发布了第一份关于当前信息披露实践的现状报告，分享了投资者对有助于决策的信息披露的看法，以及需要改进的领域
2019 年 4 月	中央银行支持	由 72 家央行和监管机构组成的金融系统绿色网络（NGFS）鼓励企业按照 TCFD 的建议披露气候风险

续表

时间	事件	主要内容
2019 年 6 月	第二份实践报告发布	该工作组发布第二份实践报告，并成立一个行业咨询小组，协助制定实施气候情景分析的实际指导方针
2019 年 10 月	首届 TCFD 峰会	日本政府在东京举办首届 TCFD 峰会
2020 年 10 月	发布 2020 实践报告	TCFD 发布了 2020 年状态报告，其中描述了公司在实施 TCFD 建议方面的进展

资料来源：根据相关资料整理而得。

5.2　TCFD 标准的主要内容体系

金融稳定委员会（FSB）要求工作小组涉及的气候相关信息披露应使投资咨询更为充分，可以用于协助进行信用（或贷款）和保险承保决策，并由此使利益相关者更有效地消解金融产业碳基金集中度以及减小金融体系所面临的气候相关风险。此外，该委员会工作小组强调提出的任何信息披露建议均为自愿性采纳，须将重要性原则一并列入，且需权衡成本与效益。因此，在设计以此原则为基础的自愿性披露架构时，工作小组需要在信息披露使用者的需求和信息编制者所面临的挑战之间寻求平衡。因此，工作小组发布的《气候相关财务披露的建议》中包括气候相关风险与机会、情境分析及业界回馈等相关信息。此外，工作小组还为组织提供了一份《气候相关财务披露的建议与实施指引》（附件），为金融行业及最可能受气候变化与低碳经济转型影响的非金融行业提供补充指引。而且，工作小组发布了《在披露气候相关风险和机会时使用情景分析》的指南，以及《非金融企业的情景分析指南》，为金融和非金融企业使用气候相关情景分析和揭示其战略对不同气候相关情境的应变能力提供了使用的方法。面向有兴趣将气候相关风险纳入其现有风险管理流程并根据工作组的建议披露其风险管理流程信息的公司，TCFD 还发布了《风险管理整合和披露指南》。

5.2.1　TCFD 标准的框架设计

TCFD 的框架结构分为四部分：建议、建议披露事项、所有行业通用指引、特定行业的补充指引。以上四部分共同构成了 TCFD 的主要内容体系，建议建立在四个组织运作的核心因素——治理、策略、风险管理、指标和目标的基础上，向投资者和其他利益相关者说明如何看待和评估气候相关风险与机会。另有指引对建议披露事项和针对特定行业的补充指引。补充指引是 TCFD 披露的框架结构（见图 5.2）。

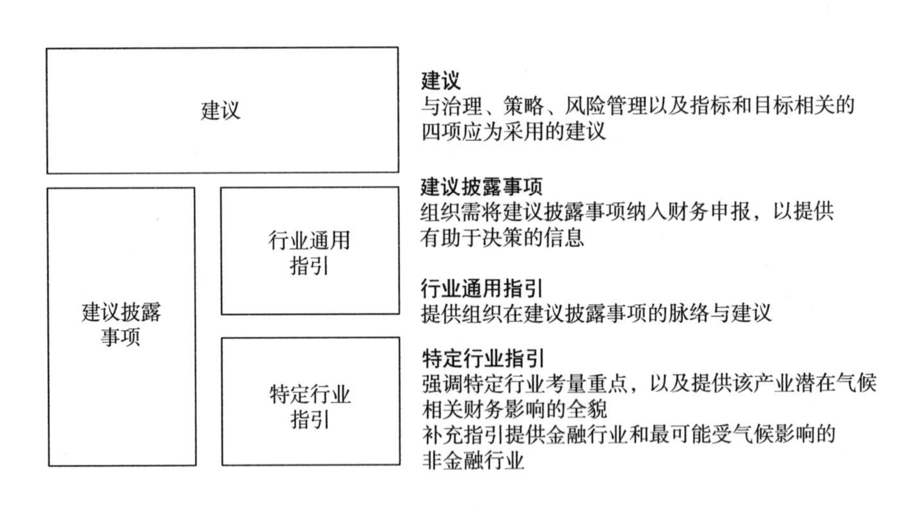

图 5.2　TCFD 披露的框架结构

资料来源：Final Report：Recommendations of the Task Force on Climate – related Financial Disclosures（June 2017）。

5.2.2　TCFD 标准的建议及建议披露事项

TCFD 发布的《气候相关财务披露的建议》中为信息披露者提供了相

关披露议题和建议。治理、策略、风险管理、指标和目标是 TCFD 核心要素，以核心要素为基础设立建议披露事项。第一，治理议题。治理这一议题主要是披露组织与气候相关风险与机会的治理情况。投资者、贷款机构、保险公司和气候相关财务披露信息的其他使用者期望了解组织董事会在相关风险与机会中监督职能的履行情况，以及管理团队在气候相关议题的评估和管理中发挥的作用。该议题有助于使用者判断重大气候相关议题是否得到董事会和管理团队的重视。第二，策略议题。策略这一议题主要是针对组织业务、策略和财务规划，披露实际及潜在与气候相关的风险。投资人和其他利益相关者期望了解气候相关议题如何影响组织机构短期、中期、长期的业务、策略和财务规划。该议题主要用于组织未来绩效的预测。第三，风险管理议题。风险管理这一议题主要针对组织如何识别、评估和管理机构相关风险。投资者和其他利益相关者期望了解组织如何识别、评估和管理气候相关风险，以及该识别流程是否整合于现行的风险管理流程。该议题用于协助气候财务信息披露使用者评估组织的整体风险状况和风险管理活动。第四，指标和目标。指标和管理这一议题主要针对重大性的咨询，披露用于评估和管理气候相关议题的指标和目标。投资者和其他利益相关者期望了解组织如何衡量及监控其气候相关风险与机会，了解组织使用的指标和目标，以便让投资人和其他利益相关者可以更有效地评估风险调整的潜在报酬、财务业务的履行能力，以及管理风险的进展。这些指标和目标也可以为投资者和其他利益相关者对行业进行比较。图 5.3 是 TCFD 的建议和建议披露事项总结。

5.2.3 TCFD 标准的通用行业披露框架

TCFD 是制定企业自愿遵守的，关于气候相关财务咨询披露的一套建议，致力于设计一套独特、可引用的气候相关财务信息披露架构，帮助投资人、贷款机构和保险公司了解重大风险。以治理、策略、风险管理、指标和目标四个因素为核心，制定了针对所有行业通用的具体建议披露事项。表 5.2 是 TCFD 工作小组制定的行业通用披露框架的具体内容。

治理	策略	风险管理	指标和目标
披露组织与气候相关风险与机会的治理情况	针对组织业务、策略和财务规划，披露实际及潜在与气候相关的风险	组织如何识别、评估和管理机构相关风险	针对重大性的咨询，披露用于评估和管理气候相关议题的指标和目标
建议披露事项	**建议披露事项**	**建议披露事项**	**建议披露事项**
（a）描述董事会对气候相关风险与机会的监督情况 （b）描述管理团队在评估和管理气候相关风险与机会的角色	（a）描述组织面临的短、中、长期气候相关风险与机会 （b）描述气候相关风险和机遇对组织机构的业务、策略和财务规划的影响 （c）描述组织在策略上的韧性，并考虑不同气候相关情境（包括2℃或更严苛的情境）	（a）描述组织在气候相关风险的识别与评估流程 （b）描述组织在气候相关风险的管理流程 （c）描述气候相关风险的识别、评估和管理流程如何整合在组织的整个风险管理制度	（a）披露组织依靠策略和风险管理流程进行评估气候相关风险与机会所使用的指标 （b）披露范畴1、范畴2、范畴3（如适用）温室气体排放和相关风险 （c）描述组织在管理气候相关风险与机会所使用的目标以及落实该项目的表现

图 5.3　TCFD 的建议和建议披露事项

资料来源：Final Report：Recommendations of the Task Force on Climate - related Financial Disclosures（June 2017）。

表 5.2　行业通用具体披露指标的具体内容

建议	建议披露事项	针对所有行业指引
治理	a）描述董事会对气候相关风险与机会的监督	向董事会或董事会下设委员会报告气候相关议题的流程和频率
		董事会或董事会下设委员会在审查和指导策略、重要行动计划、风险管理政策、年度预算和商业计划及指定组织的目标、监控实施和执行情况，以及监督重要资本支出、收购和撤资时是否考量气候相关议题
	b）描述管理团队在评估和管理气候相关风险与机会方面的角色	董事会如何监控和监督处理气候相关议题及目标的实现
		组织是否已分派气候相关责任给管理职位或委员会。如果是，该管理职位或委员会是否向董事会或董事会下设委员会进行报告，并且其职责是否包含评估或管理气候相关议题
		对相关组织结构的描述
		管理团队掌握气候相关议题的流程
		管理团队如何监控气候相关议题

续表

建议	建议披露事项	针对所有行业指引
策略	a）描述组织面临的短、中、长期气候相关风险与机会	描述短期、中期、长期的气候相关风险与机会，考量组织资产与基础设施的使用寿命，以及中、长期披露的气候相关议题
		具体气候相关议题可能对组织产生重大财务影响的各种时间长度（短、中、长期）
		描述风险与机会可能对组织产生重大财务影响的流程
	b）描述气候相关风险和机遇对组织机构的业务、策略和财务规划的影响	考量对以下领域的业务和策略的影响：产品及服务；供应链或价值链；研发投资；业务经营
		考量在其信息披露中纳入以下领域的财务规划影响：营业成本和营业收入；资本支出及资本配置；收入及资产分割；资本的取得
	c）描述组织在策略上的韧性，并考虑不同气候相关情境（包括2℃或更严苛的情境）	组织的策略何处可能受到气候相关风险与机会的影响
		如何改变组织策略以及应对潜在的风险与机会
		纳入考量的气候相关情境和相关时间范围
风险管理	a）描述组织在气候相关风险的识别与评估流程	针对已识别的气候相关风险评估潜在规模和范围的流程
		所使用的风险术语定义或引用既有风险分类架构
	b）描述组织在气候相关风险的管理流程	组织描述其气候相关风险的管理流程，包括如何做出减缓、转移、承受或控制这些风险的决定
		组织应描述对气候相关风险的纪念性重大性排序的流程，包括组织内如何认定重大性
	c）描述气候相关风险的识别、评估和管理流程如何整合在组织的整个风险管理制度	组织应描述气候相关风险的识别、评估和管理流程如何整合在组织的整个风险管理制度
指标和目标	a）披露组织依靠策略和风险管理流程进行评估气候相关风险与机会所使用的指标	组织应考量纳入与水、能源、土地使用权和废弃物管理有关的气候相关风险指标
		组织应考量及描述相关绩效指标是否已经纳入薪酬政策，以及该指标是否在薪酬政策中发挥作用
		组织应提供内部碳价格以及气候相关机会指标
		组织应提供历史期间的指标以进行趋势分析

续表

建议	建议披露事项	针对所有行业指引
指标和目标	b）披露范畴 1、范畴 2、范畴 3（如适用）温室气体排放和相关风险	组织应适度披露温室气体排放和相关风险
		温室气体排放应按照温室气体检查议定书规定的方法计算
		应提供历史上温室气体排放量及相关指标以进行趋势分析
	c）描述组织在管理气候相关风险与机会所使用的目标以及落实该项目的表现	究竟是绝对目标或依强度为基础的目标
		目标使用的时间范围
		衡量进度情况的基准年份
		评估目标进展情况的重要绩效指标

资料来源：Implementing the Recommendations of the Task Force on Climate - related Financial Disclosures（June 2017）。

5.2.4 TCFD 标准的特定行业补充披露框架

TCFD 工作小组进一步为金融行业和非金融行业制定了补充指引。补充指引为编制者提供建议披露事项额外的建议，使用时需要结合行业通用建议。根据经营范围，工作小组将金融行业和非金融行业做了分类。金融行业分类为银行（借贷）、保险公司（承保）、资产管理人（资金管理）和资产所有者，包括公共部门和私人部门的退休金计划、养老金及基金。为使补充指引重点考虑最可能受气候相关财务影响的非金融产业，工作小组评估了最可能受到转型风险和实体风险影响的三个因素——温室气体排放、能耗和用水量。通过这三个因素对多个行业进行排序，最终划分了四类：能源、材料和建筑、运输及矿业、食品和林业产品。TCFD 工作小组在建议披露事项的基础上，为金融行业和非金融行业在某些议题上提供补充指引。表 5.3 是为金融行业和非金融行业提供补充建议的具体议题。

表5.3 针对金融行业和非金融行业的补充指引

特定行业	行业分类	治理		策略			风险管理			指标和目标		
		a	b	a	b	c	a	b	c	a	b	c
金融行业	银行			√			√			√		
	保险公司				√	√	√	√		√		
	资产所有者				√	√	√	√		√	√	
	资产管理者				√		√	√		√	√	
非金融行业	能源				√	√				√		
	交通运输				√	√				√		
	材料和建筑				√	√				√		
	林业、食品和林业食品				√	√				√		

资料来源：Final Report：Recommendations of the Task Force on Climate – related Financial Disclosures（June 2017）。

5.2.4.1 金融行业补充指引

TCFD工作小组将金融行业分为四类，分别是银行、保险公司、资产所有者和资产管理者。针对不同的分类做了不同的补充建议，其中，银行在策略a、风险管理a、指标和目标a上做了补充建议。保险公司在策略b和c、风险管理a和b、指标和目标a上做了补充建议。资产所有者在策略b和c、风险管理b和c、指标和目标a和b上做了补充建议。资产管理者在策略b、风险管理a和b、指标和目标a和b上做了补充建议。表5.4是在通用建议披露事项上为金融行业增加的具体补充建议。

表5.4 金融行业披露补充建议

部门	核心要素		具体补充建议
银行	策略	a	银行应该描述与碳相关的资产的信用风险；银行应考虑披露其贷款和其他金融中介业务活动中与气候相关的风险（过渡和实际风险）
	风险管理	a	银行应考虑在传统银行业风险类别（如信贷风险、市场风险、流动性风险和操作风险）的背景下，描述与气候相关的风险；银行还应考虑描述所使用的任何风险分类框架

续表

部门	核心要素		具体补充建议
银行	指标和目标	a	银行补充指引银行应提供用于评估（过渡和物理）气候相关风险对其贷款和其他金融中介业务活动的短期、中期和长期影响的指标，所提供的指标可能与信用敞口、股票和债务持有或交易有关，细分如下：行业、地理位置、信贷质量、平均票据期限；银行还应提供碳相关资产的数量和占总资产的比例，以及与气候相关机会相关的贷款和其他融资的数量
保险公司	策略	b	保险公司应描述与气候相关的风险和机会的潜在影响，并提供有关其核心业务、产品和服务的定量支持信息，包括：业务部门、部门或地理级别的信息；潜在的影响如何影响客户、分出或经纪人的选择；以及是否正在开发特定的气候相关产品或能力，如绿色基础设施保险、专业气候相关风险咨询服务和气候相关客户参与
		c	对承保活动进行气候相关情景分析的保险公司应提供以下信息描述所使用的与气候有关的情景，包括关键输入参数、假设和考虑因素，以及分析选择。除了2℃的假设外，大量暴露于天气相关风险的保险公司应该考虑使用大于2℃的假设来考虑气候变化和气候变化的物理影响用于气候相关情景的时间框架，包括短期、中期和长期事件
	风险管理	a	保险公司应按地域、业务部门或产品细分，描述识别和评估再保险/保险组合气候相关风险的流程，包括以下风险：与天气有关的危险频率和强度的变化带来的物理风险，由于价值下降、能源成本变化或碳监管的实施而导致的可保利益减少带来的转型风险，以及由于可能增加的诉讼而加剧的责任风险
		b	保险公司补充指引保险公司应描述用于管理与产品开发和定价相关的气候相关风险的关键工具或工具，如风险模型。保险公司还应说明所考虑的气候相关事件的范围，以及如何管理这些事件日益增长的倾向和严重程度所产生的风险
	指标和目标	a	保险公司补充指引保险公司应根据相关司法管辖区提供其财产业务的天气相关灾难风险汇总（即天气相关灾难造成的年度累计预期损失）
资产所有者	策略	b	资产所有者应说明与气候相关的风险和机会是如何纳入相关投资策略的。这可以从各种资产类别的总基金或投资策略或个人投资策略的角度来描述
		c	执行情景分析的资产所有者应该考虑提供关于如何使用与气候相关的情景的讨论，例如报告对特定资产的投资

续表

部门	核心要素		具体补充建议
资产所有者	风险管理	a	资产所有者应在适当情况下描述与被投资公司的接触活动，以鼓励更好地披露和实践与气候相关的风险。提高数据可用性和资产所有者评估气候相关风险的能力
		b	资产所有者应说明，在向低碳能源供应、生产和使用过渡的过程中，他们如何考虑自己的整体投资组合的定位。这可能包括解释资产所有者如何积极管理他们的投资组合。相对于这种转变的定位
	指标和目标	a	资产所有者应描述用于评估每个基金或投资策略中与气候相关的风险和机会的指标。相关的情况下，资产所有者还应该描述这些指标是如何随着时间发生变化的。在适当的情况下，资产所有者应该提供投资决策和监控中考虑的指标
		b	资产所有者应提供每种基金或投资策略的加权平均碳强度（如果数据可用或可以合理估算）。此外，资产所有者应该提供他们认为对决策制定有用的其他度量标准，以及所使用的方法的描述。加权平均碳强度注意：工作组承认当前碳足迹指标的挑战和局限性，包括这些指标不应该被解释为风险指标。该工作组将加权平均碳强度的报告视为第一步，并期望这一信息的披露能够推动决策有用的气候相关风险指标的开发取得重要进展。工作组认识到，鉴于数据的可用性和方法问题，一些资产所有者可能只能报告其部分投资的加权平均碳强度
资产管理者	策略	b	资产经理应该描述与气候相关的风险和机会是如何被纳入相关产品或投资策略的。资产管理公司还应描述向低碳经济转型可能对每种产品或投资策略产生的影响
	风险管理	a	资产经理应在适当情况下描述与被投资公司的接触活动，以鼓励更好地披露与气候相关风险，以提高数据可用性和资产经理评估气候相关风险的能力资产管理公司。还应说明他们如何识别和评估每种产品或投资策略的重大气候风险。这可能包括过程中使用的资源和工具的描述
		b	资产管理公司应该描述他们如何为每一种产品或投资策略管理与气候相关的重大风险

续表

部门	核心要素		具体补充建议
资产管理者	指标和目标	a	资产经理应该描述用于评估每个产品或投资策略中与气候相关的风险和机会的指标。与此相关的是，资产管理公司还应该描述这些指标是如何随时间发生变化的，在适当的情况下，资产经理应该提供投资决策和监控中考虑的指标
		b	资产管理公司应提供每种产品或投资策略的加权平均碳强度（如果数据可用或可以合理估算）。此外，资产管理公司应该提供他们认为对决策制定有用的其他指标，以及所使用的方法的描述，包括加权平均碳强度。注意：工作组承认当前卡波足迹度量的挑战和限制，包括这些度量不应该被解释为风险度量。该工作组将加权平均碳强度的报告视为第一步，并期望这一信息的披露能够推动决策有用的气候相关风险指标的开发取得重要进展。工作组认识到，一些资产管理公司可能只能报告他们管理的部分资产的加权平均碳强度，因为数据的可用性和方法上的问题

资料来源：Implementing the Recommendations of the Task Force on Climate – related Financial Disclosures（June 2017）。

5.2.4.2 非金融行业补充指引

TCFD 工作小组将非金融行业分为四类，分别是能源、材料和建筑、运输及矿业、食品和林业产品。对非金融行业的补充建议均在策略 b 和策略 c、指标和目标 a，且没有针对特定分类做单独建议补充。表 5.5 是在通用建议披露事项的基础上为非金融行业增加的具体补充建议。

表 5.5 非金融行业披露补充建议

核心要素		具体补充建议
策略	b	对非金融集团的补充指导各组织应考虑讨论如何将与气候有关的风险和机会纳入其目前的决策和战略制定，包括围绕减缓、适应气候变化或诸如： • 研发创新及采用新技术 • 现有的和承诺的未来活动，如投资、重组、资产减值 • 围绕遗留资产的关键规划假设，例如，降低碳、能源或水密集型业务的策略 • 如何在资本规划和配置中考虑温室气体排放、能源和水的问题 • 本组织在为应对新出现的与气候相关的风险和机会而调整/重新调整资本方面的灵活性

续表

核心要素		具体补充建议
策略	c	每年收入超过十亿美元的组织收入应该考虑进行更稳健的情景分析来评估他们的战略对一系列气候相关情景的恢复力，包括 2℃或更低的场景，如果与组织相关，场景一致，与气候相关的物理风险增加 组织应该考虑讨论不同政策的影响假设、宏观经济趋势、能源路径和技术假设用于可公开获得的气候相关情景，以评估它们战略的弹性 对于所使用的与气候有关的设想，各组织应考虑提供下面的信息可以让投资者和其他人了解一下，通过情景分析得出结论： • 所使用的与气候相关的方案的关键输入参数、假设和分析选择，特别是与政策等关键领域相关的情况假设、能源部署途径、技术途径等时间的假设 • 与气候有关的潜在的质量或数量财政影响场景
指标和目标	a	对于所有相关指标，组织应该考虑提供历史趋势和前瞻性预测（由相关国家和/或管辖区提供） 组织还应该考虑披露支持他们的场景分析和战略规划过程的度量标准，并从战略和风险管理的角度监视组织的业务环境 组织应该考虑提供与温室气体排放、能源相关的关键指标。水、土地使用，以及相关的气候适应和减缓方面的投资，以解决需求、支出、资产估值变化可能带来的财政问题

资料来源：Implementing the Recommendations of the Task Force on Climate – related Financial Disclosures（June 2017）。

5.2.5　TCFD 标准与其他披露框架比较

TCFD 工作小组在制定气候相关财务信息披露建议时，借鉴了现有披露框架中可能适合 TCFD 四项核心要素的议题。因此，在制定相关建议披露事项时，存在与其他披露框架一致的地方，包括 G20/OECD 的公司治理标准、CDP 气候变化调查问卷 2017、GRI、CDSB 气候变化报告框架、CDSB 环境信息和自然资本框架、国际综合报告框架（IIRC）。具体一致之处如表 5.6 至表 5.9 所示。

表 5.6　治理建议披露与其他框架一致之处

治理建议披露		
建议披露事项	相似披露框架	一致之处
a)	G20/OECD 的公司治理标准	5. a. 4，5. a. 9，6. d. 1，6. d. 2，6. d. 4，6. d. 7，6. e. 2，6. f
	CDP 气候变化调查问卷 2017	CC1. 1a
	GRI 102：一般披露	102 - 18，102 - 19，102 - 20，102 - 26，102 - 27，102 - 29，102 - 31，102 - 32
	CDSB 气候变化报告框架	4. 16，4. 17
	CDSB 环境信息和自然资本框架	REQ - 03
	国际综合报告框架（IIRC）	3. 4，3. 41，4. 8，4. 9
b)	GRI 102：一般披露	102 - 29，102 - 31，102 - 32
	CDP 气候变化调查问卷 2017	CC1. 1，CC1. 1a，CC1. 2，CC1. 2a，CC2. 2，CC2. 2a，CC2. 2b
	CDSB 气候变化报告框架	2. 8，2. 9，4. 12，4. 13，4. 16，4. 17
	CDSB 环境信息和自然资本框架	REQ - 01，REQ - 03

资料来源：Implementing the Recommendations of the Task Force on Climate - related Financial Disclosures（June 2017）。

表 5.7　策略建议披露与其他框架一致之处

策略建议披露		
建议披露事项	相似披露框架	一致之处
a)	G20/OECD 的公司治理标准	5. a. 7，5. a. 8
	CDP 气候变化调查问卷 2017	CC1. 1b，CC2. 1，CC5. 1，CC6. 1
	GRI 102：一般披露	102 - 15
	CDSB 气候变化报告框架	4. 6，4. 9，4. 10，4. 11，4. 14
	CDSB 环境信息和自然资本框架	REQ - 02，REQ - 06
	国际综合报告框架（IIRC）	3. 5，3. 17，4. 6，4. 7，4. 23，4. 24，4. 25，4. 26

续表

建议披露事项	相似披露框架	一致之处
b)	G20/OECD 的公司治理标准	5. a. 2，5. a. 7，5. a. 8
	GRI 201：经济表现	201 -2
	2017CDP 气候变化调查问卷	CC2. 2，CC2. 2a，CC2. 2b，CC3. 2，CC3. 3，CC5. 1，CC6. 1
	CDSB 气候变化报告框架	2. 8，2. 9，2. 10，4. 6，4. 7，4. 9，4. 10，4. 11，4. 12，4. 13，4. 14
	CDSB 环境信息和自然资本框架	REQ -01，REQ -02，REQ -06
	国际综合报告框架（IIRC）	3. 3，3. 5，3. 39，4. 12，4. 23，4. 28，4. 29，4. 34，4. 35，4. 37
c)	CDP 气候变化调查问卷 2017	CC2. 2a
	CDSB 气候变化报告框架	4. 7

资料来源：Implementing the Recommendations of the Task Force on Climate – related Financial Disclosures（June 2017）。

表 5.8 风险管理建议披露与其他框架一致之处

风险管理建议披露		
建议披露事项	相似披露框架	一致之处
a)	G20/OECD 的公司治理标准	5. a. 2，5. a. 7
	CDP 气候变化调查问卷 2017	CC2. 1，CC2. 1a，CC2. 1b，CC2. 1，CC5. 1，CC6. 1
	GRI 201：经济表现	201 -2
	CDSB 气候变化报告框架	4. 6，4. 7，4. 8，4. 9，4. 11
	CDSB 环境信息和自然资本框架	REQ -01，REQ -02，REQ -03
b)	G20/OECD 的公司治理标准	5. a. 2，5. a. 7
	国际综合报告框架（IIRC）	4. 23，4. 24，4. 25，4. 26，4. 40，4. 41，4. 42
	CDP 气候变化调查问卷 2017	CC2. 1c，CC5. 1c
	CDSB 气候变化报告框架	4. 12，4. 13，4. 16，4. 17
	CDSB 环境信息和自然资本框架	REQ -01，REQ -02，REQ -03

续表

建议披露事项	相似披露框架	一致之处
c)	G20/OECD 的公司治理标准	5. a. 2，5. a. 7，6. d. 1，6. f
	国际综合报告框架（IIRC）	2. 7，2. 8，2. 9
	CDP 气候变化调查问卷 2017	CC2. 1
	CDSB 气候变化报告框架	4. 6，4. 7
	CDSB 环境信息和自然资本框架	REQ－01，REQ－02，REQ－03，REQ－06

资料来源：Implementing the Recommendations of the Task Force on Climate－related Financial Disclosures（June 2017）。

表 5.9　指标和目标建议披露与其他框架一致之处

指标和目标建议披露		
建议披露事项	相似披露框架	一致之处
a)	G20/OECD 的公司治理标准	6. d. 1，6. d. 7
	CDP 气候变化调查问卷 2017	CC2. 1c，CC2. 1d，CC2. 3，CC12
	GRI 102：一般披露	102－30
	CDSB 气候变化报告框架	2. 36，2. 37，2. 38，4. 14，4. 15
	CDSB 环境信息和自然资本框架	REQ－01，REQ－04，REQ－05，REQ－06
	国际综合报告框架（IIRC）	3. 52，3. 53，4. 30，4. 31，4. 32，4. 38，4. 53
b)	GRI 102：一般披露	102－29，102－30
	GRI 201：经济表现	201－2
	CDP 气候变化调查问卷 2017	CC7，CC7. 2，CC8，CC9，CC10，CC12，CC14
	CDSB 气候变化报告框架	4. 19. 1，4. 19. 2，4. 29，4. 30，4. 31，4. 32，4. 33
	CDSB 环境信息和自然资本框架	REQ－04，REQ－05
c)	国际综合报告框架（IIRC）	4. 53，4. 60，4. 61，4. 62
	CDP 气候变化调查问卷 2017	CC3. 1，CC3. 2，CC3. 3
	CDSB 气候变化报告框架	4. 12，4. 13，4. 14，4. 15
	CDSB 环境信息和自然资本框架	REQ－01

资料来源：Implementing the Recommendations of the Task Force on Climate－related Financial Disclosures（June 2017）。

5.3　基于数据分析的TCFD标准支持者的变动情况

2017年6月，TCFD公布了关于气候的信息披露标准，得到了金融稳定委员会的支持，该委员会旨在通过放缓价格调整步伐使经济平稳过渡到低碳经济和气候弹性经济，确保中长期市场更加富有弹性并趋于稳定。自2017年6月发布至2019年，包含治理、战略、风险管理及指标和目标的TCFD建议已得到超过617个组织的公开支持。据统计，这些组织的总市值超过8万亿美元。

随着TCFD的发展壮大，支持者的规模也在扩大。截止到2021年3月底，全世界已经有来自包括美国、英国、中国、日本、德国、南非、加拿大等在内的78个国家共1908家企业公开宣布对TCFD及其建议的支持。TCFD的支持者涵盖亚太地区、欧洲、拉丁美洲、中东和非洲及北美共五个地区，总共涉及金融、消费品行业、信息技术、房地产、交通运输等15个行业大类，教育研究业、会计业、银行业、电气业、建筑材料业、食品安全业、电能设备、保险业等67个细分行业。这些在态度上明确支持TCFD的各行各业的企业纷纷采取行动，按照TCFD的标准建议对企业内部与气候相关的信息进行及时披露，希望通过这种积极披露的方式建立一个更具弹性的金融体系，以帮助各行业企业实现可持续发展的目标。

TCFD在其2018年状况报告中指出，“与气候相关的财务披露仍处于早期阶段，仍然需要继续努力支持建议的执行”。因此，尽管TCFD已经具备来自不同国家地区和行业的支持者且数量呈现增长趋势，但是距离将支持者对执行TCFD建议做出的承诺实际转化为全面的真实披露行为，还需要现有支持者付出一定的时间与更多潜在支持者的肯定与努力。

5.3.1 支持者相关信息概述

5.3.1.1 支持者的类型

TCFD 特别鼓励拥有公共债务或股权的组织、资产管理者和所有者、财务信息披露的编制者和使用者等来支持和实施 TCFD 建议，此外，除了充当着主要支持者和践行者的企业外，TCFD 目前还包括行业协会、中央银行、政府、监管机构等以第三方机构为主的其他支持者。

5.3.1.2 作为支持者的意义

TCFD 的支持者认为 TCFD 建议为提高金融市场与气候相关风险与机会的透明度提供了一个有用的建议。具体来说，支持 TCFD 的组织类型多种多样，各类组织都希望能够推进 TCFD 的广泛实施，到目前为止，TCFD 并没有针对某一类型的支持者而提出特定的要求。对于参与其中的公司来说，支持 TCFD 的具体表现形式就是致力于依据 TCFD 建议实现自己在气候方面的相关信息披露，彰显企业社会责任，获取良好社会声誉以提高企业价值。信用评级机构、证券交易所、政府机构和其他类型的组织在鼓励更多潜在支持者进入、推广 TCFD 建议执行、维护市场信息披露秩序等各方面均发挥着无可替代的作用，扮演着十分重要的角色。

5.3.1.3 成为 TCFD 支持者所带来的好处

TCFD 建议是由私营部门本着“来自市场，为了市场”的原则而设计出来的一套标准，以公司为主的各行各业支持者对 TCFD 建议的遵循本质上是自愿的。因此，TCFD 依靠行业的支持来推动处于不同地区不同行业的企业来采纳并实施这些建议。对 TCFD 建议表示支持的公司已经跻身于领先公司行列，它们正在采取行动以应对气候变化，同时也开始考虑气候变化将对其经营业务产生的影响。对于那些已经在关注气候相关信息披露的公司来说，接下来便是要公开宣布支持 TCFD。此外，来自公众的支持为企业提供了与投资者、客户和员工交流的机会，以便进一步了解企业的利益相关者将如何看待和应对气候变化带来的影响。

5.3.1.4　如何成为 TCFD 的支持者

对于有意向成为 TCFD 支持者的组织来说，只需要去 TCFD 的官网填写 TCFD 支持表格，按照表格要求如实填写组织名称、所属国家、所在地区、所属行业、组织市值、组织官方网站、管理资产。另外还需要填写一些相关的个人信息，比如姓名、职位、头衔、电话、邮箱。提交表格后并获得组织的批准便可顺利成为 TCFD 的支持者。整个过程不需要支持者承担任何费用，因此成为一个支持者几乎是零成本的。

5.3.1.5　支持者实施 TCFD 的参考工具

2018 年 5 月，TCFD 与气候信息披露标准委员会（CDSB）合作成立了 TCFD 知识中心。TCFD 知识中心是一个在线平台，主要负责提供相关的见解、工具和资源，帮助组织有效实施 TCFD 建议。该门户网站拥有超过 400 种资源，涵盖 TCFD 建议关于治理、战略、风险管理及指标和目标方面的具体内容。另外，捐助者的范围也在逐渐扩大，从非营利组织延伸到政府间机构、各界学者、行业协会、顾问和公司，得益于这些捐助者，TCFD 获得的额外资源也呈现出显著增加的趋势。

5.3.1.6　支持者明确表态后应该做什么

首先，TCFD 会立即将支持者的公司名称添加到官方网站上不断增长的支持者名单中。其次，如果支持者从长远来看会继续致力于实施 TCFD 建议，那么 TCFD 将会主动寻求与这类支持公司进行更多深层次接触。最后，作为支持者，公司将有机会参加筹备论坛，帮助公司解决一些具体的实施问题，并协助公司根据 TCFD 进一步改进信息披露，使公司的信息披露更加符合公司的实际需求，为企业带来实际价值的增长。

5.3.1.7　机构支持者如何实施 TCFD 建议

《2017 TCFD 建议报告》和《2017 TCFD 附件》为 TCFD 建议提供了有益的介绍，公司可以参照这两份文件进行相关的气候财务信息披露行为。如果公司想要获取更多具备参考价值的信息，还可以参考 TCFD 知识中心上提供的数百种资源和学习课程。

5.3.1.8　支持者做出支持性承诺

大多数支持者在公开宣布支持 TCFD 之后都会做出相关承诺，比如，Aboitiz 股权投资公司（Aboitiz Equity Ventures）是第一家表示支持气候相关财务信息披露工作组的菲律宾公司，它表示，一方面，今后将致力于加强其可持续发展轨道，并加强公司的 ESG 整合实践；另一方面，作为 Aboitiz 集团促进商业和社区发展的品牌承诺的一部分，公司未来的长期战略将包括明确的治理结构，以应对气候相关风险，改善公司的披露现状，为其利益相关者提供清晰可靠的信息。

5.3.2　TCFD 标准的支持者数量总体变动趋势

图 5.4 反映了从 2017 年 6 月初到 2021 年 3 月底，TCFD 全球范围内的支持者数量每年变动趋势。从图中的结果可以看出，TCFD 的支持者的数量整体呈现每年递增的趋势，从折线图的变化情况可以看出，支持者总数量的增长幅度逐年增大。自 2017 年 6 月气候相关财务信息披露工作组发布 TCFD 建议开始，截至 2017 年底，总共有 274 家机构对 TCFD 表示明确支持态度，可见 TCFD 建议在发布之初便已经得到了小范围内各类机构的认可。到 2018 年底，TCFD 支持者的数量增长至 2017 年的 2 倍，达到 563 家。2019 年支持者数量是 2018 年的 1.7 倍，呈现不断增长的态势。由图可以看出，2019 年至 2020 年，净增 722 家支持者。可见，随着 TCFD 的影响力不断扩大、全球气候变化与低碳的倡导不断推行，全球范围内越来越多的企业更加注重企业自身在财务气候信息披露方面的披露行为与披露效果。需要注意的是，2021 年的支持者总数是指截至 3 月底的数据统计结果。根据数据显示，2021 年第一季度的 TCFD 支持者就增加了 239 家机构。如果按照这种增长趋势计算，截止到 2021 年底，总共会有接近 1000 家机构表明支持 TCFD 并参与实施该建议。

由此可见，在全球气候变化所带来的潜在财务风险与日俱增大的背景下，如何应对气候变化，促进人与自然和谐共生，已成为全球经济社会可持续发展的核心问题，此外也体现出建立一致、可比、清晰和可靠的公司

气候相关信息披露的必要性和紧迫性，以及TCFD建议的重要性与普适性。

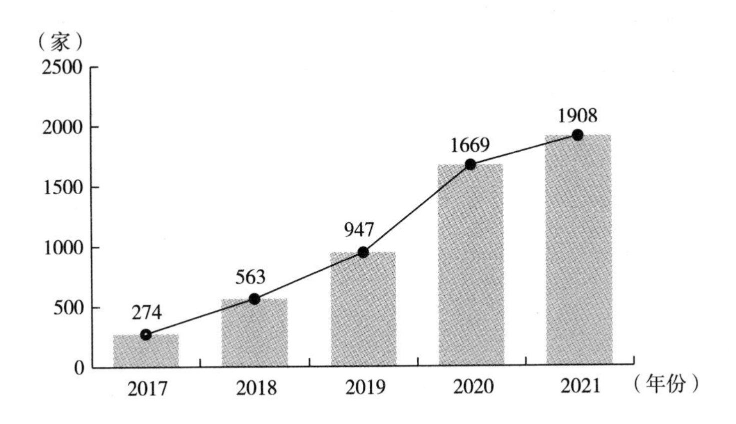

图5.4 2017~2021年TCFD支持者总数量变动趋势

注：2017年支持者数据统计开始于2017年6月，2021年支持者数据统计截止到2021年3月。

5.3.3 TCFD标准的支持者数量在不同地区的变动趋势

图5.5反映了从2017年6月初到2021年3月底，TCFD支持者数量在亚太地区、欧洲、拉丁美洲、中东和非洲、北美共五个地区的变动趋势。根据折线图，总体来看，五个地区的支持者数量均呈现出每年不断增长的良好态势。但是，不同地区支持并实施气候相关信息披露的企业数量存在显著差异，其中，来自欧洲地区的机构支持者的数量在每一年度里都是最多的，仅2017年欧洲支持者数量占比就达到全部支持者总数的58%，且支持者数量在2020年增长最多，符合总体增长情况，这也反映出欧洲企业对加强注重气候变化等环境因素对企业造成影响的意识较强，因此进行气候相关信息披露程度也相对较高。亚太地区每年的TCFD支持者数量都表现为仅次于欧洲水平，2018~2020年呈现将近双倍增长的趋势。截至2021年3月底，亚太地区TCFD拥护者的数量已经达到678家，而欧洲支持者总数为736家，可以看出，亚太地区支持者的增长速度大有

赶超欧洲的态势。北美地区的 TCFD 支持者在 2017 年底共计 50 家，位列第二名，在 2021 年增长至 326 家，具备很大的发展潜力。拉丁美洲、中东和非洲支持者数量显著低于其他地区，截止到 2021 年底，分别达到 55 家、33 家的支持者现状，这可能与当地的经济发展水平、地区文化等因素有关。

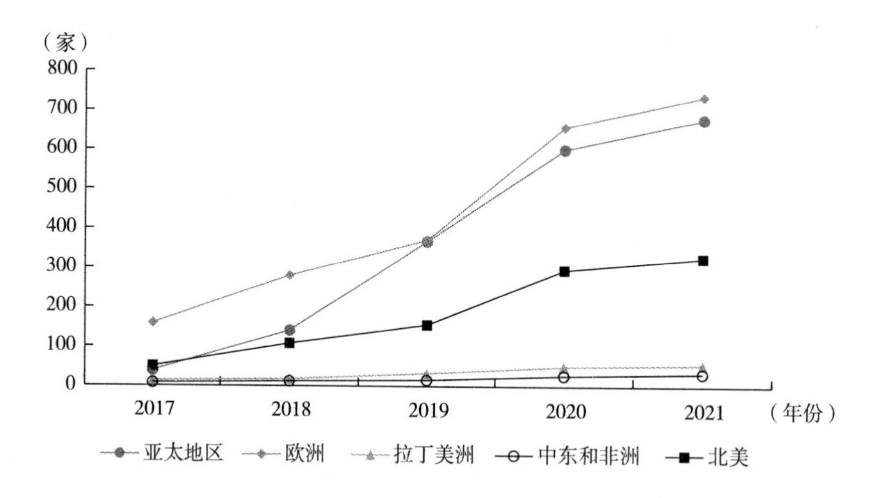

图 5.5　2017～2021 年 TCFD 支持者数量在各地区的变动趋势

注：2017 年支持者数据统计开始于 2017 年 6 月，2021 年支持者数据统计截止到 2021 年 3 月。

总体来看，各地区的企业纷纷加强了环境保护和信息披露的意识，体现出地区带动效应。一方面，开展气候相关信息披露工作不仅体现出企业在社会责任方面的担当，还可以通过从微观层面推进企业可持续发展进而带动宏观层面经济和社会的可持续发展；另一方面，环境信息披露工作的开展有助于各个地区的企业有效识别管理机遇与风险，并完善公司战略决策和财务管理流程，从而帮助企业不断开拓新的业务，通过建立新的利润增长点来提高企业的核心竞争力。

5.3.4　TCFD 标准的支持者数量在不同国家的变动趋势

图 5.6 反映了从 2017 年 6 月初到 2021 年 3 月底，TCFD 支持者数量

在美国、英国、中国和日本这四个国家的变动趋势。从图中可以看出，变化比较明显的是日本。日本支持者数量最初在2017年底仅有9家，以后每年均呈现出猛烈增加的态势，其中，2019年支持者数量净增为188家，2020年支持者同比增长113家，到2021年3月底，日本TCFD支持者数量达到370家。可以看出，日本企业的环境保护意识得到了明显的提升，TCFD建议也得到了企业的广泛认可。英国在2017年底支持者有60家，2018年和2019年以每年增长40家左右的速度保持递增，在2020年TCFD支持者数量实现了129家的扩充，仅在2021年三个月的时间内就增长了40家，达到306家。按照这个速度，英国TCFD支持者数量将会实现可观的效果。美国支持者在2017年底仅有33家，与英国支持者数量增长态势类似，美国支持者数量也是在2020年实现了明显增长，截至2021年3月，美国支持者共有252家，但整体数量比英国要少。中国支持者数量每年都是最少的，2017年底中国TCFD支持者仅有两家，连续三年以不足五家的缓慢速度保持增长趋势，但2021年呈现出明显的好转态势，仅三个月内就增加了六家支持者，总共仅有16家，远远低于其他国家。

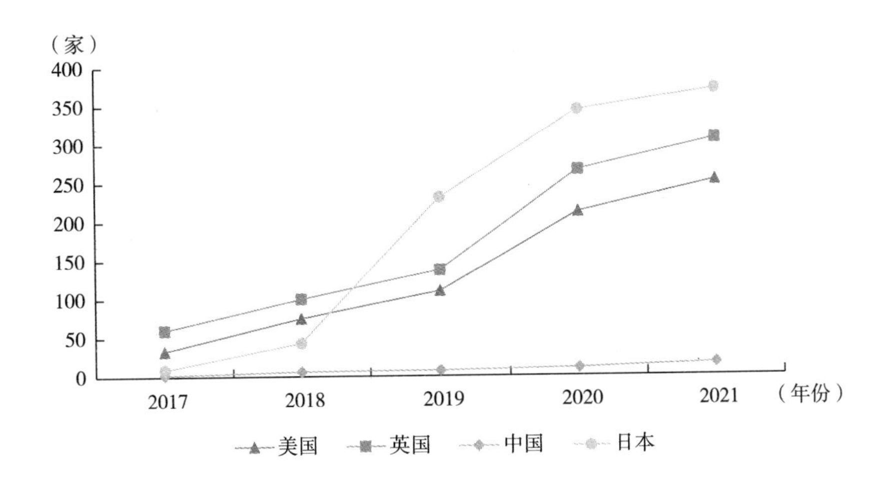

图5.6　2017~2021年TCFD支持者数量在美、英、中、日的变动趋势

注：2017年支持者数据统计开始于2017年6月，2021年支持者数据统计截止到2021年3月。

总的来看，英国、美国、日本企业体现出更强烈的环境保护意识，更加注重气候变化对企业财务绩效和公司市值带来的实质性影响。这些国家的企业根据 TCFD 建议进行气候相关财务信息披露，反映了以实际行动来推动企业可持续发展战略高度。中国目前使用 TCFD 建议的企业相对较少，但随着 TCFD 在国际上的广泛传播与国内对可持续发展的倡导，数量庞大的中国企业将会成为 TCFD 的潜在支持者。

5.3.5 TCFD 标准的支持者数量在不同行业的变动趋势

图 5.7 反映了从 2017 年 6 月初到 2021 年 3 月底，TCFD 支持者数量在所有行业、金融业和非金融业的变动趋势，其中根据 TCFD 机构对行业大类的划分，本书将消费品行业、能源行业、交通运输业和材料工业划入非金融业进行相关数据分析。从图中可以看出，金融业、非金融业与总行业的 TCFD 支持者数量都呈现出逐年增长的趋势，而且金融业支持者数量要比非金融业支持者数量多，这在一定程度上说明随着全球气候变化所带来的潜在财务风险与日俱增，金融市场参与者愈发需要获得可以帮助做出决策的气候相关信息。具体来看，来自金融业的 TCFD 支持者数量在 2017 年底为 152 家，占全行业支持者数量的 55%，2018 年金融业支持者数量较 2017 年增长了一倍，2019 年较 2018 年也增长了一倍，2020 年数量增长最多，是 2019 年的 2.2 倍，净增长 366 家，2021 年金融业的 TCFD 支持者总共有 947 家，占总样本比例为 49.6%。非金融业 TCFD 支持者数量较少，2017 年底包括四个行业在内的非金融支持者数量仅为 33 家，2018 年是 63 家，2019 年是 116 家，2020 年是 218 家，可以看出，非金融业 TCFD 支持者数量也在逐年增长，且净增比例越来越大，其中 2020 年支持者数量实现了将近两倍的净增长。截止到 2021 年 3 月底，非金融业的支持者达到了 255 家，占全部支持者数量的 13%，呈现出良好的增长态势。

总体而言，金融业、非金融业的 TCFD 支持者数量的增长状态符合全行业支持者数量的变动情况。金融行业支持者数量占比较高，这表示金融

行业企业将通过采纳 TCFD 建议，积极落实气候相关信息披露工作，表达了建立一个更具适应性的金融市场体系的美好愿景。来自非金融行业支持者数量也体现出明显的增长趋势，这说明 TCFD 建议正在获得越来越多行业的认可，对各行各业企业的生产经营活动与气候相关财务信息披露具备切实的指导与监督作用，体现了 TCFD 建议的实用性、可靠性和前瞻性。

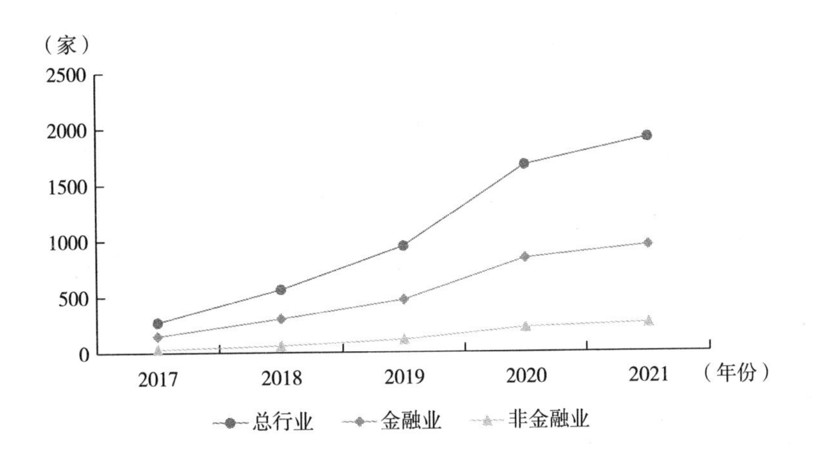

图 5.7 2017～2021 年 TCFD 支持者数量在总行业、金融业、非金融业的变动趋势

注：2017 年支持者数据统计开始于 2017 年 6 月，2021 年支持者数据统计截止到 2021 年 3 月。

5.4 TCFD 标准在不同国家和地区的实践情况

5.4.1 TCFD 标准的实践现状

2019 年 7 月至 2020 年 9 月，表示支持 TCFD 的组织数量增长了 85%以上，全球超过 1500 家组织，包括超过 1340 家市值 12.6 万亿美元的公司和负责 150 万亿美元资产的金融机构。这些公司中的许多已经开始实施 TCFD 的建议，或者继续完善和改善与气候相关的财务信息披露。通过世界可持续发展商业理事会、国际金融研究所、联合国环境规划署金融倡议和其他组织的努力，实施 TCFD 建议的同行公司聚集在一起，讨论有效的与气候相关的财务信息披露实践，以及如何加强此类披露的有效性所需的做法和工作。

与支持 TCFD 的组织数量的增长类似，投资者对公司进行符合 TCFD 建议的信息披露需求也大幅增长。例如，500 多家管理资产超过 47 万亿美元的投资者正在与世界上最大的温室气体排放企业合作，通过实施 TCFD 建议，加强其气候相关信息的披露。此外，许多大型资产管理公司和资产所有者要求或鼓励被投资公司广泛地按照 TCFD 的建议进行报告，并在其投资实践或政策中反映这一点。

截至 2020 年 9 月，来自世界各地的 110 多个监管机构和政府实体支持 TCFD，包括比利时、加拿大、智利、法国、日本、新西兰、瑞典和英国政府。此外，全球各地的央行和监管机构要求那些通过“绿色金融体系网络”（Network for Greening the Financial System）来鼓励发行公共债务或股票的公司根据 TCFD 建议按照规定进行披露。另外，各国政府将这些建议嵌入政策和指导中，并通过立法和法规要求 TCFD 公开信息。新西兰环境部宣布，政府计划强制某些上市公司和大型金融机构披露与气候相关的财务信息，并将按照 TCFD 建议制定的标准进行报告。欧盟委员会将 TCFD 建议纳入其气候相关信息报告指南，以支持企业在欧盟报告要求下披露气候相关信息。英国金融市场行为监管局（Financial Conduct Authority）发布了一项建议，要求某些上市公司在年度财务报告中说明其所披露的信息是否符合 TCFD 的建议。

随着 120 个国家以及欧盟表示对 TCFD 的支持，支持者们致力于在 2050 年前实现温室气体净零排放，其中许多司法管辖区可能会立法披露与气候相关的金融信息，以支持市场透明度。TCFD 建议可以为这些管辖区以及其他管辖区的政策制定者和监管机构提供立法基础，根据 TCFD 框

架公布的气候相关的财务信息来制定规则，有助于避免监管的分散。正如国际财务报告准则（IFRS）基金会受托人在其最近的全球可持续发展标准咨询文件中所指出的，迫切需要达到可持续发展报告的一致性和可比性，特别是与气候有关的信息。正如 TCFD 工作组在 2017 年报告中强调的那样，在大多数 G20 辖区内，拥有公共债务或股权的公司有法律义务在其财务申报中披露实质性信息，包括与气候相关的实质性财务信息。工作组进一步指出，它认为与气候相关的问题对许多公司来说是或可能是重要的，它的建议对遵守现有披露义务的公司应该是有用的。特别工作组认为，对于那些遵守或满足新的或修订的法律或监管要求的公司来说，更应该侧重于气候相关金融信息的披露。

5.4.2　TCFD 标准及其相关信息披露情况

为了更好地了解目前与气候相关的财务信息披露做法，TCFD 特别工作组通过采用人工智能技术，历时三年，审查了来自 69 个国家八个行业的 1701 家上市公司连续三年（2017～2019 年）的财务文件、年报、综合报告和可持续发展报告。工作组从治理、战略、风险管理、指标和目标四个方面选取了 11 个 TCFD 建议披露项目，治理方面的披露项目包括董事会监督、管理的角色；战略方面的披露项目包括风险和机遇、对组织的影响、弹性策略；风险管理方面的披露项目包括风险识别和评估过程、风险管理流程、整合风险管理；指标和目标方面的披露项目包括气候相关指标、三个范围内温室气体排放和气候相关目标。具体结果如下：

5.4.2.1　不同行业企业披露气候相关金融信息的情况

2017 年以来，气候相关金融信息的披露有所增加，具备巨大的发展前景。2017～2019 年，在所调查的公司内，与 TCFD 相关的信息披露平均增加了 6 个百分点，且进行披露报告的公司数量和报告的质量有了一定的提高。但是，企业对气候变化对其业务和战略的潜在财务影响的披露程度仍然较低，这可能是因为对于不同行业和规模的公司来说进行披露的难度有差异，但仍要鼓励继续努力并加快信息披露进展。

从披露形式来看，多数公司主要在可持续性报告中进行披露。平均而言，在可持续发展报告中披露与建议披露相符的信息的可能性是财务申报文件或年度报告的四倍以上。从披露公司规模来看，大公司更有可能披露与建议一致的信息。平均而言，2019 年，42% 市值超过 100 亿美元的公司披露的信息与 TCFD 建议一致，而市值低于 28 亿美元的公司披露的信息平均为 15%。从行业披露情况来看，对于 2019 财年的报告，在特别工作组的 11 项推荐披露中，能源公司的平均披露水平为 40%，材料和建筑公司为 30%。

从披露内容来看，每 15 家公司中就有一家审查了有关其战略弹性的披露信息。人工智能评估发现，考虑到不同的气候相关情景，披露战略弹性的公司比例显著低于其他建议项目的披露比例。另外，资产管理公司和资产所有者向客户和受益人披露的报告可能是不够的。虽然与 TCFD 内容类似的报告样本的资产管理公司和资产所有者在过去三年中有所增加，但是这些组织对他们的客户报告和受益者来说可能还不能为他们带来足够的参考价值，因此需要做出更多的努力来确保客户和受益人做出财务决策的信息。

从决策有用性来看，专家用户发现披露气候变化对公司业务和战略的影响对投资者来说在做决策时是最有用的信息。另外，专家用户认为公司披露的材料气候相关问题及其关键指标的信息对财务决策也非常有用。目前很多公司已经披露了治理和风险管理流程与气候相关的问题，将来公司在全面实施 TCFD 建议时应该要将特定类型的相对排名气候相关信息考虑进来。

5.4.2.2 各地区的披露情况各不相同

考虑到潜在的区域差异，人工智能审查的公司根据其总部的位置被划分为亚太、欧洲、中东和非洲、北美及拉丁美洲。在 11 个推荐的信息披露中，欧洲是公司进行信息披露比例较高的地区，部分原因可能是欧盟委员会将 TCFD 建议纳入了其气候相关信息报告指南。亚太地区紧随其后，在 11 家建议披露的公司中，有 8 家位于亚洲。北美地区披露气候相关风险和机会的比例最高。在其他方面，拉丁美洲、中东、非洲和北美地区在推荐的信息披露中所占比例大致相同。

5.4.3 不同国家和地区推进 TCFD 标准的情况

5.4.3.1 欧洲践行 TCFD 标准的情况

欧洲财务报告咨询集团（EFRAG）于 2019 年 2 月成立了气候相关报告项目工作组，以评估气候相关报告的状况，主要关注 TCFD 的建议。2020 年 2 月，EFRAG 发布了一份关于改善气候相关报告的报告和两份补充文件。第一份补充文件指出，气候相关报告实践确定了良好的报告实践，并评估了 TCFD 建议实施的成熟度水平，它主要关注欧洲公司。2019 年 6 月，欧盟委员会（European Commission，EC）发布了报告气候相关信息的指南，该指南整合了 TCFD 的建议，旨在支持企业根据欧盟的非财务报告指令披露气候相关信息。2020 年 5 月，欧洲央行（European Central Bank，ECB）在其《气候相关和环境风险指南：风险管理和披露的监管预期》中发布了非约束性监管预期。欧洲央行的预期之一是，金融机构披露的气候相关风险应符合欧共体关于报告气候相关信息的指导方针。

5.4.3.2 英国践行 TCFD 标准的情况

2020 年 3 月，英国针对加强气候相关披露，英国金融市场行为监管局（Financial Conduct Authority，FCA）公布了一份咨询报告，包括要求溢价上市发行人在年度财务报告中作出的披露是否符合 TCFD 建议，如果符合，那么公司在年度财务报告（或其他相关文件）的各种报告文件中也要进行披露。2020 年 3 月，英国又发布了构建绿色金融战略。2019 年 7 月，英国工作和养老金部发布了公众咨询指南，养老金气候风险工业集团开发的有关评估的职业养老金计划，明确要求机构治理和发布的报告应符合 TCFD 建议。

2020 年 6 月，英国央行根据 TCFD 的建议，公布了自己的气候相关财务信息披露。该报告涵盖了 TCFD 的每一项建议，阐述银行如何在其治理、战略和风险管理活动中考虑气候相关风险，并确定银行用于监测和管理气候相关风险的指标。在 2020 年 6 月由英格兰银行的审慎监管权威（Prudential Regulation Authority，PRA）、英国金融市场行为监管局（Financial Conduct Authority，FCA）共同召开的论坛上，气候金融风险论坛（Climate Financial Risk Forum，CFRF）出版了一本与气候相关的金融风险管理指南，该指南使用 TCFD 建议作为它的基础的一部分，由 PRA 和 FCA 共同编写，包括摘要、关于风险管理、情景分析、披露和创新共四个章节。

5.4.3.3 中国实践 TCFD 标准的情况

在借鉴国际经验、结合我国实际情况基础上，中方试点机构制定了工作方案，发布了三阶段行动计划，研究构建了环境信息披露目标框架，明确了建议披露的定性信息和定量指标，取得突破性进展成果。截至目前，中英金融机构气候与环境信息披露试点机构由最初的 10 家扩展到 13 家，已经覆盖银行、资管、保险等行业，中方试点机构资产总额约 50 万亿元人民币，试点的机构范围与影响力正在进一步扩大。

目前，中方试点机构在环境信息披露工作方面成果显著。从披露方式来看，大部分银行业金融机构以独立报告形式进行披露，如工商银行、平安集团、湖州银行等，也有部分银行业金融机构在社会责任报告中对相关信息进行披露。资管、保险等金融机构在对国外先进金融机构环境信息披露案例研究基础上，针对不同机构自身运营特点及法规要求，逐步探索推动合适的环境信息披露方式。从披露内容来看，对环境信息的披露既包含定性内容，如机构的战略与目标、信贷政策、风险管控、绿色产品与研究等方面，又包含定量信息，如机构经营活动对环境影响、投融资活动所产生的环境绩效等方面，而且在披露内容中，与 TCFD 框架进行对标，如工商银行在报告中以附录的形式将报告与 TCFD 框架的内容进行了索引。从披露频率来看，多数试点机构计划进行年度披露。

2020 年 6 月，香港金融管理局（Hong Kong Monetary Authority，HKMA）发布了一份关于绿色和可持续银行业的白皮书，建议授权机构采取措施“建立应对气候变化的能力”。作为九项指导原则的一部分，金管局

建议认可机构“以TCFD的建议为核心参考”，制定披露与气候变化有关的财务资料的方法，以提高透明度。同样在2020年6月，新加坡金融管理局（Montary Authority of Singapore，MAS）发布了环境风险管理（银行）指南，指出银行应参考包括TCFD建议在内的国际报告框架来指导其环境风险披露。

5.4.4 国际组织推进TCFD标准的情况

随着对TCFD支持的增长，许多组织继续努力帮助公司实施TCFD建议。本书将世界可持续发展商业理事会（World Business Council for Sustainable Development，WBCSD）、联合国环境规划署、国际金融协会（Institute of International Financial，IIF）、投资者领导网络（ILN）、公司报告对话组织、国际保险监督员协会、金融系统绿化网络（Network for Greening the Financial System，NGFS）共七个国际机构在促进全球企业和机构践行TCFD建议方面采取的具体措施进行了简要概述，具体如下：

5.4.4.1 世界可持续发展商业理事会（WBCSD）

世界可持续发展商业理事会（WBCSD）通过筹备TCFD论坛继续支持在特定行业实施TCFD。通过这些论坛，WBCSD将同行业公司聚集在一起，讨论如何有效实施TCFD建议，并讨论提高信息披露有效性所需的披露实践和工作。每次论坛都编写了一份报告，重点介绍与气候有关的有效财政披露的例子、这些披露的用户的看法，以及与执行建议有关的挑战。2019年7月，WBCSD发表了关于电力设施和化学工业的报告。2020年4月，发布了一份关于食品、农业和林产品行业的报告。2020年7月，发布了一份关于建筑和建材行业的报告。2020年7月，WBCSD还宣布，正在为汽车制造和租赁企业启动TCFD筹备论坛。此外，2019年10月，WBCSD发布了一份清单，列出了企业“未来证明”其业务的实际步骤，其中之一是实施TCFD建议，为投资者提供对决策有用的信息。

5.4.4.2 联合国环境规划署

在金融部门，联合国环境规划署财务倡议（环境规划署财务倡议）

继续与金融机构合作，执行 TCFD 的建议。2019 年，联合国环境规划署金融机构为投资者发布了两份指南介绍分析、评估和测试方法，以便投资者根据 TCFD 的建议对其投资组合进行基于 1.5℃、2℃和 3℃情景的分析。2019 年 5 月发布的第一份指南涵盖上市股票、公司债务和直接房地产投资组合，2019 年 11 月发布的第二份指南以第一份指南为基础，侧重于从对直接房地产投资的调查中建模和分析。此外，环境署国际金融机构正在与保险公司合作开发分析工具，以支持保险业进行符合 TCFD 建议的信息披露行为。

5.4.4.3 国际金融协会（IIF）

为了支持金融机构实施 TCFD，国际金融协会（IIF）于 2019 年 8 月发布了一份报告，旨在为金融机构在实施 TCFD 建议时为其提供当前领先做法的参考。国际金融协会指出，该报告将作为通过年度更新跟踪与气候相关的财务披露改善情况的基线。

5.4.4.4 投资者领导网络（ILN）

投资者领导网络（ILN）成立于 2018 年，旨在促进全球领先投资者在与可持续发展和长期增长相关的关键问题上的合作。2019 年 9 月，ILN 发布了一份题为《TCFD 实施、机构投资者幕后的实践见解和视角》的报告，旨在帮助资产所有者和基金经理在确定其气候变化策略和披露方面做出更好的选择。该报告描述了一群资产所有者和资产管理公司如何实施 TCFD 建议，以及他们为什么以这种方式实施这些建议，包括他们做出选择背后的过程、面临的挑战和吸取的教训。2020 年 9 月，ILN 发表了一份报告，即《减缓气候变化和你的投资组合：实用工具》。对于投资者来说，可以帮助他们更好地面对一些挑战并进行气候相关场景关联分析，也为投资者提供了一个结构化的方法来评估公司的场景分析披露情况，符合特遣部队的策略建议。

5.4.4.5 公司报告对话组织（Corporate Reporting Dialogue）

公司报告对话组织（Corporate Reporting Dialogue）于 2018 年 11 月启动了“企业报告对话”（Better Alignment）项目，该项目由国际综合报告理事会（International Integrated Reporting Council）、CDP、气候信息披露标准委员会（CDSB）、全球报告倡议（Global Reporting Initiative）和SASB共同承担，统称为参与组织，致力于更好地协调项目使参与组织能够将其框架映射到TCFD建议，尽可能实现在所有报告框架中调整增加其与气候相关的指标。

5.4.4.6 国际保险监督员协会

2020年2月，国际保险监督员协会（一个由保险监督员和监管者组成的标准制定组织）与可持续保险论坛（Sustainable Insurance Forum）合作，发布了一份关于执行气候相关财务披露特别工作组建议的问题文件。问题文件概述了保险监管机构在其管辖范围内制定与气候有关的披露要求时所考虑的做法。

5.4.4.7 金融系统绿化网络

2019年4月，由72家央行和监管机构，以及来自国际组织的13名观察员组成的"金融系统绿化网络"（NGFS）发布了《行动呼吁：气候变化是金融风险的一个来源》。在报告中，财务司鼓励所有发行公共债务或股票的公司及金融机构按照TCFD的建议进行披露。2019年7月，NGFS发布了一份报告的技术补充，其中描述了央行和监管机构评估气候相关风险的定量方法，并确定了进一步研究的关键领域。NGFS在2020年6月发布了一系列气候情景，进一步完善了其风险评估指南。

5.5 TCFD标准对中国ESG披露标准制定的启示

第一，从TCFD标准的发展历程中可以发现，TCFD于2015年12月创立，在五年多的发展历程中先后发布了《气候相关财务信息披露建议》及其一系列附件，设计了一套可引用的气候相关财务信息披露框架，帮助投资人、贷款机构和保险公司了解组织的重大风险。在发展过程中，从建议的起草到定稿，工作小组全程征求公众意见，拟定披露建议后，又通过访谈、会议或其他方式持续寻求回馈并及时调整。因此，在中国 ESG 披露制度建设过程中，并不需要力求开始建立一个完美的框架，可以先确定制定 ESG 披露标准的核心原则，基于原则搭建初始框架，后期根据中国的实践情况进行修改完善。

第二，TCFD 标准的工作小组由来自全球的 32 名成员组成，成员来自不同组织，包括大型银行、保险公司、资产管理公司、退休基金、大型非金融公司、会计师事务所、咨询机构及信用评级等机构。通过关系成员的专业经验、利害关系人的共同参与，以及了解现有的气候相关披露制度，确保现有气候相关财务信息披露制度不仅能支持投资、贷款和保险承保决策，还能改善对气候相关风险与机会的理解和分析，同时也有助于帮助投资人强化企业策略的韧性与资本支出决策，并协助企业稳定地向低碳经济转型。因此，在中国 ESG 披露制度建设过程中，可以成立包含多方利益相关者的工作团队，借助关系成员的专业经验和利益相关者的共同参与，制定一套切实可行的中国 ESG 信息披露制度。

第三，TCFD 标准的框架设计分为建议、建议披露事项、行业通用建议、特定行业建议四部分，根据金融行业实际情况增加了补充建议，同时也为最可能受气候变化与低碳经济转型影响的非金融行业提供补充指引，体现出了框架设计的灵活性。因此，在中国 ESG 披露制度建设过程中，可以先构建通用标准，再根据行业不同特性，补充适合行业特性的标准。

第四，TCFD 标准的框架设计与其他相关标准框架在内容上均保持很高的一致性，包括 G20/OECD 的公司治理标准、CDP 气候变化调查问卷 2017、GRI、CDSB 气候变化报告框架、CDSB 环境信息和自然资本框架、国际综合报告框架（IIRC）等。已经发展较为成熟的框架可以为现行标准设计提供经验。因此，在中国 ESG 披露标准建设过程中，可以参考其他相似框架，如 GRI、SASB 等，为具体披露内容提供借鉴。

第6章　CDP标准的主要内容体系和实践情况

气候变化、水资源和森林保护是当今时代最典型的环境问题。世界各国以及各行各业都面临环境变化所带来的机遇与挑战，其中气候变化成为最受关注的议题。气候变化信息（简称碳信息）的披露为外部利益关系人了解企业应对气候变化的行为及取得的成果提供了渠道。然而，国内外碳信息披露现状表明，由于气候变化影响的广泛性和复杂性，完整披露企业的碳风险和碳成本等信息存在一定的困难，使国际上至今没有一套统一的、完整的、令人信服的碳信息披露框架。尽管如此，以碳信息披露项目（Carbon Disclosure Project，CDP）为核心的国际非政府组织（NGO）为碳信息披露做出了巨大的、持续的努力，为未来制定统一的碳信息披露框架奠定了坚实的基础。本章将在回顾CDP 2000～2020年间碳信息具体披露发展的基础上，总结其取得的成果，对比美、日、英、中四国的实践情况，以及其在不同行业的使用情况，为我国将来制定碳信息披露法规和企业碳信息披露提供合理的建议。

6.1 CDP 标准的发展演变

6.1.1 CDP 简介

碳信息披露项目（Carbon Disclosure Project，CDP），主要是通过每年向全球的代表性企业发送问卷，要求公开碳排放信息及为气候变化所采取的措施，期望以此促进温室气体排放信息的公开与透明，促使公司利益相关者要求公司履行社会责任，从而倒逼公司采取行动以减少其对环境的负面影响，并为全球市场提供重要的气候变化数据。

2000 年，第一家关于披露碳信息项目的非营利性国际组织在伦敦成立，即“CDP 全球环境信息研究中心”（CDP Worldwide），其前身为碳披露项目，是“全球商业气候联盟”（We Mean Business Coalition）的创始成员。CDP 的宗旨是致力于推动企业和政府减少温室气体排放，保护水和森林资源。2002 年，CDP 以发放问卷的方式首次开始收集全球企业的碳信息情况。2008 年，CDP 首次在中国发布了针对 100 家上市公司的调查报告，引起广泛关注。2012 年，CDP 正式进入中国，致力于为中国企业提供一个统一的环境信息平台。2019 年，超过 8400 家公司通过 CDP 披露了环境数据，比 2018 年增加了 17%，总市值占全球总市值的 50% 以上。此外，超过 920 个城市、州和地区披露了环境数据，比 2018 年增长了 22%。2020 年，CDP 已与全球超过 515 家、总资产达 106 万亿美元的机构投资者及超过 150 家采购企业合作，通过投资者和买家的力量以激励企业披露和管理其环境影响。同时，全球已经超过 9600 家、占全球市值 50% 以上的企业及 930 多个城市、州和地区通过 CDP 平台报告了其环境数据，这使 CDP 成为拥有全球最丰富的企业和政府推动环境改革信息的平台之一。

目前，最新、最全面的CDP评价标准是2020年发布的CDP调查问卷，其是CDP调查框架经过20年整合和改进的结果。CDP标准以2002年的版本为基础，在报告内容和调查形式上进行了更完善的改良，以全新的模块化结构呈现。新的CDP调查问卷由三个模块化的独立结构标准文件组成，以帮助企业在诸如气候变化、水资源、森林保护等这些议题上进行可持续发展报告。

6.1.2　CDP的发展演变

创建于2000年的碳披露项目（CDP），以发放问卷的方式收集全球企业的碳信息，自2003年起至2021年陆续发布了多份全球范围的碳报告（Carbon Report），即《CDP 2003》至最新版《CDP 2019》，同时还针对不同的国家发布针对性的报告。CDP试图通过反映气候变化给企业所带来的碳成本、风险、机遇及碳交易等信息，搭建一个增进企业与利益相关者之间信任的关于碳排放的沟通管道（Kolk & Levy，2008）。十多年间从参与公司数量的成倍增加、碳信息披露内容的深化到碳披露法规的演变都深刻表明，气候变化已深深地融入企业的经营和财务决策中，披露的深度和广度得到了很大的加强。演变主要表现在以下几个方面：

6.1.2.1　CDP企业数目的变化

CDP发展过程中最直观变化体现在参与公司数量的增长上。从图6.1可知，从2003年235家公司的参与，到2018年的6937家，十多年间公司数增长了29.5倍。同时，在2005年《京都协议书》生效后，参与CDP的企业呈现了井喷式增长，增长率达1.60倍。这一方面表明越来越多的公司意识到碳信息披露的重要性；另一方面则反映了气候变化引起了全球供应商、投资者的关注，并且这种关注作用已经传导到企业层面，监督和要求企业积极参与碳排放披露。

6.1.2.2　CDP内容的演变

经过20年的不断发展与完善，CDP在不断的迭代和微调，并结合当今时代趋势，将报告的形式和议题不断完善。表6.1列示了CDP从成立到迭代的发展过程。可以看出，从 2003 年的笼统反映到 2020 年形成由气候变化报告（碳信息披露报告、碳绩效领导指数、供应链报告、低碳城市报告）、水资源报告、森林报告所构成的多结构、多维度报告体系，CDP 的披露体系已逐渐趋于完整和全面。

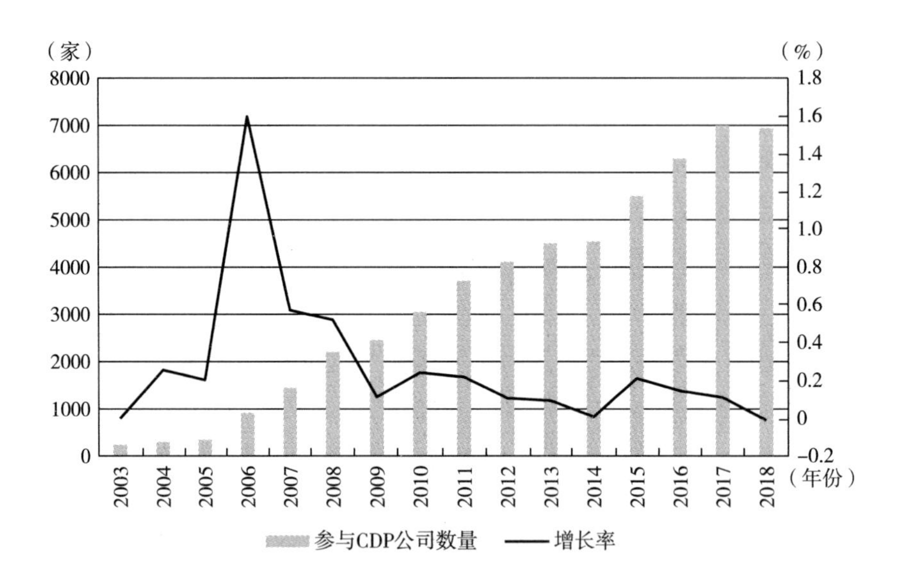

图 6.1　2003～2018 年参与 CDP 的公司数量

资料来源：根据 CDP 网站（www. cdproject. net）公布的碳报告资料整理。

表 6.1　CDP 的发展演变过程

时间	具体事件
2000 年	CDP 全球环境信息研究中心（CDP Worldwide）成立，其前身为碳披露项目，是“全球商业气候联盟（We Mean Business Coalition）”的创始成员
2002 年	CDP 第一次针对企业发布调查气候变化调查问卷，问卷包含战略管理、风险机遇、排放［温室气体（Greenhouse Gas，GHG）的排放划分为三个范畴并一直沿用］三大框架
2003 年	CDP2003：关注环境敏感型企业所面临的因极端天气、气候法规等所带来的直观风险，并针对性提出策略
2004 年	CDP2004：开始关注碳成本问题
2005 年	CDP2005：关注《京都议定书》的生效所引起的碳交易情况，引入碳领导指数

续表

时间	具体事件
2006 年	CDP2006：关注清洁技术的研发和使用情况，识别气候变化所带来的环境风险类别并提出控制对策
2007 年	CDP2007：开始关注发达国家制定的气候变化相关法律法规，碳信息披露标准理事会（CDSB）成立
2008 年	CDP2008：反映企业的披露绩效（Disclosure Performance），关注可更新能源及能源效率
2009 年	CDP2009：开始用多种语言发布国别碳报告，对排名前 10 名的企业进行示范宣传
2010 年	CDP2010：发布《供应链报告》（Supply Chain Report），关注供应商和用户在天气问题上的作用
2011 年	CDP2011：发布《全球水资源报告》（Water Disclosure Global Report），新增排放核算方法模块
2012 年	CDP2012：关注的范围从企业扩展到城市，发布《城市报告》（Cities 2012 Global Report）；由碳信息披露报告、碳绩效领导指数、供应链报告、低碳城市报告、水资源报告所构成的报告体系已形成
2013 年	CDP2013：将气候变化引起的风险划分为政策变化、物理变化（气候参数改变）和其他与气候相关的发展引起的变化三种类型
2014 年	CDP2014：关注自然资本，首个涉及木材、棕榈油、大豆、牛和生物燃料五类农业产品信息披露的组织
2015 年	CDP2015：推出水资源问卷和森林问卷，强调并开展了未披露者行动（进入 A 组，其所采取的行动更能与当前的应对气候变化政策要求一致）
2016 年	CDP2016：根据《巴黎协定》的目标做出气候变化的问卷调整，并与 RepRisk（专业从事 ESG 风险评估组织）开展合作，RepRisk 提供额外的有关建议的“A 类”企业的风险分析及数据，用以评估企业形象是否存在动摇其领导地位的严重问题
2017 年	CDP2017：采用“具体行业问卷（18 个）+通用问卷”相结合，整合气候相关财务信息披露工作组（TCFD）的建议，继续制定更具前瞻性的指标并提高报告的协调性
2018 年	CDP2018：关注可持续供应链，详细披露供应商问卷回复分析
2019 年	CDP2019：问卷更加贴合 ESG 发展理念
2020 年	CDP2020：引入了更多种类的行业特定问卷，包括金融行业特定问卷（报告还未出）

资料来源：根据 CDP 网站（www. cdproject. net）公布的碳报告资料整理。

6.1.2.3 CDP 法规的演进

碳信息的披露过程就是其披露法规的形成过程（见表 6.2）。如何反映气候变化所产生的广泛而深远的影响，是 CDP 和其他会计准则制定机构一直在思考的问题。尽管目前统一性的碳信息披露准则还较少，但碳信息披露项目所做出的种种努力已经较好地弥补了这一缺陷，也为将来制定更加完善统一的碳披露准则奠定了理论和实践基础。

表 6.2 碳信息披露法规的演进

时间	碳信息披露的相关规定
1994 年	《联合国气候变化框架公约》生效
1997 年	制定出限制发达国家温室气体排放量以抑制全球变暖的《京都议定书》
2003 年	欧盟于 2003 年创建了欧洲温室气体排放权交易体系（EUETS）
2004 年	《萨班斯法案》（Sarbanes – Oxley）的框架内关注气候变化信息的披露
2005 年	国际会计准则理事会（IASB）发布《IFRIC3：排放权》，但于同年 6 月被取消；《京都议定书》正式生效；许多国际会计组织要求在《管理层讨论与分析》中披露碳资产、负债方面的信息
2006 年	《IPCC 国家温室气体清单指南》出炉，国际组织要求根据重要性原则披露气候变化所产生的环境风险类型和具体影响
2007 年	气候披露标准委员会（CDSB）借鉴碳信息披露项目的研究成果，致力于制定碳信息披露的统一框架
2008 年	英国政府通过《气候变化法案》，英国成为世界上第一个为减少温室气体排放、适应气候变化而建立起具有长期法律约束性框架的国家
2009 年	国际会计准则理事会（IASB）和战略会计准则委员会（FASB）合作研究《排放权交易》的相关理论问题
2010 年	英国发布《碳排放权交易》会计准则讨论稿
2012 年	气候披露标准委员会（CDSB）发布《气候变化报告框架（修订版）》（Climate Change Reporting Framework）
2014 年	国际资本市场协会（ICMA）制定了《绿色债券原则》（Green Bond Principles），将环境保护和金融联系起来；同年，中美气候变化联合声明发布，提出关注气候变化是两个大国共同的责任
2015 年	2015 年《巴黎协定》提出，到 2100 年将全球平均气温升幅与前工业化时期相比控制在 2℃以内，并努力把温度升幅限定在 1.5℃以内，全球温室气体排放尽快达峰，到 21 世纪下半叶实现全球碳中和

续表

时间	碳信息披露的相关规定
2016 年	香港联交所提升 2016 年度《环境、社会与管治（ESG）报告》的合规披露要求；大部分联交所上市公司开始陆续发布其首份 ESG 报告
2017 年	联合国环境署发布《2017 前沿报告》(Frontiers 2017)，针对新兴环境问题展开讨论
2018 年	国际能源署开始发布《全球能源和二氧化碳状况报告》，欧盟委员会将 2030 年的减排目标由 30% 提高到了 37.5%
2019 年	欧盟最严苛汽车碳排放标准议案获得欧盟理事会代表会议、欧洲议会和欧盟理事会的批准，碳排放立法法案于 5 月在法律层面正式生效
2020 年	美国“零碳排放行动计划（ZCAP)”提出提升经济活力、就业增长与 2050 年的零碳排目标
2021 年	国际能源署提出国际社会实现净零排放的七项指导原则；中国《碳排放权交易管理办法（试行)》正式施行，提出二氧化碳排放力争 2030 年前达到峰值，力争 2060 年前实现碳中和

资料来源：根据 CDP 网站和相关政策整理。

6.2　CDP 标准的主要内容体系

6.2.1　框架设计

CDP 的目标是推进企业环境披露的主流化，通过数据提供见解和分析，解析建构一个气候安全、水资源安全、无森林砍伐的世界所需采取的企业行动指南。在这一愿景下，CDP 制定了分为三个主题的企业调查问卷：气候变化（核心主题且收集时间最长)、水安全和森林。通过完成调查问卷，填报企业可以识别出管理环境风险和机会的方法，并通过研究、行业洞见及金融产品和服务向客户、投资者以及市场提供必要的信息(框架设计见图 6.2)。

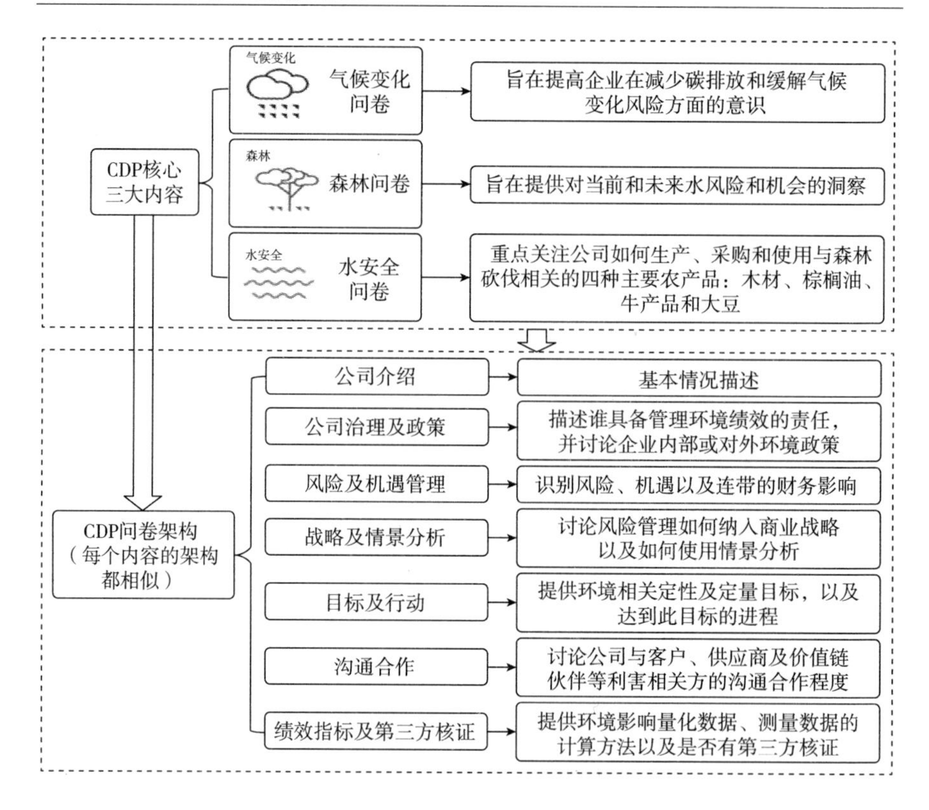

图 6.2　CDP 主要内容体系框架

资料来源：根据 CDP 网站（www. cdproject. net）公布的 2021 年问卷模板整理。

6.2.2　气候变化、水安全、森林议题

6.2.2.1　气候变化议题

气候变化调查问卷的结构气候变化调查问卷中共有包括简介和签核模块在内的 14 个模块，另外还有一个模块只向回复一个或多个 CDP 供应链成员的客户请求的组织展示。CDP 一般气候变化调查问卷包括以下内容（见表 6.3）：治理、风险和机遇、商业战略、目标和绩效、排放方式、排放数据、能源、附加指标、碳定价等。

表 6.3　气候变化问卷内容

主要指标	指标代码	相关描述
简介	C0	该模块将对企业的基本情况进行画像，有助于了解回复企业的基本信息。具体包括企业各方面的介绍、业务活动排放相关性、农业商品依赖性三个方面
治理	C1	该模块将对公司在董事会层面和董事会以下的管理层面处理气候相关问题的管理方法进行评估。这将有助于各利益相关方确定董事会在评估气候有关的风险机遇方面的监督和管理作用。具体包括董事会监督、管理责任、员工奖励三个方面
风险和机遇	C2	该模块将阐明企业在一定时间范围内识别、评估和管理与气候相关的风险和机遇的过程。它帮助利益相关方了解与公司相关的商业活动对环境的潜在影响。具体包括管理程序、风险公开、机遇公开三个方面
商业战略	C3	该模块将展示企业将气候相关问题纳入其前瞻性战略和财务决策的方法和流程。具体包括商业战略下的气候风险因素调查、情景使用分析、相关战略财务规划等
目标和绩效	C4	该模块将展示企业在向低碳经济转型方面的承诺水平、进展和影响。具体包括排放目标、其他气候相关目标、减排计划、土地管理手段、低碳产品五个方面
排放方式	C5	该模块将展示企业 GHG 主要的基准排放量和用来收集活动数据和计算排放的标准、协议或方法论。具体包括基准年排放量、排放方式两个方面
排放数据	C6	该模块是核心点之一，主要展示 GHG 的三种范围，是实践界和学界最为关注的内容。主要包括范围一（直接 GHG 排放）排放数据、范围二（间接 GHG 排放）排放报告、范围二排放数据、范围二排除项、范围三（其他 GHG 排放）排放数据、范围三排放数据之不同价值链、生命周期排放评估、生物碳数据、生物成因碳数据之不同行业、其他排放数据之不同产品十余个方面
排放细分	C7	该模块将针对不同地区国家、行业、产品等进行直观细分，深入各个范围的碳排放调研。具体包括范围一细分：温室气体、范围一细分：国家、范围一细分：业务明细、范围一细分：行业、范围二细分：国家、范围二细分：业务明细、排放绩效七个方面

续表

主要指标	指标代码	相关描述
能源	C8	该模块将展示能源在整个企业活动中的占比，评估企业的能源使用情况。具体包括能源消耗、能源相关活动两个方面
附加指标	C9	该模块主要是展示企业的低碳活动过程以及新兴环保项目。具体包括其他气候相关指标、净零碳建筑两个方面
验证	C10	该模块主要是验证企业相关问答的状态和真实性。具体包括核查、其他已审验数据两个方面
碳定价	C11	该模块主要是查看企业碳交易情况。具体包括碳定价系统、基于项目的碳信用、碳内部交易价格
合作	C12	该模块主要是调查企业价值链上下游的竞合情况。具体包括价值链参与度、供应商参与度、公共政策参与度、沟通四个方面
针对性模块	C13 – C14	C13 模块主要是考察企业的土地管理影响（针对农业、建筑业等），C14 考察金融服务行业开展活动的组织
签核	C15	该模块是企业自述与 CDP 的关系以及管理层批准签核
供应链	SC	该模块是企业的 CDP 供应链介绍，企业向客户分配排放量情况、企业与 CDP 供应链成员的合作关系、企业与 CDP 行动交换计划、企业提供的产品（商品和服务）级别数据等

资料来源：根据 CDP 网站（www. cdproject. net）公布的 2021 年问卷模板整理。

同时，CDP 的气候调查问卷结合各个行业的特征，选择了与气候变化关系密切的五大行业，分别是农业、能源、金融、材料和运输（见表 6.4），并且，CDP 针对不同行业推出了普适性问卷和针对性问卷，目前已针对 16 个高影响力的细分行业制定了行业特定问题。

表 6.4　CDP 气候变化问卷的核心行业

行业	具体类别和代码
农业	农业商品（AC）；食品、饮料和烟草（FB）；造纸和林业（PF）
能源	煤炭（CO）；电力（EU）；石油和天然气（OG）
金融	金融服务（FS）

续表

行业	具体类别和代码
材料	水泥（CE）；资本货物（CG）；化工（CH）；施工（CN）；金属和采矿（MM）；房地产（RE）；钢铁（ST）
运输	运输服务（TS）；运输业原始设备制造商（OEM）

资料来源：根据 CDP 网站（www. cdproject. net）公布的 2021 年问卷模板整理得来。

6.2.2.2　水安全议题

CDP 利用透明化和问责制推动企业、金融市场和政府将增长表现与淡水资源枯竭脱钩，并将资本朝向确保更高的水资源安全性的经济发展分配，并通过为投资者、客户和政策制定者收集有关公司管理、治理、使用和管理水资源的信息，以实现可持续发展目标。模块结构整体反映了 CEO 水之生命指引（CEO Water Mandate Guidelines）的内容，帮助公司进行水资源管理并向投资者提供相关数据。水安全问卷包括签核在内，共有 10 个模块，另外还有一个供应链模块，只提供给为 CDP 供应链项目的企业合作伙伴提供商品或服务的供应商（见表 6.5）。CDP 水安全问卷一般包括以下内容：水依赖性和水核算指标、价值链参与活动、业务影响、风险评估程序、风险机遇及其应对措施、工厂用水核算、水资源管理和商业战略。

表 6.5　水安全问卷内容

主要指标	指标代码	相关描述
简介	W0	该模块将对企业的基本情况进行画像，有助于了解回复企业的基本信息
当前状况	W1	该模块将反映企业通过测量和监控对公司用水情况的了解程度。健全的水核算数据，即提取、排放、质量、消耗、员工洗涤（包含水、卫生设施和个人卫生），是风险识别和应对的必要信息
业务影响	W2	该模块包括水资源对企业业务的最新影响、合规性影响等
流程	W3	该模块包括企业污染管理程序、其他管理程序、风险识别和评估流程等

续表

主要指标	指标代码	相关描述
风险和机遇	W4	该模块是关于企业在多大程度上了解其暴露于固有的水资源风险的调查。水的问题因流域而异。企业越能有效评估运营和供应链层级的水资源风险，越能采取更系统的方法来处理水相关紧急情况
设施级别水核算	W5	该模块是针对 W4.1 中所提的设施进一步对比和估算
治理	W6	该模块阐明企业内部的水风险监督架构，包含董事会成员如何定期监督企业管理用水紧张的信息和监测进展情况
商业战略	W7	该模块包括战略规划、资本支出/运营支出、方案分析、水资源定价等
目标	W8	该模块追踪企业如何设定水风险管理目标和完成目标的过程。水资源目标可以在工厂水平、产品水平或者地理区域的不同水平上设置，但所有目标都应该在公司级别上进行跟踪。这允许将目标纳入公司的总体战略和主要绩效指标，提高完成目标的可能性
审验	W9	该模块主要是包括水信息的审验和披露标准
签核	W10	该模块是企业自述与 CDP 的关系以及管理层批准签核
供应链	SW	该模块是企业的 CDP 供应链介绍、企业设施情况、企业与 CDP 供应链成员的合作关系、企业用水强度指数等

资料来源：根据 CDP 网站（www. cdproject. net）公布的 2021 年问卷模板整理。

同时，CDP 的水安全调查问卷结合各个行业的特征，选择了与水资源变化关系密切的三大行业，分别是农业、能源和材料等（见表 6.6），CDP 针对不同行业推出了普适性问卷和针对性问卷，对水资源有高影响的行业内的公司会收到行业特定的信息采集要求，新增或替代一般水资源数据点。

表 6.6　CDP 水安全问卷的核心行业

行业	具体类别和代码
农业	食品、饮品和烟草（FB）
能源	公共电力（EU）；石油和天然气（OG）
材料	化学品（CH）；金属和采矿（MM）

资料来源：根据 CDP 网站（www. cdproject. net. ）公布的 2021 年问卷模板整理。

6.2.2.3　森林议题

森林砍伐和森林退化约占全球温室气体排放的 15%。停止砍伐森林和转化其他自然生态系统对大幅减少温室气体排放和自然资本损失有着重要的意义。全球对农业大宗商品的需求促使木材通过不可持续的方式获取，林地被开垦用于农业生产，是导致森林砍伐和生态系统转化的主要原因。这代表企业将面临重大风险，因为与森林砍伐相关的农业商品（即森林风险商品）是全球数百万产品的基石，其在众多组织机构的供应链中起重要作用。CDP 的森林工作代表了总资产高达 96 万亿美元的超过 525 名联署投资者，他们希望了解不同组织是如何应对森林相关风险的。2019 年年中，有 543 个组织或机构对 CDP 森林问卷进行了回复，该份问卷聚焦于各组织机构是如何生产、采购及使用四种主要森林风险商品（木材、牛产品、大豆、棕榈油）。调查问卷还允许公司披露对可可、咖啡和橡胶的生产、采购或使用情况。CDP 森林调查问卷与其他报告框架、政策议程、CDP 的水安全和气候变化调查问卷内容保持一致（见表 6.7）。

表 6.7　森林调查问卷内容

主要指标	指标代码	相关描述
简介	F0	该模块将对企业的基本情况进行画像，有助于了解回复企业的基本信息
当前状态	F1	该模块询问企业对其所处整个价值链中与森林有关的问题如何与其业务相联系的认知程度。例如，企业对森林风险商品的依赖性以及对当前和未来森林风险商品供应的认知
流程	F2	该模块询问了企业识别森林有关的问题和了解固有的风险暴露所采取的程序
风险和机遇	F3	该模块使各企业有机会展示他们暴露在固有的森林相关风险下的认知程度
治理	F4	该模块专注于企业内部的治理结构以及与森林相关问题的治理机制。例如，企业制定公开的森林风险管理政策是广泛承认的优秀做法，这也能够表明企业重视与森林有关的环境问题

续表

主要指标	指标代码	相关描述
商业战略	F5	该模块包括长期森林战略规划的细节问题
实施	F6	该模块询问企业如何计划执行或已经执行其与森林问题有关的政策和承诺
核查	F7	该模块包括森林信息的核查与标准
障碍及挑战	F8	该模块包括企业运营和价值链发展过程中面对的障碍和调整
针对性模块	F9 - F16	该模块是针对不同的行业所需提出典型性问题
签核	F17	该模块是企业自述与 CDP 的关系以及管理层批准签核
供应链	SF	该模块是企业的 CDP 供应链介绍、已认证的销量、企业与 CDP 供应链成员的合作关系、企业排放等

资料来源：根据 CDP 网站（www. cdproject. net）公布的 2021 年问卷模板整理。

同时，CDP 的森林调查问卷结合各个行业的特征，将三个行业的特定内容纳入其中：煤炭行业（F - CO）、金属和采矿行业（F - MM）及造纸和林业行业。CDP 针对不同行业推出了普适性问卷和针对性问卷，对森林有高影响的行业内的公司会收到行业特定的信息采集要求，新增或替代一般森林数据点。

6.2.3 CDP 标准的评分方法学

CDP 评分旨在检验企业的环境表现，同时也能激励及指导企业在他们的环境表现旅程中从披露级别、认知级别表现，提升到管理级别，并最终达到领导力级别。企业的年度评分将通过 CDP 平台分享给投资者和采购客户，亦可自愿公布在 CDP 官方网页上。同时，这些评分也将用于支持其他市场利益相关方，如支撑 STOXX 低碳指数、Euronext 指数及授权高盛使用。CDP 为每个主题（气候变化、水、森林）设有通用问卷，并根据部门行业特点，对高影响部门设置了特定问卷。与此同时，CDP 为每种问卷设置了评分方法学，CDP 问卷的评分工作是由经过培训且官方认可的评分合作伙伴负责完成，CDP 内部评分团队协调整理所有得分结果，并对数据质量进行检查及鉴定以确认评分结果符合 CDP 评分方法学标准。

6.2.3.1　评分的等级划分

回复企业的表现将使用四个连续等级进行评价，这些等级评分表征了企业环境管理工作提升的过程。四个等级包括：披露等级、认知等级、管理等级、领导力等级。在不同等级获得相应分数后，企业在特定问题中获得的披露和认知等级得分点将会除以该问题在这一等级的总分，所得结果将被转化为百分数，并保留到临近的整数位。对于管理等级和领导力等级，对每一类问题进行评分后，将基于不同种类问题的得分权重计算最终得分。某一等级的最小得分和最低指标要求将被作为等级晋升的依据。如果企业得分没有超过最小得分门限，则该企业得分将无法晋升到下一等级（见表 6.8）。企业的最终得分将取决于该企业在可达到的最高等级中的得分情况。

表 6.8　CDP 评分等级　　单位：%

水平	气候变化	水	森林	分数带
披露	1 ~ 44	1 ~ 44	1 ~ 44	D 级 -
	45 ~ 79	45 ~ 79	45 ~ 79	D 级
认知	1 ~ 44	1 ~ 44	1 ~ 44	C 级 -
	45 ~ 79	45 ~ 79	45 ~ 79	C 级
管理	1 ~ 44	1 ~ 44	1 ~ 44	B 级 -
	45 ~ 79	45 ~ 79	45 ~ 79	B 级
领导力	1 ~ 79	1 ~ 79	1 ~ 79	A 级 -
	80 ~ 100	80 ~ 100	80 ~ 100	A 级

资料来源：根据 CDP 网站（www.cdproject.net）公布的 2021 年评分介绍整理得来。

6.2.3.2　CDP 标准的评分原则

CDP 作为非营利性数据信息提供方，保持独立和公正是极其重要的，在评分阶段主要遵守以下原则：

（1）独立性（Independence）。评分是由 CDP 的合作机构/组织进行的，为保证分数的质量，所有分数都会经过严格的核对。

（2）可比性（Comparability）。CDP 的方法学对不同国家的同一行业都相同，即要履行同样的行动，要提供同样的信息。

（3）透明度（Transparency）。完整的填报指南、评分方法学、在线培训，都可以在官网查阅。

（4）影响力（Influence）。公开的分数会在 CDP 网站和报告、谷歌金融、德意志交易所、彭博终端等平台披露，同时分享给直接投资者。

6.2.3.3　CDP 标准的评分反馈

CDP 将评分结果反馈给回复企业，向企业指出他们现阶段环境管理工作等级环境（见图 6.3），并提出这些企业未来需要改进的地方。CDP 从不同等级为问题设置了不同的评分标准，这些评分标准贯穿整个问卷。CDP 对所有问题在披露等级进行评分，而一些问题则没有被设置认知、管理或领导力等级的分数。2019 年评分类别将问卷中的不同模块进行重组，该重组方式会依照主题问卷而有所区分，但是不会因为产业类别问卷而有所不同。每个主题内的每个部门都以特定方式受到环境问题的影响，并需要使用特定的方法对环境影响进行管理。为了表现出这些特殊性，每个主题中将采用不同的权重为部门得分类别进行评分。权重将应用于“管理”和“领导力”级别的每个评分类别。每个类别的权重反映了其在总分中的相对重要性。每个部门中大多数得分类别在管理级别和领导力级别上都具有相同的权重。

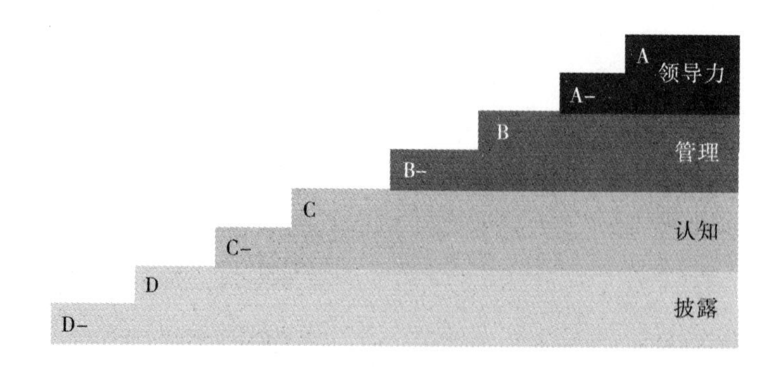

图 6.3　不同等级环境管理工作反馈

资料来源：根据 CDP 网站（www. cdproject. net）公布的 2021 年评分介绍整理。

CDP 仅基于企业在他们回复中披露的活动和职位对其进行评分，这会在本质上给评分结果带来不可避免的限制。因此，在参考该评分时，请以企业回复中已提及的企业行为为准，而被评分的企业也会被提醒注意他们未披露部分的行为在环境上可能产生的正面的或负面的影响。

6.2.4　CDP 标准的披露原则

6.2.4.1　目的性原则

CDP 问卷的主要目的是收集企业的碳信息，以满足决策者的信息需要。CDP 调查问卷充分透彻了解了碳信息披露的主题，并根据主题分解出需要了解的内容，针对这些内容设计尽量可从企业那里得到最多资料的问题，做到既不遗漏一个问句以致需要的信息缺乏完整度，也不浪费一个问题去取得不相关的资料。因此，从实际需要的信息出发进行拟题，所构建出的问题目的性明确，重点突出。

6.2.4.2　层次性原则

CDP 问卷问题的排列分为三大板块，从三个板块出发进行问题的设计，每一大板块下都包含若干关于碳信息的问题，通过层层递进的方式来对问题进行设计，题目的类型包括选择题和问答题，最后以得到的所有问题答案对企业的碳信息进行收集及评价。

6.2.4.3　可比性原则

考虑到相关数据收集以及各项指标量化的难易程度，在设计问卷时，CDP 的问题设计大多与前几年的数据进行对比，从而可以进行纵向比较，与同行业的其他企业进行横向比较，提供具有可比性的信息。

6.3　CDP 标准在全球不同行业的实践情况

CDP 每年都会根据不同行业进行相关数据分析，以更好地展示 CDP

的披露框架在不同行业的实践情况。本节选择《2019 年 CDP 全球报告》，基于 CDP 数据进行截面研究，详细展示 CDP 最新行业分析结果。

6.3.1 CDP 标准的行业细分

根据 CDP 披露报告显示，2019 年参与 CDP 披露的行业根据全球行业分类标准（GICS）可以归纳为 15 个大类，主要分为制造业，服务业，材料，食品、饮料和农业，金融服务，运输服务，基础设施，生物技术、医疗保健和制药，能源，服装业，零售业，化石燃料，矿物提取，酒店管理，以及其他（见图 6.4）。其中，制造业企业共有 2312 家，占比 33.3%；服务业企业共有 1193 家，占比 17.2%；材料行业企业共有 760 家，占比 11.0%。排名前三位的行业总占比 61.5%。同时，根据第 6.2.2 节中 CDP 的核心行业划分来看，前三名行业也是对环境造成主要影响的行业，并与调查问卷的设定结果相一致。

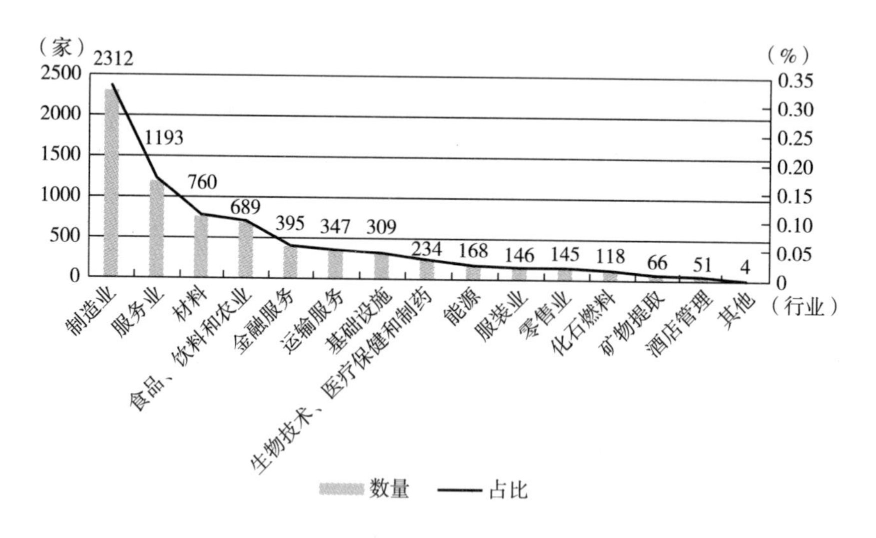

图 6.4 参与 CDP 行业细分

资料来源：根据 CDP 网站（www.cdproject.net）公布的《CDP 气候变化报告 2019》（CDP Climate Change Report 2019）整理。

6.3.2　CDP标准的行业风险分析

2019年，向CDP报告的公司中有53%确定了与气候相关的固有风险，这些风险有可能对其业务产生实质性的财务或战略影响（见图6.5）。可以看出，在属于服装和服务行业的公司中，不到一半的公司报告了可能产生实质性影响的风险；而电力、零售、矿产开采和化石燃料行业发现实质性风险的比例要高得多，接近80%；而且服务业、制造业、服装业的实质性报告比例低于平均报告的比例，说明全球相关行业的风险意识都较低，需要进一步加强CDP风险意识培养。

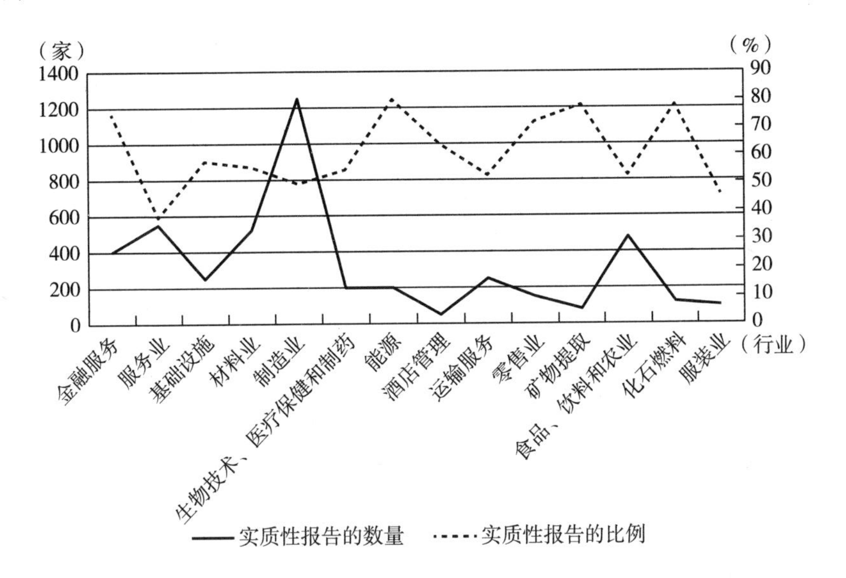

图6.5　不同行业对CDP风险感知报告情况

资料来源：根据CDP网站（www.cdproject.net）公布的《CDP气候变化报告2019》（CDP Climate Change Report 2019）整理。

6.3.3　CDP标准的行业机会分析

2019年，向CDP报告的公司中有约50%确定了与气候相关的机遇，这些机遇也会对企业的业务产生实质性的财务或战略影响（见图6.6）。

可以看出，在属于服装业，食品、饮料和农业，制造业，运输服务业等企业的实质机会都少于平均水平，这说明全球相关行业发现机会的意识也相对较低；而金融服务业、化石燃料业、电力行业的实质性机会比例要远高于平均值，接近 80%；与上一节的行业风险相对应分析发现，制造业、服装业这两个大行业的风险和机遇意识都较低，对 CDP 的发展重视程度不够，但又是影响环境保护和气候变化的关键占比行业，因此需要进一步重视相关碳发展。

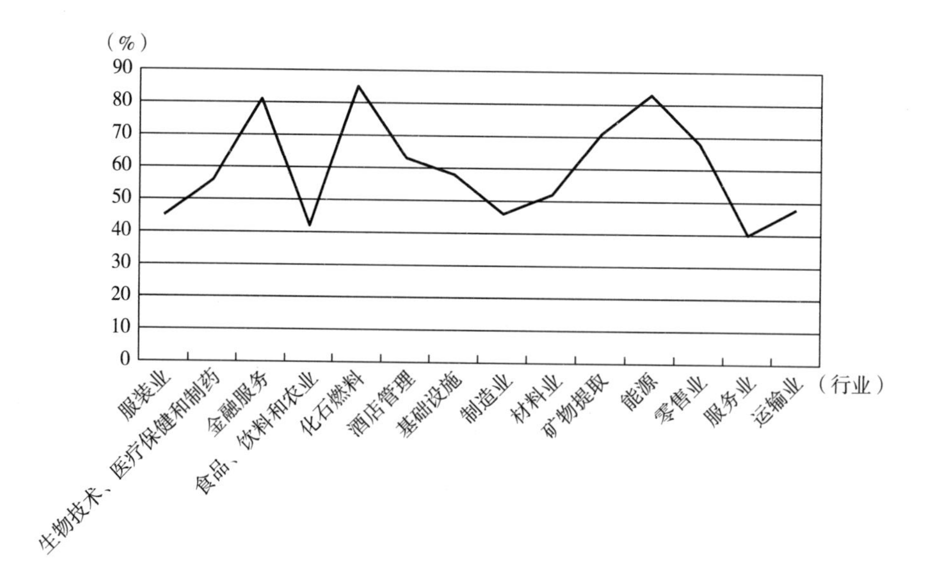

图 6.6　不同行业确认发现机遇的比例

资料来源：根据 CDP 网站（www. cdproject. net）公布的《CDP 气候变化报告 2019》（CDP Climate Change Report 2019）整理。

6.4　CDP 标准在不同国家和地区的实践情况

目前，CDP 调查披露的覆盖面积已经较为广泛。根据《2019 年 CDP

全球报告》显示，共有6937家企业参与了CDP的问卷调查，其中，欧盟、美国、中国、日本一共有5057家企业参与CDP调查，占比72.9%（见图6.7）。可以看出，美国、日本、中国、欧盟是CDP调查的核心关注国家和地区，也是国际上积极承担环境保护责任的主力。因此，本节重点分析CDP披露框架在美国、日本、中国和欧盟的实践情况，首先是针对各自的CDP政策进行了梳理，之后探究其不同的披露形式，最后针对各个国家和地区的行业CDP情况进行分析。

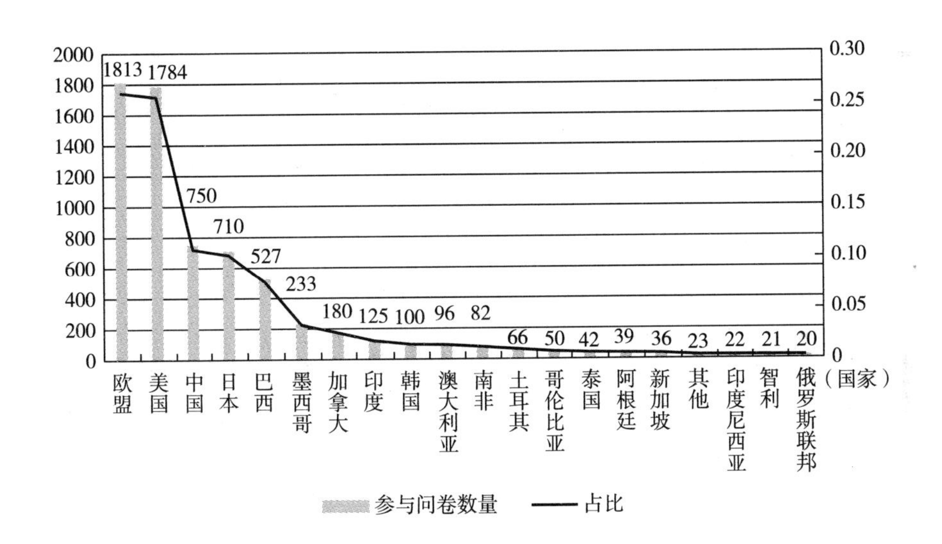

图6.7 参与CDP调查前20名国家和地区的企业数量及对比

资料来源：根据CDP网站（www.cdproject.net）公布的《CDP气候变化报告2019》（CDP Climate Change Report 2019）整理。

6.4.1 欧盟企业参与CDP披露的概况

6.4.1.1 欧盟CDP披露标准的发展

欧盟碳披露主体是由欧盟组织、各成员国政府、各成员国企业等共同构成的，其突出特点是各个国际共同遵守标准化的碳披露要求，可比性和针对性较强。具体来看，2005～2007年是欧盟碳披露发展的第一阶段，欧盟28个成员国按照《京都议定书》承诺期的减排要求，在1990年的基础上减少8%温室气体排放，将二氧化碳的总量控制在20.58亿吨，覆盖行业为20MW以上电厂、炼油、炼焦、钢铁、水泥、玻璃、石灰、制砖、制陶、造纸等；2008～2012年是第二阶段，欧盟28个成员国、挪威、冰岛和列支敦士登等提出，到2012年，在1990年的基础上减少8%温室气体排放，将二氧化碳总量控制在18.59亿吨，覆盖行业为第一阶段所有行业，再加上航空业，最主要的特征是英国政府于2008年颁布《气候变化法案》，是全球第一个强制要求上市公司在年报中公布温室气体排放数据的国家；2013～2020年为第三个阶段，欧盟28个成员国、挪威、冰岛和列支敦士登等提出遵守《巴黎协定》相关规定，到2020年，在1990年的基础上减少20%温室气体排放，排放目标是2013年为20.84亿吨二氧化碳，之后每年线性减少1.74%，覆盖行业为第一阶段所有行业，再加上制铝、石油化工、制氨、硝酸、乙二酸、乙醛酸生产、碳捕获、管线输送、二氧化碳地下储存、航空业等，主要特征是2013年起，欧盟启动碳排放交易计划（EU－ETS），要求更加科学地制定和划分配额量，并形成一体化的监管标准。2021年之后是新的发展阶段，相关国家提出，到2030年，在1990年的基础上减少40%温室气体排放，二氧化碳总量控制在每年线性减少2.2%，且不断扩大碳披露覆盖行业。同时，根据现有规则，监管机构可以综合性地、跨界地在碳市场中对市场滥用和违规行为进行监管，将高标准的市场透明和投资者保护制度适用于碳市场监管过程中，确保EU－ETS构建指令、碳配额拍卖条例和金融市场监管立法的连续性，使市场参与主体能够在统一的市场监管下进入碳市场。

6.4.1.2 欧盟CDP标准的行业分析

在CDP披露报告（国家和地区版）的整体框架中，分析行业的对气候变化感知的风险和机会是主要关注点，本节利用欧洲CDP最新披露报告（2018年数据），针对欧洲国家的不同行业对CDP的风险和机会感知进行分析，探究欧盟下属行业CDP情况。首先，通过CDP调查报告可以看出，欧盟的CDP调查行业主要集中在制造业，服务业，材料，食品、

饮料和农业，运输服务，基础设施，生物技术、医疗保健和制药，能源，服装业，零售业，化石燃料，矿物提取，酒店管理共13个领域。

其次，针对欧盟下属行业的CDP风险感知分析（见图6.8），对潜在风险感知最强的行业是化石燃料（42%）、矿产开采（41%）和运输服务（40%），因为气候变化的潜在危害对天然原材料开采利用行业的影响最为深远，并且可能会由于原材料的影响而造成大量运输行业的低迷；对实质性风险（认为肯定会存在风险）感知最强的行业是食品、饮料和农业（27%）和酒店（27%），因为气候变化会直接影响农业产量、影响易腐货物的供应链（例如，通过极端天气事件），并可能破坏或抑制对休闲和旅游体验的总体需求（例如，通过天气模式的变化、景观退化和气候变化），以及生态系统等。

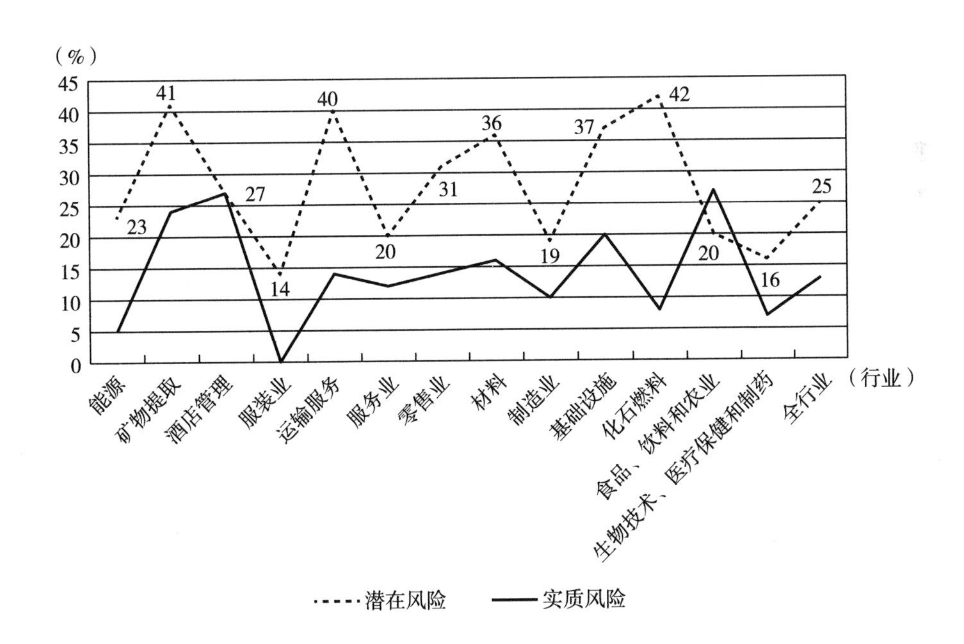

图6.8　欧盟相关行业CDP风险感知分析

资料来源：根据CDP网站（www.cdproject.net）公布的《CDP欧洲报告2018》（CDP European Report 2018）整理。

最后，针对欧盟下属行业的CDP机会感知分析（见图6.9），纵观所有行业，能源行业在这方面最为乐观，82%的企业认为，通过帮助应对气候变化，具有高潜在影响的商机至少“有可能”出现，清洁能源（50%）和新产品服务（50%）被视为能源行业中最强劲的机会；在其他行业，提高资源效率被视为对企业更大的好处，矿产开采（41%）和酒店业（33%）将此视为最有利的机会；其他行业对其潜在机会的积极性明显较低，只有14%的服装行业公司认为至少有可能获得高潜在收益的机会；生物技术、医疗保健和制药企业也不是特别乐观，只有28%的企业看到了同样的情况。

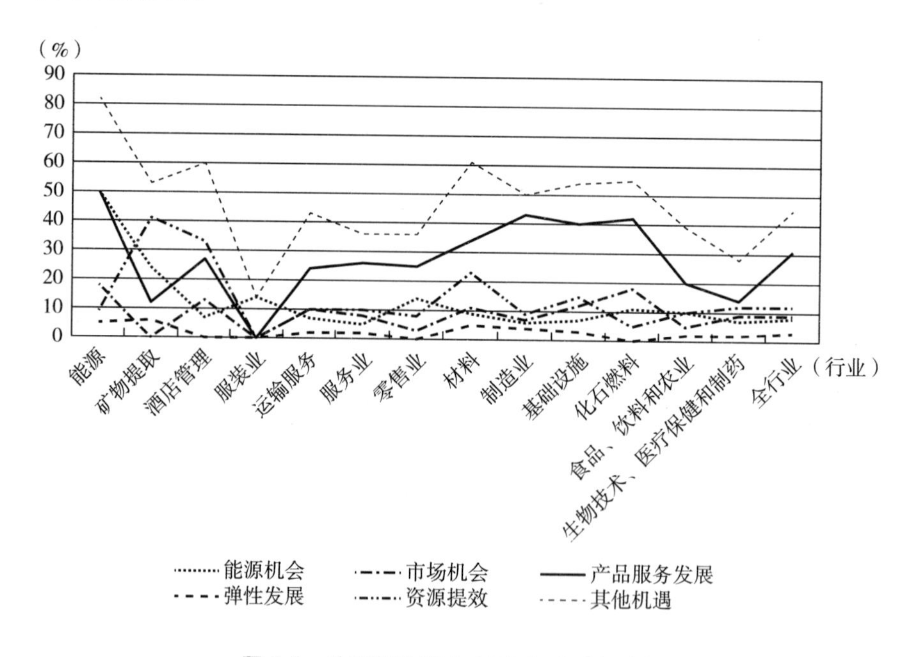

图6.9 欧盟相关行业CDP机会感知分析

资料来源：根据CDP网站（www.cdproject.net）公布的《CDP欧洲报告2018》（CDP European Report 2018）整理得来。

6.4.2 美国企业参与CDP披露的概况

6.4.2.1 美国CDP披露标准的发展

美国的碳披露发展之路与欧盟不同，其碳披露发展并未形成一个统一

的标准，而是重视区域碳发展，是典型的伞形结构监管方式。在美国碳市场的建设中，美国各级州政府起到了主导作用，他们重视应对环境问题，通过各级州的共同努力，形成了区域性的碳交易市场，成为美国主要的碳披露市场。美国虽未致力于建立统一的全国性碳市场，但其区域碳市场不断发展和成熟，为全国碳市场的建立奠定了坚实基础。

美国于 1990 年发布《酸雨项目》，明确规定企业必须对排放的二氧化碳浓度以及排放量进行即时监测并上报。1994 年美国能源部推动实施“自愿温室气体报告计划”，随后美国联邦层面对强制性碳披露义务的要求逐渐加强。美国环保部（Environmental Protection Agency，EPA）经多次讨论与修正，于 2009 年 10 月出台了《温室气体强制报告制度》，要求化石燃料和工业气体等能源供应商、汽车和发动机制造商、碳排放量超过 25000 吨的企业与设施必须从 2010 年 1 月 1 日起向 EPA 提交年度碳排放量报告。美国强制提交碳排放报告的企业覆盖 41 类排放源（占约 85% 温室气体排放量）和 33 类排放者。这一报告制度使 EPA 及时有效地掌握各类企业的温室气体排放信息，为其制定气候变化政策提供坚实的数据基础。随后 EPA 发布了最终版的《温室气体强制报告规则》，要求约 10000 个大型排放设施自 2010 年起报告温室气体排放。2010 年，美国证券交易委员会（SEC）也发布了《关于气候变化相关问题的披露准则指引》，指出企业应在财务报表附注的“风险因素”中披露其气候变化的重大风险，例如，总量交易机制的财务影响，包括出售碳排放配额的利润和费用、改进设备以满足排放限制的成本以及因商品和服务价格改变导致的市场需求变化，并建议披露气候变化造成的重大物理影响，如对海平面、耕地、水资源可利用量的影响。此外，美国保险监督官协会每年高度重视碳信息的强制披露，要求保险公司披露气候变化相关的财务风险和减排行动。之后，美国的碳披露和排放基本是沿用 2009 年和 2010 年出台的相关规则，目前美国正在实行的涉及公司环境信息披露的法律包括《清洁水源法》《固体废弃物处理法》《资源保护和恢复法》《污染防范法》《有害物质控制法》《超级基金法》等，这些法律从不同的方面对公司的环境信息披露做出了严格的法律要求，违反相应法律规定的公司可能面临民事和刑事上的双重惩罚。区域性碳排放权交易体系有：西部气候倡议（WCI）、区域性温室气体倡议（RGGI）、气候储备行动（CAR）、芝加哥气候交易所（CCX），这些披露体系构成了美国区域性碳排放交易体系的重要组成部分。

6.4.2.2 美国 CDP 标准的行业分析

本节将针对美国的不同行业对 CDP 的风险和机会感知进行分析，探究美国下属行业 CDP 情况。首先，通过 CDP 调查报告可以看出美国的得克萨斯州、佛罗里达州、亚利桑那州、科罗拉多州、加利福尼亚州、伊利诺伊州、俄亥俄州七个州下辖的 CDP 调查行业主要集中在能源行业、基础设施、必需消费品、信息技术行业、非必需消费品、电信服务、材料行业、健康关注行业、金融行业、公共事业、房地产行业共 11 个领域（见图 6.10）。

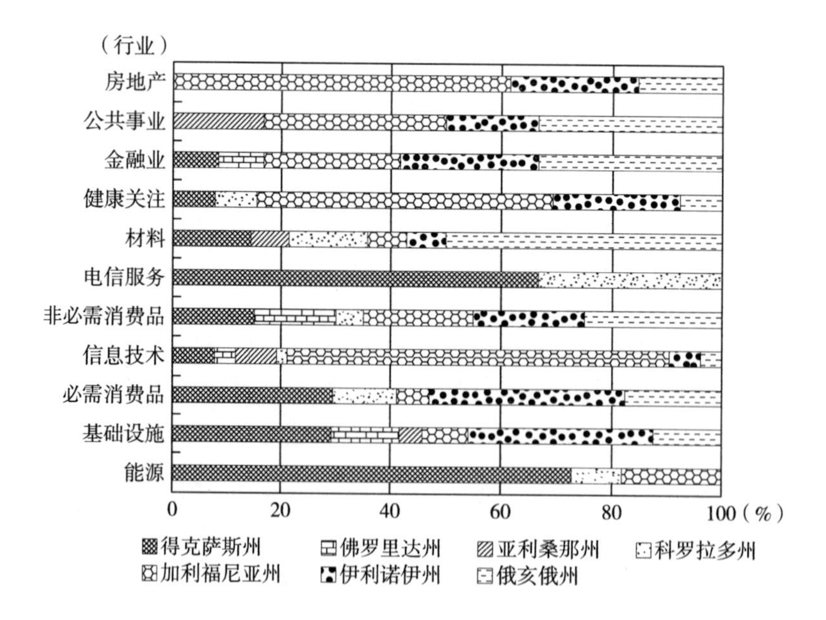

图 6.10 美国各州参与 CDP 行业分析

资料来源：根据 CDP 网站（www. cdproject. net）公布的《CDP 北美报告 2018》（CDP North American Report 2018）整理得来。

其次，通过美国 CDP 各个州的行业（企业）整合分析来看（见表6.9），主要的风险驱动因素包括碳定价、相关环境法规、能源材料税收、声誉等方面，主要的机遇驱动因素包括声誉、碳定价、能源税收、环境法规、气候温度变化、消费者行为等方面，可以看出，很多风险与机遇的驱动因素是重合的，气候问题对于不同行业来说，存在挑战的同时也是新的发展机遇和增长点。

表 6.9　美国各州行业整合的核心风险与机遇分析

	风险驱动因素	机遇驱动因素
得克萨斯州	• 碳定价 • 排放报告义务 • 一般环境法规，包括规划和声誉	• 声誉 • 碳定价 • 燃油/能源税和法规
佛罗里达州	• 碳定价 • 热带气旋（飓风、台风） • 燃油/能源税和法规	• 改变消费者行为 • 一般环境法规，包括规划 • 产品效率法规和标准
亚利桑那州	• 碳定价 • 排放报告义务 • 物理气候驱动因素	• 改变消费者行为 • 其他监管驱动因素 • 可再生能源法规
科罗拉多州	• 碳定价 • 排放法规和环境规划 • 极端降水和干旱的变化	• 声誉 • 平均温度变化 • 排放法规和环境规划
加利福尼亚州	• 声誉 • 极端降水和干旱的变化 • 燃油/能源税和法规及碳定价（tie）	• 声誉 • 改变消费者行为 • 其他自然气候机会
伊利诺伊州	• 碳定价 • 极端降水和干旱的变化 • 燃油/能源税和法规	• 声誉 • 改变消费者行为 • 其他驱动因素
俄亥俄州	• 燃油/能源税和法规 • 声誉 • 碳定价	• 改变消费者行为 • 声誉 • 燃油/能源税和法规

资料来源：根据 CDP 网站（www.cdproject.net）公布的《CDP 北美报告 2018》（CDP North American Report 2018）整理得来。

6.4.3 日本企业参与 CDP 披露的概况

6.4.3.1 日本 CDP 披露标准的发展

日本是伞形国家集团的代表，在一些气候谈判的议题上长时期追随美国应对气候变化的政策，在减排、资金与技术转让等问题上一度态度消极，甚至出现倒退趋势。但是日本作为岛屿国家，极易受到气候变暖、海平面上升的影响。适应气候变化，以及从根本上减缓气候变化的利益诉求，要求日本积极应对气候变化。因此，日本也曾在一段时期内积极参与国际气候治理，并在国内开展了包括碳排放交易实践在内的一系列应对气候变化工作。

日本曾经积极推动《京都议定书》的达成，并在国内通过了《全球气候变暖对策推进法 1998》作为与国际法的重要衔接，但该法仅仅是程序性立法，仍需要进一步对实质性内容进行立法。2008 年日本政府制定了《实现低碳社会行动计划》用于实现可能的温室气体减排目标。2009 年哥本哈根气候大会后，日本政府承诺的 2020 年减排目标为以 1990 年水平减排 25%，2030 年减排 30%。2010 年，日本中央环境理事会确定日本在 2050 年的长期减排目标为以 1990 年水平减排 80%。但在 2013 年召开的华沙气候大会上，日本政府更改了其早先承诺的 2020 年减排目标，将其修改为以 2005 年水平为基础减排 3.8%，这相当于变相在 1990 年的水平上增排 3.1%。这一“缩水版”新减排目标的实现将主要依靠以森林保护为主的国内减排项目以及联合信用机制（JCM）来实现。日本也是尝试碳排放交易制度建设较早的国家之一。从 2002 年至今，日本官方与民间层面建立了多个相互独立的国家和地区级碳排放交易和碳信用抵消机制。根据主管机构进行区分，日本经历的国内碳排放交易制度可以分为多个系统，包括日本环境省实施的 JVETS 和 JVER 机制，由日本政府主导的 JEI-ETS 机制、日本减排信用机制（J－Credit Scheme）和基于国际层面的 JCM 机制。此外，东京都、埼玉县碳排放交易制度以及京都市碳减排制度则构成了日本地方碳排放交易体系。

6.4.3.2 日本CDP标准的行业分析

本节将针对日本的不同行业对CDP的风险和机会感知进行分析，探究日本下属行业CDP情况。首先，通过CDP调查报告可以看出日本的CDP参与行业主要集中在服装行业，生物技术、医疗保健和制药行业，食品、饮料和农业，化石燃料行业，酒店服务行业，基础设施行业，制造业，材料行业，能源行业，零售行业，服务行业，运输行业共12个领域（见图6.11）。

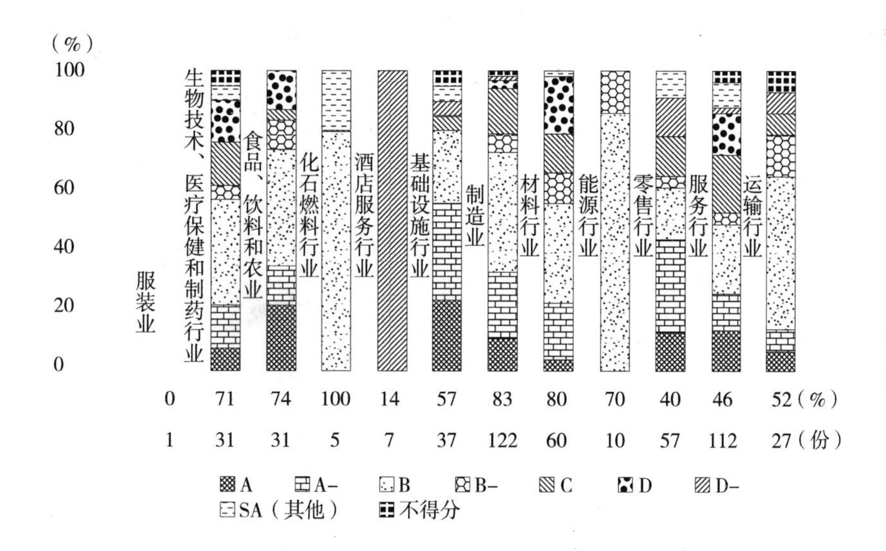

图6.11 日本参与CDP的各行业得分情况

注：图中横坐标第一行数据为相关行业问卷回收率，第二行数据为相关行业问卷回收数。

资料来源：根据CDP网站（www.cdproject.net）公布的《CDP日本报告2019》（CDP Japan Report 2019）整理得来。

之后，通过日本CDP各个行业（企业）整合分析来看（见表6.10），主要的风险驱动因素包括当前法规制度、新兴监管、技术、合法性、市场情况、声誉、急性风险、慢性风险、实质风险、过渡风险，可以看出，组织最清楚当前监管是一种过渡风险。其次是市场、新兴监管和技术，且人们高度认识到急性物理风险，最近的大台风和河流洪水造成的破坏就是典型的例子。从长期角度评估气候变化相关风险的组织结构似乎在公司中越来越普遍，并导致了情景分析的实践。主要的机遇驱动因素包括产品和服务创新、市场情况、房地产、能源提效、资源效率，可以看出，企业在气候变化的过程中，比较关注产品和服务的创新机遇，以及市场的变化情况和能源（资源）改变，这也是近期国际上关注碳减排、碳中和的一种企业层面的现象。

表 6.10　日本各行业整合的核心风险与机遇分析

风险驱动因素	机遇驱动因素
当前法规制度、新兴监管、技术、合法性、市场情况、声誉、急性风险、慢性风险、实质风险、过渡风险	产品和服务创新、市场情况、房地产、能源提效、资源效率

资料来源：根据 CDP 网站（www. cdproject. net）公布的《CDP 日本报告 2019》（CDP Japan Report 2019）整理。

6.4.4　中国企业参与 CDP 披露的概况

6.4.4.1　中国 CDP 披露标准的发展

一直以来，中国政府采取了追求低碳经济发展的总体思路与政策。低碳经济发展日益受到重视，从“十一五”到“十四五”规划制定的目标可见一斑，而对于低碳经济发展的政策支持也证实了这一点。对碳排放量进行把控，不但是我国缓解世界性气候变化的重大使命，也是中国进行经济转型、增强发展可持续性、实现产业优化升级的重点内容。中国虽没有强制要求承担减排任务，但中国仍然积极应对气候变化问题，相继出台了相关政策，为碳市场的发展指明了政策方向。具体来看，早在 20 世纪 70 年代，我国就颁布实施了国家环保方阵，1989 年出台了我国第一部《环保法》，2002 年开始推进《清洁生产促进法》，2006 年的“十一五”规划提出到 2010 年的能源强度（对比 2005 年）降幅达到 20 个百分点，2008 年北京环境交易所的成立促进了国内自愿碳交易市场的逐渐形成，2009

年的哥本哈根世界气候大会上，中国承诺到 2020 年单位 GDP 的碳排放总量（对比 2005 年）降幅达 40 个 ~45 个百分点，2011 年的“十二五”规划明确 2015 年二氧化碳排放数量下降 17 个百分点的目标并开展碳交易试点，2012 年国内首份关于碳计量与碳披露报告指南发布，2013 年确定“全国低碳日”，2014 年国务院发布《国家应对气候变化规划（2014 - 2020 年）》，2016 年“十三五”规划确定完善碳排放标准体系和低碳技术推广，2020 年习近平主席在联合国大会上向全世界承诺要在 2030 年之前碳达峰、2060 年之前实现碳中和，2021 年“十四五”规划纲要指出要合理配置能源资源、提高利用效率、持续减少污染物排放。

6.4.4.2 中国 CDP 标准的行业分析

在 CDP 披露报告（国家和地区版）的整体框架中，分析行业对气候变化感知的风险和机会是主要关注点，本节利用中国 CDP 最新披露报告（2019 年数据进行分析），将针对中国不同行业对 CDP 的风险和机会感知进行分析，探究中国行业 CDP 情况。首先，通过 CDP 调查报告可以看出，中国 CDP 调查行业主要集中在生产制造业（电力、电子和机械，金属产品，其他等），服务业，材料业，服装纺织业，生物技术、医疗保健和制药业七个领域（见图 6.12）。

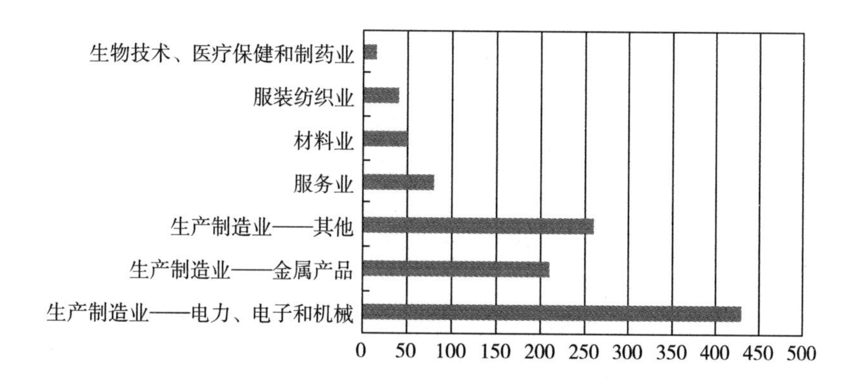

图 6.12 中国参与 CDP 调查的相关行业

资料来源：根据 CDP 网站（www. cdproject. net）公布的《CDP 日本报告 2019》（CDP China Report 2019）整理。

其次，针对中国不同行业的 CDP 风险感知分析（见图 6.13），CDP 的中国版报告主要是针对不同行业的供应商进行风险识别分析，CDP 发现供应商应对措施中与气候相关的风险评估有所改善。越来越多的供应商开始认识到并识别其业务中与气候相关的风险。62% 的回复供应商已经识别出与气候相关的固有风险，这些风险有可能对他们的业务产生实质性的财务影响，而 2018 年的这一比例仅为 54%。在识别出实质性气候风险的公司中，有一半的公司提供了有关风险驱动因素的更多细节。有 27% 的风险属于实体风险，23% 属于转型风险。相比之下，在 2018 年，只有 10% 的风险相关问题有更进一步的细节回复和风险类别的识别。这意味着中国供应商越来越能够识别到气候相关的风险。2019 年，与合规和保险相关的运营成本增加，以及来自生产能力下降（例如，运输困难、供应链中断）的收入减少，是供应商最常提到的两个重大风险。

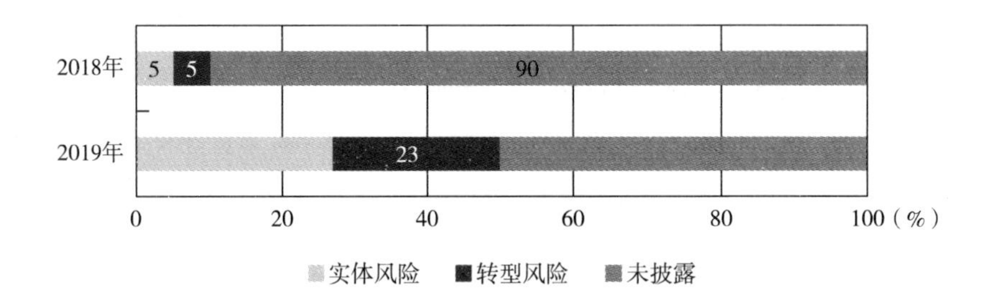

图 6.13 中国各行业供应商 CDP 风险感知汇总分析

资料来源：根据 CDP 网站（www.cdproject.net）公布的《CDP 日本报告 2019》（CDP China Report 2019）整理。

最后，针对中国行业的 CDP 机会感知分析（见图 6.14），许多供应商在 2019 年回复中列出了与气候变化相关的机遇。44% 的供应商报告，他们发现了与气候相关的金融机会，另有 24% 的供应商在尚未意识到的情况下发现了这些机遇。与气候相关的机遇可能以能源、市场、产品和服务、适应能力和资源效率等方面的机遇的形式出现。中国供应商提到最多

的两个机会是提高生产效率和开发低碳产品。

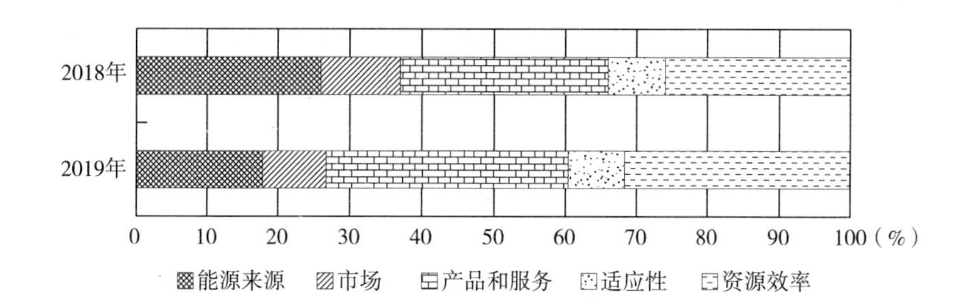

图 6.14 中国各行业供应商 CDP 机会感知汇总分析

资料来源：根据 CDP 网站（www.cdproject.net）公布的《CDP 日本报告 2019》（CDP China Report 2019）整理。

6.4.5 全球 CDP 标准的实践情况总结

从 CDP 的背景介绍、发展演变过程来看，关于气候变化的相关信息越来越受到不同行业、不同地区的重视，CDP 的内容也由关注气候变化扩展到关注水安全和森林等议题，CDP 的影响范围也由欧洲延伸到全球各地。CDP 在全球的支持者数量整体呈现递增趋势，行业覆盖面较为广泛但针对性越来越精细，在欧盟、美国、日本、中国等披露发展不断深入。由此可见，气候变化、水资源和森林保护是当今时代最典型的环境问题，世界各国、各行各业都在面临环境变化所带来的机遇与挑战，也在不断寻找相关解决途径。随着 CDP 的影响力不断扩大，以及与全球气候变化和低碳的倡导不断推行，全球范围内越来越多的国家、行业和企业更加注重自身在气候信息披露方面的披露行为与披露效果。

从 CDP 在不同行业的实践情况来看，CDP 的行业覆盖面较为广泛但针对性越来越精细，主要分为制造业，服务业，材料，食品、饮料和农业，金融服务，运输服务，基础设施、生物技术、医疗保健和制药，能源，服装业，零售业，化石燃料，矿物提取，酒店管理等，且会详细分析行业的机会与风险。其中，服装和服务行业的公司对实质性影响的风险重视程度较低，电力、零售、矿产开采和化石燃料行业较为重视实质性风险，服务业、制造业、服装业的实质性报告比例低于平均报告的比例，说明全球相关行业的风险意识都较低，需要进一步加强 CDP 风险意识培养。服装业，食品、饮料和农业，制造业，运输服务业等行业的实质机会都少于平均水平，这说明全球相关行业发现机会的意识也相对较低；而金融服务业、化石燃料业、电力行业的实质性机会比例都较高，说明制造业、服装业这两个大行业的风险与机遇意识都较低，对 CDP 的发展重视程度不够，但又是影响环境保护和气候变化的关键占比行业，因此需要进一步重视相关碳发展。

从 CDP 在不同国家和地区的实践情况看，欧洲、美国、中国、日本一共有 5057 家企业参与 CDP 调查，是 CDP 调查的核心关注国家，也是国际上积极承担环境保护责任的主力国。其中，欧盟碳披露主体是由欧盟组织、各成员国政府、各成员国企业等共同构成的，其突出特点是各个国际共同遵守标准化的碳披露要求，可比性和针对性较强，发展也较早；而且欧盟的 CDP 披露主要集中在制造业，服务业，材料，食品、饮料和农业，运输服务，基础设施，生物技术、医疗保健和制药，能源，服装业，零售业，化石燃料，矿物提取，酒店管理共 13 个领域。美国的碳披露发展之路与欧盟不同，其碳披露发展并未形成一个统一的标准，而是重视区域碳发展，是典型的伞形结构监管方式，目前还没有建立统一的全国性披露市场，美国的得克萨斯州、佛罗里达州、亚利桑那州、科罗拉多州、加利福尼亚州、伊利诺伊州、俄亥俄州七个州下辖的 CDP 调查行业主要集中在能源行业、工业、必需消费品、信息技术行业、非必需消费品、电信服务、材料行业、保健行业、金融行业、公共事业、房地产行业 11 个领域。日本的 CDP 参与行业主要集中在服装业，生物技术、医疗保健和制药行业，食品、饮料和农业，化石燃料行业，酒店服务业，基础设施行业，制造业，材料行业，能源行业，零售行业，服务业，运输行业 12 个领域。中国一直在追求低碳经济发展，从“十一五”到“十四五”规划制定的目标中可见一斑，但由于人口体量和经济水平的制约，还处于不断探索低碳发展和信息披露的过程。中国 CDP 调查行业主要集中在生产制造业（电力、电子和机械，金属产品，其他等）、服务业、材料业、服装纺织业、生物技术、医疗保健和制药业七个领域。

6.5　CDP 标准对中国 ESG 披露标准制定的启示

6.5.1　借鉴 CDP 披露模式，以多主体共同参与的形式开展 ESG 披露

建议借鉴 CDP 相关的披露范式，在开展 ESG 披露时，要协调参与 ESG 披露的各方主体，包括相关的政府部门、服务提供商和披露组织、投资机构者、企业、国际组织、公众。其中，每个主体在 ESG 披露发展中的作用都不一样，政府、银监会、证监会与相关监督部门主要是负责流通顶层设计、商贸流通企业与生态体系良性发展，对企业活动进行有针对性的监管，及时披露信息，设立专业监管人员对披露的信息进行再监管，对信息披露的真实性、准确性进行再核查；服务提供商和相关披露组织要结合中国实际制定精细化评级标准，发展 ESG 指数等，促进国内国际标准统一；机构投资者需要积极协同发展多层次资本市场体系，拓宽企业多元化融资渠道，提高金融资源配置效率，加大长期价值投资理念的宣传力度，优化投资和产品发展；企业是 ESG 评价的对象，要积极参与 ESG 披露的各项工作，如 CDP 相关企业会积极提供问卷、披露碳排放信息、供应链情况等，参与 ESG 的企业也应该与披露调查主体积极对话，带动企业社会责任发展和中国经济高质量发展；国际组织与倡议是实现国际对话的桥梁，要积极与 CDP 等组织互换信息，统一标准，与国内 ESG 生态体系相互影响；

公众则以消费者和个人投资者的身份倒逼企业发展 ESG。

6.5.2 借鉴 CDP 数据库形式，建立多维度、多分类、多层次的 ESG 披露数据库

CDP 的披露是由非政府、非营利机构开展的，这能够保证信息披露的公正准确。在 ESG 披露时，首先建议通过建立专门的行业协会、高校组织进行披露，保证信息的公平准确。其次建议要制定相关行业的信息披露标准与细则（将普适性标准和行业针对性标准相结合），促成 ESG 企业的信息披露制度化、规范化，提高行业内企业履行社会责任的主动性与积极性。之后建立推广 ESG 数据填报系统，鼓励各大型企业、中小型企业对数据进行统一如实填报，并把国内外相关 ESG 披露标准和最新信息纳入 ESG 信息系统，确保信息的广泛性，把更为广泛全面的信息服务提供给各参与主体，降低信息不对称问题。最后，在数据平台对数据进行整理和加工时，严格依据信息披露的内容和形式要求进行信息披露，并保证信息披露的及时性、可靠性、权威性、有效性原则，使政府、企业、公众等碳市场主体能够及时链接 ESG 信息，调整交易行为，促进金融市场合理有序进行。在提高企业 ESG 信息透明度的同时，增加沟通互动功能，为政府、企业和中介机构信息共享、交流互动提高效率提供平台。

6.5.3 借鉴 CDP 碳交易发展模式，推动 ESG 投资发展

成熟的碳金融市场可以为碳交易市场合理分配资源发挥金融的资源配置作用，碳金融的发展更能反映碳减排的本质，在很大程度上影响一个国家的国际议价能力。因此，在发展 ESG 时应学习碳交易市场相关发展方式。ESG 产品在欧美资本市场已展现出旺盛的生命力。我国资本市场进入改革深水区，设立科创板、创业板试点注册制等一系列改革加速，为 ESG 投资提供了良好的市场环境与创新空间。首先是银行机构应当抓住当前 ESG 投资创新风口，挖掘民生、环保、普惠、养老等重点领域高质量发展需求，创新研发 ESG 领域的主动与被动指数、债券、理财产品、

基金等多种金融产品，连接多层次资本市场，提升直接融资水平，促进实体经济高质量发展。其次是加强其他主体的市场参与感，建立多渠道、多形式的 ESG 融资工具，开发出适应中国 ESG 情境的融资产品，以满足发展过程中对 ESG 产品多元化的需求，与有实力的企业和国际组织合作共同推进 ESG 金融的发展。最后，结合 CDP 发展，设立 ESG 基金。由于碳中和债的发行主体基本是评级在 AAA 级的央企和国企，更多中小微企业因资质不够，暂时无法成为银行、保险等低风险偏好机构的首选投资标的，根据《中国绿色金融发展研究报告》数据，2019 年中国绿色投资供给与需求缺口有近 6000 亿元人民币，而 ESG 基金就可以与 CDP 共同发挥作用，很好地弥补这一资金缺口。

第7章　中国ESG信息披露体系的发展概况及存在问题

当前全球气候剧变、生态环境压力加剧，“E－环境”领域也得到了高度重视；2008年全球金融危机爆发引发了业界对“G－治理”领域的高度关注；人本思想、人权意识的不断提升使“S－社会”领域也逐渐成为社会各界重点关注的对象。近年来，全球越来越多的国家和地区将环境、社会和治理（ESG）因素纳入上市公司非财务绩效考核的目标，上市公司ESG信息披露已成为监管机构、投资者以及市场各方重点考量的指标。上市公司良好的ESG表现既符合公众和市场对企业履行社会责任、建设生态文明的需要，也成为企业树立良好声誉从而获得投资者青睐的核心竞争力。

2020年10月，党的十九届五中全会审议通过了《中共中央关于制定国民经济和社会发展第十四个五年规划和二〇三五年远景目标的建议》，勾勒了我国未来五到十五年的发展蓝图，提出要让人民生活更加美好、共同富裕取得更为明显的实质性进展、广泛形成绿色生产生活方式、生态环境根本好转等目标。在此目标指引下，顺应可持续发展潮流的美好商业必将获得更广阔的发展空间。此外，在第七十五届联合国大会上，习近平总书记提出了中国将采取更有力的政策和措施，力争在2030年二氧化碳排放达到峰值，努力在2060年前实现碳中和。中国“2060碳中和”目标不仅给人们的生活方式带来转变，也会极大地激励中国企业采取减碳行动。

因此，在未来商业发展进程中，ESG势必成为企业不可忽视的重要因素。统计数据显示，在2009~2019年期间，披露CSR报告的A股上市公司逐年增多，报告披露数量连续多年增长，但ESG报告目前还没有明确要求，数量较少。基金业协会调研报告显示，70%的投资者认为阻碍ESG投资策略落实的原因是“缺少规范的ESG信息披露规则”。

因此，构建一套完整明确的ESG披露标准体系不仅有利于激励企业披露ESG信息，还有助于评级机构准确一致地评价企业ESG表现，是中国目前亟须提上日程的事情。本章通过梳理总结国内E、S、G三个领域的相关政策规定，参考国际先进地区的发展经验，找寻当前中国ESG披露尚存的问题，为日后构建统一有效的ESG披露标准提供参考。

高盛公司将ESG披露标准划分为三个维度：环境标准、社会标准和治理标准。其中，环境标准包括投入和产出两方面，前者指能源、水等资源的投入，后者指气候变化、排放物、废料等。社会标准包括领导力、员工、客户和社区四个方面。其中，领导力方面包括可问责性、信息披露、发展绩效等；员工方面包括多样性、培训、劳工关系等；客户方面包括产品安全性、负责任营销等；社区方面包括人权、社会投资、透明度等。治理标准则包括透明度、独立性、薪酬和股东权利等方面。①

从投资者投资考核角度来看，除企业盈利能力等财务指标外，还从环境、社会及治理的非财务角度考察企业价值与社会价值。从环境（E）的角度，主要考核企业生产经营活动中的绿色投入，对自然资源及能源的循环可持续利用以及对有害废品的处理方式，是否有效执行政府环境监管要求等。从社会（S）的角度，主要考察企业与政府、员工、客户、债权人及社区内外部利益相关者的期望和诉求，关注企业的利益相关者之间能不能达到平衡与协调。从治理（G）的角度，主要包括董事会结构、股权结构、管理层薪酬及商业道德等问题。如股东和管理层的利益与职责、避免

---

① 中国上市公司ESG评价体系报告研究［EB/OL］. 中国证券投资基金协会，https：//www. amac. org. cn/businessservices_ 2025/ywfw_ esg/esgyj/，2019.

腐败与财务欺诈、提高透明度、董事会构成的独立性、专业度等方面。①

本章参考以上对 ESG 含义的界定，从中国政府网、中华人民共和国环境保护部、中国证券监督管理委员会、中国证券投资基金业协会、中华人民共和国商务部以及各证券交易所（上海证券交易所、深圳证券交易所）等官方网站收集相关政策法规文件，并进行归纳整理，以厘清国内 E、S、G 发展脉络。

通过整理发现，自中国大陆关注 ESG，其重心就在“E－环境”的方面，近 20 年相继出台了众多相关规则要求，相比而言有关“S－社会”及“G－治理”的规则要求较少。另外，相比于国外先进经济体与中国香港而言，中国大陆在 ESG 披露标准方面发展较为落后，制度体系有待健全。

7.1 “环境”信息披露的发展概况

自 2003 年开始，我国逐渐开始重视企业环境信息的披露，社会各界（政府机关、证监会、证券交易所等）陆续发布相关文件，逐步构建完整规范的企业环境信息披露体系。本节从政府机构针对大陆企业发布的文件、交易所（深交所和上交所）与证监会针对大陆上市公司发布的文件两部分总结我国“环境”披露的发展历史及现状。

7.1.1 政府机构的“环境”信息披露概况

通过整理发现，颁布有关“环境”披露规定的国家机关主要有国务院、全国人大常务委员会、环保局、国家环境保护总局（前环保局）、中

---

① 金融投资机构经营环境和策略课题组，闫伊铭，苏靖皓，杨振琦，田晓林 . ESG 投资理念及应用前景展望［R］. 中国经济报告，2020（1）.

国人民银行等各部委。另外，我国对于“环境”披露标准的关注在E、S、G三领域中最早，并且近年来发布的文件数也最多，目前来看大陆在“环境”领域的信息披露制度发展较为完善，强制披露指标也多集中于该领域，预计未来该领域的强制化程度会越来越高。

相关政策具体内容如下：

《关于企业环境信息公开的公告》于2003年9月22日颁布。规定列入名单的企业，应当按照本公告要求公布环境信息，没有列入名单的企业可以自愿参照本规定进行环境信息公开。明确规定了名单中的企业必须公开的环境信息内容，以及信息公开的方式。对不公布或者未按规定公布污染物排放情况的，应依据《清洁生产促进法》，按照相应的管理权限，由县级以上环保部门公布，可以并处相应的罚款。

《环境信息公开办法（试行）》（以下简称《办法》）于2007年4月由国家环保总局发布，2008年5月1日起实行。根据《中华人民共和国政府信息公开条例》《中华人民共和国清洁生产促进法》《国务院关于落实科学发展观加强环境保护的决定》以及其他有关规定，制定本《办法》。《办法》鼓励企业自愿公开部分环境信息，并强制要求列入名单的企业公开所列环境信息。对于自愿公开环境行为信息且模范遵守环保法律法规的企业，环保部门给予一定奖励。对于违反披露规定的企业给予惩罚，《办法》第二十八条规定，违反本《办法》第二十条规定，即污染物排放超过国家或者地方排放标准，或者污染物排放总量超过地方人民政府核定的排放总量控制指标的污染严重的企业，不公布或者未按规定要求公布污染物排放情况的，由县级以上地方人民政府环保部门依据《中华人民共和国清洁生产促进法》的规定，处十万元以下罚款，并代为公布。

根据《环境信息公开办法（试行）》（原国家环保总局令第35号）及《关于进一步严格上市环保核查管理制度加强上市公司环保核查后督查工作的通知》（环发〔2010〕78号）规定，制定《上市公司环境信息披露指南》（征求意见稿），要求上交所和深交所A股上市公司按指南披露环境信息。第一次把具有突发性的环境事件作为上市公司所应该披露的环境信息，并且在原有的基础上对企业所需要披露的环境信息进行了再丰富和细化；附录上列出了上市公司需要提交的环境信息提纲。第十一条规定，上市公司发生突发环境事件的，应在事件发生后 1 天内发布临时环境报告。第五条规定，上市公司环境信息披露包括定期披露和临时披露。重污染行业上市公司应当定期披露环境信息，发布年度环境报告；发生突发环境事件或受到重大环保处罚的，应发布临时环境报告。鼓励其他行业的上市公司参照本指南披露环境信息。

《2011 年全国污染防治工作要点》于 2011 年 4 月由环境保护部办公厅印发，要求推进上市公司环境信息披露，建立重点行业上市公司环境报告书发布制度。

《企业事业单位环境信息公开办法》于 2014 年 12 月 15 日由环境保护部审议通过，自 2015 年 1 月 1 日起施行。第三条规定，企业事业单位应当按照强制公开和自愿公开相结合的原则，及时、如实地公开其环境信息。第七条规定，设区的市级人民政府环境保护主管部门应当于每年 3 月底前确定本行政区域内重点排污单位名录，并通过政府网站、报刊、广播、电视等便于公众知晓的方式公布。环境保护主管部门确定重点排污单位名录时，应当综合考虑本行政区域的环境容量、重点污染物排放总量控制指标的要求，以及企业事业单位排放污染物的种类、数量和浓度等因素。第八条规定，具备下列条件之一的企业事业单位，应当列入重点排污单位名录：（一）被设区的市级以上人民政府环境保护主管部门确定为重点监控企业的；（二）具有试验、分析、检测等功能的化学、医药、生物类省级重点以上实验室、二级以上医院、污染物集中处置单位等污染物排放行为引起社会广泛关注的或者可能对环境敏感区造成较大影响的；（三）三年内发生较大以上突发环境事件或者因环境污染问题造成重大社会影响的；（四）其他有必要列入的情形。

《中华人民共和国环境保护法》于 2014 年 4 月修订发布，自 2015 年 1 月 1 日起施行。第五十五条规定，重点排污单位应当如实向社会公开其主要污染物的名称、排放方式、排放浓度和总量、超标排放情况，以及防治污染设施的建设和运行情况，接受社会监督。第六十二条规定，违反本法规定，重点排污单位不公开或者不如实公开环境信息的，由县级以上地方人民政府环境保护主管部门责令公开，处以罚款，并予以公告。

《生态文明体制改革总体方案》于2015年9月审议通过。第三十八条规定，健全环境信息公开制度。全面推进大气和水等环境信息公开、排污单位环境信息公开、监管部门环境信息公开，健全建设项目环境影响评价信息公开机制。健全环境新闻发言人制度。引导人民群众树立环保意识，完善公众参与制度，保障人民群众依法有序行使环境监督权。建立环境保护网络举报平台和举报制度，健全举报、听证、舆论监督等制度。第四十五条规定，建立绿色金融体系。推广绿色信贷，研究采取财政贴息等方式加大扶持力度，鼓励各类金融机构加大绿色信贷的发放力度，明确贷款人的尽职免责要求和环境保护法律责任。加强资本市场相关制度建设，研究设立绿色股票指数和发展相关投资产品，研究银行和企业发行绿色债券，鼓励对绿色信贷资产实行证券化。支持设立各类绿色发展基金，实行市场化运作。建立上市公司环保信息强制性披露机制。完善对节能低碳、生态环保项目的各类担保机制，加大风险补偿力度。在环境高风险领域建立环境污染强制责任保险制度。建立绿色评级体系以及公益性的环境成本核算和影响评估体系。积极推动绿色金融领域各类国际合作。

《关于共同开展上市公司环境信息披露工作的合作协议》于2017年6月由环境保护部政策法规司与证监会上市公司监管部主要负责人签订。提出始终坚持改革创新，共同研究完善环境信息披露的内容、渠道等要求，采取差别化的监管政策措施，为绿色金融体系建设树立新标杆。证监会副主席姜洋表示，证监会将进一步深化与环境保护部的合作，坚持依法、全面、从严监管，践行绿色发展理念，不断完善上市公司环境信息披露制度，督促上市公司切实履行信息披露义务，引导上市公司在落实环境保护责任中发挥示范引领作用，牢牢扛起国家责任、社会责任。该协议的签订，旨在共同推动建立和完善上市公司强制性环境信息披露制度，督促上市公司履行环境保护的社会责任。

《关于构建绿色金融体系的指导意见》于 2016 年 8 月 31 日，由中国人民银行、财政部、国家发展改革委、环境保护部、银监会、证监会、保监会七部委联合印发。第十七条规定，逐步建立和完善上市公司和发债企业强制性环境信息披露制度。对属于环境保护部门公布的重点排污单位的上市公司，研究制定并严格执行对主要污染物达标排放情况、企业环保设施建设和运行情况，以及重大环境事件的具体信息披露要求。加大对伪造环境信息的上市公司和发债企业的惩罚力度。培育第三方专业机构为上市公司和发债企业提供环境信息披露服务的能力。鼓励第三方专业机构参与采集、研究和发布企业环境信息与分析报告。

《绿色投资指引（试行）》第九条规定，开展绿色投资的基金管理人可自行或通过第三方构建标的资产环境评价体系和环境评价数据库。标的资产环境评价指标应包括环境信息披露水平，包括是否披露与主营业务相关的环境信息、是否披露关键定量指标及环境目标完成情况。

《关于构建现代环境治理体系的指导意见》第十一条提出，公开环境治理信息。排污企业应通过企业网站等途径依法公开主要污染物名称、排放方式、执行标准及污染防治设施建设和运行情况，并对信息真实性负责。鼓励排污企业在确保安全生产的前提下，通过设立企业开放日、建设教育体验场所等形式，向社会公众开放。

现将以上文件主要信息及重点内容整理为表 7.1。

表 7.1　国内政府机构“环境”范畴相关文件（按时间顺序排列）

部门	时间	文件名	主要内容
环保部	2003 年 6 月	《关于加强全国环境保护系统人才队伍建设的若干意见》	为建设生态文明、探索环保新道路提供了环境执法保障
国家环境保护总局	2003 年 9 月	《关于企业环境信息公开的公告》	制定本公告的初衷是使企业的环境信息披露更为规范

续表

部门	时间	文件名	主要内容
国家环境保护总局	2007年4月	《环境信息公开办法（试行）》	对政府公开环境信息的方式方法和内容进行了规定，明文规定了对不进行环境信息披露企业的行政处分
环保部	2010年9月	《上市公司环境信息披露指南（征求意见稿）》	要求上交所和深交所A股上市公司按指南披露环境信息，强制要求16类重污染行业上市公司披露环境信息；第一次把具有突发性的环境事件作为上市公司所应该披露的环境信息，并且在原有的基础上对企业所需要披露的环境信息进行了再丰富和细化；附录上列出了上市公司需要提交的环境信息提纲
环保部	2011年	《2011年全国污染防治工作要点》	要求推进上市公司环境信息披露，建立重点行业上市公司环境报告书发布制度
全国人大常委会	2014年4月	《中华人民共和国环境保护法》修订	将环境治理信息披露的主体规定为“重点排污单位”（第五十五条）。重点排污单位应当如实向社会公开其主要污染物的名称、排放方式、排放浓度和总量、超标排放情况，以及防治污染设施的建设和运行情况，接受社会监督
环保部	2014年4月	《企业事业单位环境信息公开办法》	对前述“重点排污单位”的认定程序进行了规定
中共中央、国务院	2015年9月	《生态文明体制改革总体方案》	健全环境信息公开制度；建立绿色金融体系，推广绿色信贷，研究采取财政贴息等方式加大扶持力度，鼓励各类金融机构加大绿色信贷的发放力度；建立上市公司环保信息强制性披露机制
中国人民银行等七部委	2016年8月	《关于构建绿色金融体系的指导意见》	明确要进一步推动上市公司的环境信息披露，提出逐步要求上市公司强制性披露环境信息。《指导意见》的出台标志着中国将成为全球首个建立比较完整的绿色金融政策体系的经济体

续表

部门	时间	文件名	主要内容
环保部和证监会	2017 年 6 月	《关于共同开展上市公司环境信息披露工作的合作协议》	此次合作协议的签署，是落实《关于构建绿色金融体系的指导意见》的具体举措，也标志着两个系统的合作步入一个崭新的阶段。共同制定了适用于上市公司的强制性环境披露框架
中国证券投资基金业协会	2018 年 7 月	《绿色投资指引（试行）》	基金管理人应根据自身条件，逐步建立完善绿色投资制度，通过适用共同基准、积极行动等方式，推动被投企业关注环境绩效、完善环境信息披露，根据自身战略方向开展绿色投资；鼓励基金管理人关注环境可持续性，强化基金管理人对环境风险的认知，明确绿色投资的内涵，推动基金行业发展绿色投资，改善投资活动的环境绩效，促进绿色、可持续的经济增长
中共中央办公厅、国务院办公厅	2020 年 3 月	《关于构建现代环境治理体系的指导意见》	为现代环境治理体系构建提供了顶层设计方案，着重强调了建立健全环境治理信息披露制度

总体来看，文件主要从强制披露范围、违反披露要求的处罚措施两方面进行了重点说明。

在披露范围方面，国家环境保护总局发布的《关于企业环境信息公开的公告》对“强制”和“自愿”这两种公开形式进行了规定和说明，规定只有在排污中可能会造成环境污染，并且已经形成排污超标的企业才会被强制性地要求进行环境信息披露，而其他企业可以根据自身需求和意愿，自愿进行环境信息公开。《环境信息公开办法（试行）》中，仅对政府公开环境信息的方式方法和内容进行了规定，在排污超标和其他企业的环境信息披露等方面并没有增加或者减少规定，只是在文件的第二十条规定中提到超标排污的企业有责任披露自身的环境保护信息，至于披露的信息范围和项目也只要求了主要污染物的名称及其如何排放和排放的数量，并没有全方位地要求企业公开自己的环境保护信息，存在一定的片面性。《上市公司环境信息披露指南（征求意见稿）》中，第一次把具有突发性的环境事件作为上市公司所应该披露的环境信息，并且在原有的基础上对企业所需要披露的环境信息进行了再丰富和细化；此外，该文件还在附录中列出了上市公司在本年度所需要提交的环境信息提纲，进一步规范了上市公司在环境信息披露上所应尽的义务。2004年《中华人民共和国环境保护法》将环境治理信息披露的主体规定为“重点排污单位”（第五十五条）。重点排污单位应当如实向社会公开其主要污染物的名称、排放方式、排放浓度和总量、超标排放情况，以及防治污染设施的建设和运行情况，接受社会监督。随后，《企业事业单位环境信息公开办法》第7条及第8条对前述“重点排污单位”的认定程序进行了规定。

对于不能正确履行环境信息披露义务的企业所需要承担的具体责任方面，《关于企业环境信息公开的公告》中并没有对此进行规定，而在《环境信息公开办法（试行）》文件中，虽然明文规定了对不进行环境信息披露企业的行政处分，但处罚力度并不大，导致了企业违法成本低，而守法成本高。在证监会所颁布的《上市公司信息披露管理办法》中，对拒不履行环境信息披露的上市公司董事等高级管理人员列出了六种监管举措，但威慑力有限。在文件中，对于违反信息披露规定的上市公司，将处以30万至60万元的罚款，这仅是对公司整体上的处罚，该条款并未明确说明上市公司的高级管理人员（直接责任人）是否也适用于这个规定，这种不确定性在一定程度上给相关的执法工作带来了新的难度，对于以利润为直接导向的企业而言，在违法成本较低而守法成本较高的背景下何去何从，可想而知。

7.1.2　交易所和证监会的“环境”信息披露概况

深交所于2006年9月发布《上市公司社会责任指引》，其中第三十六条规定，公司可将社会责任报告与年度报告同时对外披露。社会责任报告的内容至少应包括关于职工保护、环境污染、商品质量、社区关系等方面的内容。

证监会于2007年1月发布《上市公司信息披露管理办法》，并没有明确地将企业环境信息披露作为其中的一项，而是只有在发生环境事件后根据事件是否是第二十一条和第三十条所确定的“重大事件”以及第二十二条所确定的“重大诉讼”时，上市公司才需要对其环境信息进行披露。另外，第五十九条明确了监管措施，规定信息披露义务人及其董事、监事、高级管理人员，上市公司的股东、实际控制人、收购人及其董事、监事、高级管理人员违反本办法的，中国证监会可以采取以下监管措施：（一）责令改正；（二）监管谈话；（三）出具警示函；（四）将其违法违规、不履行公开承诺等情况记入诚信档案并公布；（五）认定为不适当人选；（六）依法可以采取的其他监管措施。

2008 年 2 月证监会所颁布的《关于加强上市公司环境保护监督管理工作的指导意见》规则，对企业环境信息的披露制定了更加细致的要求。强制性公开和自愿性公开依然是上市公司在进行环境信息披露时所采用的两个类别，其中强制性公开指的是上市公司在自身发生与环保相关的重大问题，可能直接影响到公司债券的价格，而投资人还没有得知此情况时，该公司有责任将此环境信息所产生的原因、经过和结果全过程进行公布，使广大投资者能更准确地评判风险，做出正确的投资选择。

2017 年证监会颁布了《公开发行证券的公司信息披露内容与格式准则第 2 号——年度报告的内容与格式》与《公开发行证券的公司信息披露内容与格式准则第 3 号——半年度报告的内容与格式》，进一步提出不同范围的上市公司应采取不同方式披露环境信息，重点排污上市公司采取强制性披露原则披露环境信息，其他上市公司采取“遵守或解释”原则披露环境信息，同时支持上市公司自愿披露环保治污信息；规定了上市公司披露环境信息的内容与格式；要求属于环境保护部门公布的重点排污单位的公司或其重要子公司披露环境信息；对公开发行证券的公司制定了明确的信息披露内容。

将以上文件基本信息及关键内容整理如表 7.2 所示。

表 7.2　国内交易所和证监会“环境”范畴相关文件

部门	时间	文件名	主要内容
深交所	2006 年 9 月	《上市公司社会责任指引》	要求上市公司定期评估公司社会责任的履行情况，自愿披露企业社会责任报告
证监会	2007 年 1 月	《上市公司信息披露管理办法》	在发生“重大事件”以及“重大诉讼”时，上市公司才需要对其环境信息进行披露，对拒不履行环境信息披露的上市公司董事等高级管理人员列出了六种监管举措

部门	时间	文件名	主要内容
证监会	2008年2月	《关于加强上市公司环境保护监督管理工作的指导意见》	对企业环境信息的披露制定了更加细致的要求
上交所	2008年5月	《上市公司环境信息披露指引》	鼓励上市公司披露环境信息，对上市公司环境信息披露方面提出具体要求，上市公司开始通过年报和社会责任报告等对环境信息进行披露
上交所	2008年	《〈公司履行社会责任的报告〉指引》	明确上市公司应披露的在促进环境生态可持续发展方面的工作，如减少污染、保护水源等
深交所	2013年	《深证证券交易所主板上市公司规范运作指引》	针对环境问题进行了强制披露要求，规定上市公司在出现重大环境污染问题时，应及时披露环境污染产生的原因、对公司业绩的影响、环境污染的影响情况以及采取的整改措施
证监会	2017年12月	《年报准则》① 和《半年报准则》②	对披露格式准则提出了要求，有利于信息披露内容的标准化
上交所	2019年	《上海证券交易所科创板股票上市规则》	对环境相关信息做出了强制披露要求

注：①《公开发行证券的公司信息披露内容与格式准则第2号——年度报告的内容与格式》。

②《公开发行证券的公司信息披露内容与格式准则第3号——半年度报告的内容与格式》。

总体来看，证监会颁布的《上市公司信息披露管理办法》，并没有明确将企业环境信息披露作为其中的一项，只有在“重大事件”与“重大诉讼”事件发生时企业才需要披露环境信息；《关于加强上市公司环境保护监督管理工作的指导意见》对企业环境信息的披露制定了更加细致的要求，明确了强制公开与自愿公开的范围；《公开发行证券的公司信息披露内容与格式准则第2号——年度报告的内容与格式》与《公开发行证券的公司信息披露内容与格式准则第 3 号——半年度报告的内容与格式》对公开发行证券的公司制定了明确的信息披露格式准则要求。可以发现，交易所与证监会对上市公司环境的披露要求逐渐规范化，强制披露与自愿披露的范围界定明晰化。

7.2 “社会”信息披露的发展概况

2020 年伊始，新冠肺炎疫情带来了前所未有的全球经济不确定性、政治格局不稳定性、安全卫生风险和民生就业等问题，极大地推动了社会各界对“S－社会”领域的关注。在这场全球性危机中，与“S－社会”相关的风险被放大，企业如何对待其所应承担的社会责任、如何管理所涉及利益相关者的利益，都将成为政府机构、投资者、消费者和社会大众等各个群体对企业进行评估的重要方面，彼此之间也逐渐形成一种新的基于社会因素的契约模式。本节总结了中国大陆有关“社会”披露的政策文件，梳理其发展演变历程，希望为之后有关部门完善相关政策及披露标准提供参考。

7.2.1 政府机构的“社会”信息披露概况

目前大陆政府机构并没有出台任何“社会”领域的明确披露要求，也就是说并不强制要求企业在该领域进行信息公开，但政府机构发布的一系列法规对包括职工保护、商品质量、社区关系等在内的企业行为进行了规范要求，为交易所、证监会制定“社会”领域的信息披露标准奠定了基础（见表 7.3）。

表7.3　国内政府机构“社会”范畴主要文件

机构	日期	文件	内容
全国人大常委会	1994年7月	《中华人民共和国劳动法》	对市场劳动制度进行了权威规定，主要涉及劳动者权益、用人单位责任、雇佣关系、劳动环境、特殊劳动群体保护及职业培训等方面
国务院	2002年10月	《禁止使用童工规定》	严格定义了童工范畴以及惩罚措施
国务院	2012年4月	《女职工劳动保护特别规定》	对女职工工作安全卫生条件、公司、劳动范围、培训等做出说明
人力资源社会保障部	2016年8月	《重大劳动保障违法行为社会公布办法》	要求对违反女职工及未成年工特殊劳动保障要求的行为进行社会公示
全国人大常委会	2018年10月	《中华人民共和国公司法》	对高管人员报酬披露要求进行说明
全国人大常委会	1993年2月	《中华人民共和国产品质量法》	明确指出生产者与消费者应承担的产品质量责任与义务，健全产品质量管理机制
国务院	2008年3月	《关于加强产品质量和食品安全工作的通知》	强调食品安全，加强产品质量监管
全国人大常委会	2016年9月	《中华人民共和国慈善法》	提出自然人、法人和其他组织捐赠财产用于慈善活动的，依法享受税收优惠
全国人大常委会	2017年2月	《中华人民共和国企业所得税法》	规定企业进行公益性捐赠可以获得税收优惠

1994年7月5日审议通过《中华人民共和国劳动法》，于2009年第一次修正，2018年12月第二次修正，该法律是保护劳动者的合法权益、调整劳动关系、建立和维护适应社会主义市场经济的劳动制度的权威法。

其中第三条规定，劳动者享有平等就业和选择职业的权利、取得劳动报酬的权利、休息休假的权利、获得劳动安全卫生保护的权利、接受职业技能培训的权利、享受社会保险和福利的权利、提请劳动争议处理的权利及法律规定的其他劳动权利。第四条规定，用人单位应当依法建立和完善规章制度，保障劳动者享有劳动权利和履行劳动义务。法规第三、四、五章对雇佣关系进行了规定，第六章规定了劳动安全与卫生，第七章规范了女职工与未成年工特殊保护，第八章规范了有关职业培训。

之后各政府机构又陆续发布了一系列行政法规以保障劳动者的权益。2002 年 10 月国务院发布《禁止使用童工规定》，严格定义了童工范畴以及惩罚措施；2012 年 4 月国务院发布《女职工劳动保护特别规定》，对安全卫生条件、公司、劳动范围、培训等都做出了说明；另外，2016 年 8 月，人力资源社会保障部发布《重大劳动保障违法行为社会公布办法》，明确指出对人力保障行政部门对克扣劳工工资，违反女职工和未成年工特殊劳动保护规定，违反工作时间和休假规定的行为进行社会公示。2018 年 10 月，全国人大常委会第四次修正发布《中华人民共和国公司法》，其中第一百一十六条对高管人员的报酬披露进行了说明，明确规定了公司应当定期向股东披露董事、监事、高级管理人员从公司获得报酬的情况。

以上法律条文均为之后设置 ESG 披露内容中“职工权益保护”部分提供了参考。

为了加强对产品质量的监督管理，提高产品质量水平，明确产品质量责任，1993 年 2 月审议通过《中华人民共和国产品质量法》，最新修订版于 2018 年 12 月发布。其中，总则部分第三条规定生产者、销售者应建立健全产品质量管理机制；第四条规定生产者、销售者依照本法规定承担产品质量责任；第五条规定禁止冒用质量标志。第二、三、四章分别对产品质量监督、责任与义务、损害与赔偿方面进行了明确阐释。2008 年 3 月国务院下发《关于加强产品质量和食品安全工作的通知》，明确提出以食品安全为重点，全面加强产品质量监管的要求。

为了鼓励企业积极参与社会公益事业，国家出台了一系列税收鼓励政策。根据2016年9月1日起实施的《中华人民共和国慈善法》第八十条，自然人、法人和其他组织捐赠财产用于慈善活动的，依法享受税收优惠。企业慈善捐赠支出超过法律规定的准予在计算企业所得税应纳税所得额时当年扣除的部分，允许结转以后三年内在计算应纳税所得额时扣除。根据2017年2月最新修订的《中华人民共和国企业所得税法》第九条，企业发生的公益性捐赠支出，在年度利润总额12%以内的部分，准予在计算应纳税所得额时扣除；超过年度利润总额12%的部分，准予结转以后三年内在计算应纳税所得额时扣除。

以上法律条文均为之后设置ESG披露内容中“商品质量”“社区关系”部分提供了参考。

总体来看，《中华人民共和国劳动法》对劳动者平等就业、取得劳动报酬、休息休假、获得劳动安全卫生保护、接受职业技能培训等基本权益进行了规范；《禁止使用童工规定》《女职工劳动保护特别规定》《重大劳动保障违法行为社会公布办法》等对童工、女职工提出特殊劳动保护；《中华人民共和国公司法》规范了高管人员的劳动报酬；《中华人民共和国产品质量法》《关于加强产品质量和食品安全工作的通知》等对产品质量提出要求；《中华人民共和国慈善法》《中华人民共和国企业所得税法》等为企业公益事业提供支持。虽然大陆政府没有发布任何有关“社会”方面强制性信息披露规定，但众多法律法规条文中都体现出政府对企业在该领域承担社会责任的期许，使之后国内交易所发布的各披露要求都有据可依。

7.2.2　交易所和证监会的“社会”信息披露概况

通过整理国内交易所与证监会的文件发现，相关文件都是针对ESG整体的文件，缺少单独“社会”方面的文件，因此本节将各文件中有关“社会”方面的内容摘录出来，整理如表7.4所示。

表 7.4　国内交易所和证监会“社会”范畴相关文件

机构	年份	名称	内容
深交所	2006	《深圳证券交易所上市公司社会责任指引》	界定了“社会责任”范围既包括对环境的责任，也包括对利益相关者的责任。社会责任报告的内容至少应包括关于职工保护、环境污染、商品质量、社区关系等方面的社会责任制度的建设和执行情况。具体将社会方面的披露内容划分成三部分进行了说明：①职工权益保护；②供应商、客户和消费者权益保护；③公共关系和社会公益事业
上交所	2008	关于加强上市公司社会责任承担工作暨发布《上海证券交易所上市公司环境信息披露指引》的通知	年度社会责任报告的具体内容应包括：公司在促进社会可持续发展方面的工作，例如对员工健康及安全的保护、对所在社区的保护及支持、对产品质量的把关等；公司在促进经济可持续发展方面的工作，例如如何通过其产品及服务为客户创造价值、如何为员工创造更好的工作机会及未来发展、如何为其股东带来更高的经济回报等
深交所	2015	《深圳证券交易所主板上市公司规范运作指引（2015 年修订）》	总体要求：上市公司应当在追求经济效益、保护股东利益的同时，积极保护债权人和职工的合法权益，诚信对待供应商、客户和消费者，积极从事环境保护、社区建设等公益事业，从而促进公司本身与全社会的协调、和谐发展。重点提出上市公司应当对供应商、客户及消费者诚实守信
证监会	2018	《中国上市公司治理准则》	要求上市公司应当尊重银行及其他债权人、员工、客户、供应商、社区等利益相关者的合法权利，与利益相关者进行有效的交流与合作，共同推动公司持续健康发展；上市公司应当为维护利益相关者的权益提供必要的条件，当其合法权益受到侵害时，利益相关者应当有机会和途径依法获得救济。在员工权益、社会责任与扶贫方面也作了具体说明
上交所	2018	《上海证券交易所科创板股票上市规则》	重点说明了企业应履行：①生产和安全保障责任；②员工权益保障责任

从已有文件中对“社会”领域的规定内容来看，深交所首先在《深圳证券交易所上市公司社会责任指引》中界定了“社会责任”的范围，其中包括对利益相关者的责任，并进一步将对“社会”方面的披露内容细化；之后上交所和深交所逐步细化企业对利益相关者的责任内容，利益相关者范围从员工、社区、产品细化为银行及其他债权人、员工、客户、供应商、社区等，内容方面逐步强化企业诚实守信与扶贫方面的内容。

7.3 “治理”信息披露的发展概况

通过整理有关国内“G-治理”方面的文件发现，最具普遍性、可比性、频次最高的指标主要集中在环境（E）和社会（S）领域（例如，温室气体排放、水资源利用、废弃物、员工健康与安全、招聘与人员流动等），而治理（G）领域则较少有明确的指标。因此，本节在“G”的部分将国内政府机构及交易所、证监会的文件进行合并整理。

国内有关治理的披露要求起始于《中华人民共和国公司法》的发布实施，2002年的《上市公司治理准则》首先明确规定了上市公司需要披露的“治理”内容，之后不断发布深化改革政策的文件，对“治理”领域的披露要求也逐渐趋于完善。

1993年12月全国人民代表大会常务委员会通过《中华人民共和国公司法》，经过多次修订，最新版本于2018年10月发布实施。该法律是为了规范公司的组织和行为，保护公司、股东和债权人的合法权益，维护社会经济秩序，促进社会主义市场经济的发展而制定。法律对公司组织机构设立，包括董事会、经理的委任，监事会设立；公司董事、监事、高级管理人员资格与义务；股份发行及转让等作了明确要求。

2002年1月证监会与国家经济贸易委员会共同发布《上市公司治理准则》，阐明了我国上市公司治理的基本原则、投资者权利保护的实现方式，以及上市公司董事、监事、经理等高级管理人员所应当遵循的基本的行为准则和职业道德等内容，是评判上市公司是否具有良好的公司治理结构的主要衡量标准。其中第九十一条列明了上市公司应披露的公司治理信息内容。

2013 年 11 月国务院发布《中共中央关于全面深化改革若干重大问题的决定》，在第二部分坚持和完善基本经济制度中，提出推动国有企业完善现代企业制度，健全协调运转、有效制衡的公司法人治理结构，建立职业经理人制度，更好地发挥企业家作用。深化企业内部管理人员能上能下、员工能进能出、收入能增能减的制度改革。建立长效激励约束机制，强化国有企业经营投资责任追究。探索推进国有企业财务预算等重大信息公开。另外，国有企业要合理增加市场化选聘比例，合理确定并严格规范国有企业管理人员的薪酬水平、职务待遇、职务消费和业务消费。

2015 年修订的《深圳证券交易所主板上市公司规范运作指引》规定上市公司应当制定长期和相对稳定的利润分配政策和办法，制定切实合理的利润分配方案，积极回报股东；应当确保公司财务稳健，保障公司资产、资金安全，在追求股东利益最大化的同时兼顾债权人的利益；应当依据《公司法》和公司章程的规定，建立职工董事、职工监事选任制度，确保职工在公司治理中享有充分的权利。另外，深交所鼓励上市公司在公司章程中规定当公司股价出现低于每股净资产等情形时回购股份。上市公司应当确保公司财务稳健，保障公司资产、资金安全，在追求股东利益最大化的同时兼顾债权人的利益。

2015 年 8 月国务院发布《关于深化国有企业改革的指导意见》，提出完善现代企业制度：第一，推进公司制股份制改革，积极引入各类投资者实现股权多元化；第二，健全公司法人治理结构，推进董事会建设，建立健全决策执行监督机制，规范董事长、总经理行权行为，切实落实和维护董事会依法行使重大决策、选人用人、薪酬分配等权利，保障经理层经营自主权，加强董事会内部的制衡约束；第三，建立国有企业领导人员分类分层管理制度，推行职业经理人制度；第四，实行与社会主义市场经济相适应的企业薪酬分配制度；第五，深化企业内部用人制度改革，建立分级分类的企业员工市场化公开招聘制度。

2015年10月国务院发布《国务院办公厅关于加强和改进企业国有资产监督防止国有资产流失的意见》，第二章为着力强化企业内部监督，其中规定了深入推进外部董事占多数的董事会建设，加强董事会内部的制衡约束，依法规范董事会决策程序和董事长履职行为，落实董事对董事会决议承担的法定责任，增强董事会运用内部审计规范运营、管控风险的能力；增强监事会的独立性和权威性；把加强党的领导和完善公司治理统一起来，落实党组织在企业党风廉政建设和反腐败工作中的主体责任和纪检机构的监督责任。第四章实施信息公开加强社会监督，其中规定国有企业要严格执行《企业信息公示暂行条例》，在依法保护国家秘密和企业商业秘密的前提下，主动公开公司治理及管理架构、经营情况、财务状况、关联交易、企业负责人薪酬等信息。

2015年11月国务院颁布《关于改革和完善国有资产管理体制的若干意见》，就改革和完善国有资产管理体制提出意见。首先，提出将国有企业领导人员考核结果与职务任免、薪酬待遇有机结合，严格规范国有企业领导人员薪酬分配；其次，推动监管企业不断优化公司法人治理结构，把加强党的领导和完善公司治理统一起来，建立国有企业领导人员分类分层管理制度；再次，通过“一企一策”制定公司章程、规范董事会运作、严格选派和管理股东代表和董事监事，将国有出资人意志有效体现在公司治理结构中；最后，完善国有资产和国有企业信息公开制度，设立统一的信息公开网络平台，依法依规及时准确地披露国有资本整体运营情况、国有企业公司治理和管理架构、财务状况、关联交易、企业负责人薪酬等信息，建设阳光国企。

2018年9月证监会修订《上市公司治理准则》第九十三条规定，董事长对上市公司信息披露事务管理承担首要责任。第九十四条规定，上市公司应当建立内部控制与风险管理制度。第九十六条规定上市公司应当依照有关规定披露公司治理相关信息，定期分析公司治理状况，制定改进公司治理的计划和措施并认真落实。证监会表示，此次修订的重点包括以下几个方面：一是紧扣新时代的主题，要求上市公司在公司治理中贯彻落实创新、协调、绿色、开放、共享的发展理念，增加上市公司党建要求，强化上市公司在环境保护、社会责任方面的引领作用。二是针对我国资本市场投资者结构特点，进一步加强对控股股东、实际控制人及其关联方的约束，更加注重中小投资者保护，发挥中小投资者保护机构的作用。三是积极借鉴国际经验，推动机构投资者参与公司治理，强化董事会审计委员会的作用，确立环境、社会责任和公司治理信息披露的基本框架。四是回应各方关切，对上市公司治理中面临的控制权稳定、独立董事履职、上市公司董监高评价与激励约束机制、强化信息披露等提出新要求。

2020 年 5 月证监会发布《科创板上市公司证券发行注册管理办法（试行）》，第四十条规定上市公司应当在募集说明书或者其他证券发行信息披露文件中，以投资者需求为导向，有针对性地披露行业特点、业务模式、公司治理、发展战略、经营政策、会计政策，充分披露科研水平、科研人员、科研资金投入等相关信息，并充分揭示可能对公司核心竞争力、经营稳定性及未来发展产生重大不利影响的风险因素。

2020 年 10 月国务院发布《关于进一步提高上市公司质量的意见》，明确提出：（一）提高上市公司治理水平；（二）完善公司治理制度规则，明确控股股东、实际控制人、董事、监事和高级管理人员的职责界限和法律责任，健全机构投资者参与公司治理的渠道和方式，加快推行内控规范体系，强化上市公司治理底线要求，切实提高公司治理水平；（三）完善分行业信息披露标准，增强信息披露针对性和有效性。

将相关文件基本信息及关键内容整理如表 7.5 所示。

表 7.5　国内政府机构、交易所和证监会发布“治理”范畴相关文件

部门	时间	文件	主要内容
全国人民代表大会	1993 年 12 月	《中华人民共和国公司法》	为规范公司的组织和行为而设立，是后来发布的其他有关“公司治理”的法律法规、指引要求的基础

续表

部门	时间	文件	主要内容
证监会、国家经贸委	2002年1月	《上市公司治理准则》	对控股股东行为，董事与董事会义务责任，监事与监事会义务及议事规则，董事、监事、经理人员的绩效评价，信息披露与透明度等做出了明确规定
深交所	2006年	《深圳证券交易所上市公司社会责任指引》	在公司治理方面提出要完善公司治理结构，公平对待所有股东，确保股东充分享有法律、法规、规章所规定的各项合法权益。同时对股东大会、信息披露、利润分配等方面作了要求
发展改革委	2012年5月	《关于加快培育国际合作和竞争新优势指导意见的通知》	指出要加快培育、发展战略性新兴产业以提高国际竞争力；突破一批关键核心技术，提升我国产业创新发展能力与核心竞争力。另外也提到了集中反垄断审查与提高企业风险防控能力等方面
银监会	2013年7月	《商业银行公司治理指引》	对商业银行的信息披露方面进行了规定，明确指出商业银行年度披露的信息应当包括公司治理信息：列出了具体应该披露的公司治理信息内容及商业银行披露的年度重大事项；规定应当通过年报、互联网站等方式披露信息
中共中央	2013年11月	《中共中央关于全面深化改革若干重大问题的决定》	提出推动国有企业完善现代企业制度，深化企业内部管理人员能上能下、员工能进能出、收入能增能减的制度改革
国务院	2015年8月	《关于深化国有企业改革的指导意见》	提出完善现代企业制度，包括推进股权多元化、推进董事会建设，完善企业薪酬分配制度、深化企业内部用人制度改革等
国务院	2015年10月	《关于加强和改进企业国有资产监督防止国有资产流失的意见》	着力强化企业内部监督，提高管控风险的能力；增强监事会的独立性和权威性；把加强党的领导和完善公司治理统一起来；实施信息公开，加强社会监督

续表

部门	时间	文件	主要内容
国务院	2015 年 11 月	《关于改革和完善国有资产管理体制的若干意见》	针对国有企业领导人员薪酬分配、公司法人治理结构、董事会运作、信息公开等提出指导意见
证监会、国家经贸委	2018 年 9 月	《上市公司治理准则》修订版	在 2007 版的基础上强化了董事会审计委员会作用，完善内部控制及风险管理制度，确立了 ESG 基本框架
全国人大常委会	2018 年 10 月	《中华人民共和国公司法》	对组织机构设立（包括董事会、经理的委任），监事会设立；公司董事、监事、高级管理人员资格与义务；股份发行及转让；管理人员报酬公示等作了明确要求
证监会	2020 年 5 月	《科创板上市公司证券发行注册管理办法（试行）》	要求在信息披露文件中以投资者需求为导向，有针对性地披露公司治理信息，并充分揭示可能对公司核心竞争力、经营稳定性以及未来发展产生重大不利影响的风险因素
国务院	2020 年 10 月	《关于进一步提高上市公司质量的意见》	提高上市公司治理水平，完善公司治理制度规则，健全机构投资者参与公司治理的渠道和方式，完善分行业信息披露标准，增强信息披露的针对性和有效性

总体来看，国内针对“治理”信息披露方面的规定趋于全面化、清晰化。《深圳证券交易所主板上市公司规范运作指引（2015 年修订）》提到要保证股东的利益与职工的权利；《上市公司治理准则》强调董事长对上市公司信息披露事务管理承担首要责任；《科创板上市公司证券发行注册管理办法（试行）》强调以投资者需求为导向，有针对性地披露相关信息，并充分揭示可能对公司核心竞争力、经营稳定性及未来发展产生重大不利影响的风险因素；国务院发布的《关于进一步提高上市公司质量的意见》明确提出要完善公司治理制度规则，明确企业人员的职责界限和法律责任，并完善分行业信息披露标准。从已有文件可以看出：对“治理”方面要求逐步向强调董事与董事会责任、完善内部控制与风险管控、强化

董事监事激励约束机制等现代化治理方向发展，并且逐步细化“治理”领域披露内容，由针对整体行业的披露要求向分行业披露要求发展。

7.4　中国 ESG 信息披露体系的发展特点

通过上文对国内环境、社会、治理三个范畴的 ESG 披露标准相关政策及文件进行的梳理总结，可以看出虽然目前中国并没有完整的 ESG 披露标准框架，但多年来在环境、社会、治理方面也从未停止前进的脚步，各部门各机构都在为构建 ESG 披露标准不懈努力。由于中国起步较晚，且国内环境复杂，目前与发达国家相比仍有一定差距，但也已经取得了不小的成效。

7.4.1　自愿披露向强制披露转变

2006 年深圳证券交易所发布的《上市公司社会责任指引》要求上市公司定期评估公司社会责任的履行情况，自愿披露企业社会责任报告；2008 年上海证券交易所发布的《上市公司环境信息披露指引》要求上市公司及时披露公司在员工安全、产品责任、环境保护等方面的做法和成绩，并对上市公司环境信息披露提出具体要求，可以看出部分指标强制化趋势。2008 年上海证券交易所发布《〈公司履行社会责任的报告〉指引》，2013 年深圳证券交易所发布《深证证券交易所主板上市公司规范运作指引》，都针对环境问题进行了强制披露要求，规定上市公司在出现重大环境污染问题时，应及时披露环境信息。2018 年 9 月，中国证监会修订并发布了《上市公司治理准则》，其中第八章（利益相关者、环境保护与社会责任）初步搭建了上市公司 ESG 信息披露框架，并预计在 2020 年成为强制性要求。2019 年上海证券交易所发布《上海证券交易所科创板股票上市规则》，对 ESG 相关信息做出了强制披露要求，要求科创板上市公司披露保护环境、保证产品安全、维护员工与其他利益相关者权益等情况。从以上文件内容可以看出，国内对企业社会责任信息的披露要求由“自愿披露”逐渐过渡到“强制披露部分环境信息”，如今正在向“强制披露 ESG 信息披露框架”发展。

7.4.2 披露内容逐渐全面化

自 2003 年原国家环保总局颁布的《关于企业环境信息公开的公告》，开始要求企业披露环境信息。“十一五”时期以来，中国环境监管部门陆续发布多份政策文件，包括《环境信息公开办法（试行）》（2007）、《关于加强上市公司环境保护监督管理工作的指导意见》（2008）等，对上市公司等企业的环境信息披露提出要求。深交所和上交所陆续发布《上市公司社会责任指引》《上市公司环境信息披露指引》等，对上市公司包括环境保护在内的社会责任信息披露提出了具体要求和指引，证监会也针对上市公司信息披露及相关治理提出了具体要求。2017 年 6 月，原中华人民共和国环境保护部、中国证券监督管理委员会（证监会）联合签署《关于共同开展上市公司环境信息披露工作的合作协议》，推动建立和完善上市公司强制性环境信息披露制度。2017 年，证监会颁布《公开发行证券的公司信息披露内容与格式准则第 2 号——年度报告的内容与格式（2017 年修订）》，规定重点排污单位之外的公司可以参照上述要求披露其环境信息，若不披露，应当充分说明原因。反观“社会”和“治理”方面，并没有发布任何独立的相关政策，自 2006 年深交所发布《深圳证券交易所上市公司社会责任指引》以来，逐渐在《深圳证券交易所主板上市公司规范运作指引（2015 年修订）》《中国上市公司治理准则》《上海证券交易所科创板股票上市规则》等相关指引文件中加入该部分内容，但相比于“环境”部分披露要求仍然比重较小。

7.4.3 披露主体范围逐步扩大

2003 年《关于企业环境信息公开的公告》及 2007 年《环境信息公开

办法（试行）》规定列入名单的企业按要求公布环境信息；2010年《上市公司环境信息披露指南》（征求意见稿）要求上交所和深交所A股上市公司中突发环境事件的企业发布临时环境报告，重污染行业上市公司应当定期披露环境信息，发布年度环境报告；2014年《中华人民共和国环境保护法》修订版将环境治理信息披露的主体规定为“重点排污单位”；2016年《关于构建绿色金融体系的指导意见》以及2017年《关于共同开展上市公司环境信息披露工作的合作协议》提出逐步要求全体上市公司披露环境信息；当前除了“上证公司治理板块”“深证100指数”样本股必须披露社会责任报告，对其他上市公司仅作鼓励性要求。由最初只要求“列入名单的企业”公开环境信息，向要求“全体上市公司”披露环境信息转变，由此可见我国要求的披露主体范围逐步扩大。

7.4.4 披露标准逐步细化

2020年10月，国务院发布《关于进一步提高上市公司质量的意见》，提出完善分行业信息披露标准，增强信息披露的针对性和有效性。在此之前国内已经针对各个行业出台了一些文件法规，如2012年银监会印发《关于印发绿色信贷指引的通知》，要求银行业金融机构应当根据国家相关规定，建立并不断完善环境和社会风险管理的政策、制度和流程，明确绿色信贷的支持方向和重点领域，从总原则、组织管理、政策制度与能力建设、流程管理、内控管理与信息披露、监督检查等方面分别作出要求。2016年中国人民银行联合七部委发布的《关于构建绿色金融体系的指导意见》提到，逐步建立和完善上市公司和发债企业强制性环境信息披露制度。2017年《关于创新体制机制推进农业绿色发展的意见》指出要推进农业绿色发展，推进农业供给侧结构性改革，正确处理农业绿色发展和生态环境保护、粮食安全、农民增收的关系，实现保供给、保收入、保生态的协调统一。2017年《建筑业发展“十三五”规划》要求加快转变建筑业生产方式，推广绿色建筑和绿色建材，全面提升建筑节能减排水平，实现建筑业可持续发展。2020年《关于加快建立绿色生产和消费法规政策体系的意见》提出推行绿色设计，强化工业清洁生产，发展工业循环经济，加强工业污染治理，促进能源清洁发展，推进农业绿色发展，促进服务业绿色发展，扩大绿色产品消费，推行绿色生活方式。由此看来，国内 ESG 分行业披露标准建设正在路上。

7.4.5 董事会作用逐步强化

国内自 1993 年发布《中华人民共和国公司法》，就对董事会、监事会的设立与委任做出了规定；2002 年发布的《上市公司治理准则》对控股股东行为、董事与董事会义务责任作出明确的规定；2015 年国务院发布《关于深化国有企业改革的指导意见》提出完善现代企业制度，要求健全公司法人治理结构，推进董事会建设，建立健全决策执行监督机制，规范董事长、总经理行权行为，切实落实和维护董事会依法行使重大决策、选人用人、薪酬分配等权利，保障经理层经营自主权，加强董事会内部的制衡约束；2015 年发布的《国务院办公厅关于加强和改进企业国有资产监督防止国有资产流失的意见》要求落实董事对董事会决议承担的法定责任，增强董事会运用内部审计规范运营、管控风险的能力，增强监事会的独立性和权威性。由此看出，各部门正逐步强化董事会在公司治理中的作用，与此同时也加强对董事会的监督约束机制。

7.5 中国 ESG 信息披露现状存在的问题

本部分聚焦国内外先进地区 ESG 政策演进历程的特征解析。当前，国外一些发达国家 ESG 发展已较为成熟，而中国仍处于起步阶段。因此，从政策法规角度对美国、日本、新加坡、加拿大、欧盟等发达经济体以及中国香港地区推进 ESG 政策发展的演变过程进行分析，有助于启发中国 ESG 政策发展进程。

7.5.1　发达经济体ESG标准发展的比较分析

本节首先选定了美国、日本、新加坡、加拿大、欧盟这几个发达经济体，对其ESG政策发展脉络及特征进行综合比较分析，整理如表7.6所示。

表7.6　国外ESG政策演进脉络及特点

国家或地区	年份	政策文件和要点	ESG发展特征
欧盟	2005	全球契约组织发布《在乎者即赢家》（*Who Cares Wins*），首次提出ESG概念，鼓励资本市场将ESG纳入进行商业活动需考虑因素的范畴	欧盟ESG发展起步于对联合国问题的回应，强调对经济发展的新驱动，关注对可持续发展指标的持续评估和监测
	2006	联合国责任投资原则组织发布《责任投资原则》，推动商界在投资决策中系统纳入ESG因素，ESG投资逐步成为一种投资方式	
	2010	欧洲可持续投资发展论坛发布《回应关于金融机构公司治理和薪酬政策的公众咨询》，建议ESG与公司董事会、股东参与、薪酬等联系	
	2014	欧洲议会和欧盟理事会修订《非财务报告指令》，首次将ESG纳入政策法规，侧重议题中E在公司可持续发展的地位；规定如果资产负债表上的员工人数超过了500人，其管理报告中就必须包含非财务内容，且至少涉及环境、社会和员工问题、尊重人权、反贪污和贿赂问题	
	2016	全球报告倡议组织发布《关于欧洲委员会对报告非财务信息方法的非约束性准则的联合声明》，支持对ESG关键绩效的设定与披露	
	2017	欧洲议会和欧盟理事会修订《股东权指令》，要求股东参与公司ESG议题，实现了ESG三项议题的全覆盖	
	2019	欧洲证券和市场管理局发布《ESMA整合建议的最终报告》，建议政策制定者进一步完善ESG条例法规	
	2020	欧盟委员会通过《促进可持续投资的框架》，规定了欧盟范围内分类系统，为企业和投资者在进行可持续性经济活动时提供判断标准	

续表

国家或地区	年份	政策文件和要点	ESG 发展特征
美国	2010	《委员会关于气候变化相关信息披露的指导意见》规定美国上市公司对气候变化等环境信息进行披露	美国 ESG 法律规约主体日趋多元，重视环境要素中对气候的考量，强调董事会的责任，注重与国际报告框架标准的一致性
	2015	《解释公告（IB2015－01）》出台，鼓励投资决策中 ESG 整合	
	2016	《解释公告（IB2016－01）》出台，强调 ESG 受托者责任，要求在投资政策声明中披露 ESG 信息	
	2019	《ESG 报告指南 2.0》发布，针对所有在纳斯达克上市的公司和证券发行人，提供 ESG 报告编制的详细指引	
	2020	《2019 ESG 信息披露简化法案》强制要求符合条件的证券发行者向股东和监管机构提供的书面材料中，明确描述 ESG 指标相关内容	
日本	2014	《日本尽职管理守则》鼓励机构投资者通过参与或对话，改善和促进被投资公司的企业价值和可持续增长	日本 ESG 政策法规与市场实践双规并行，ESG 政策法规以自愿参与和遵守为主，重视董事会的可持续发展责任
	2015	《日本公司治理守则》要求企业关注利益相关者和可持续发展问题	
	2017	《协作价值创造指南》促进公司和投资者之间开展对话，鼓励两者就 ESG 进行合作以创造长期价值	
	2018	《日本公司治理守则》修订明确非财务信息应包含 ESG 信息，呼吁公司披露有价值的 ESG 信息，更加关注董事会的可持续责任	
	2020	《ESG 披露实用手册》支持上市公司自愿改善 ESG 披露，鼓励上市公司和投资者开展对话	
	2020	《日本尽职管理守则》修订将 ESG 考量纳入“尽职管理”责任，关注 ESG 考量与公司中长期价值的一致性，将准则适用范围扩大至所有符合准则定义的资产类别	
新加坡	2011	新加坡交易所发布《可持续发展报告政策声明》和《上市公司可持续发展报告指南》，建议上市公司披露 ESG 领域的表现	新加坡重视 ESG 信息披露，关注公司治理，尤其是董事会责任，政策实施中因地制宜体现“柔性”策略
	2012	新加坡金融管理局第二次修订《公司治理守则》，新增董事会在公司战略中整合 ESG 因素的要求	

续表

国家或地区	年份	政策文件和要点	ESG 发展特征
新加坡	2016	新加坡交易所发布《可持续发展报告指南》并修订上市规则，将公司发布可持续发展报告的要求从“自愿”提升至“强制”	新加坡重视 ESG 信息披露，关注公司治理，尤其是董事会责任，政策实施中因地制宜体现“柔性”策略
	2018	新加坡金融管理局第三次修订《公司治理守则》，提升对上市公司的董事独立性、董事会多样性、利益相关方参与等方面的要求	
加拿大	2011	加拿大证券管理局发布《CSA 员工通告 51－333：环境报告指引》，确定需要披露的环境问题信息	加拿大将 ESG 政策融入现有法律体系中，在决策和管理顶层设计中考量 ESG 因素
	2014	《安大略省条例第 235/14 条》颁布，要求养老基金在投资决策中必须考量 ESG 因素，并在投资政策声明中披露 ESC 整合的信息	
	2019	加拿大证券管理局发布《CSA 员工通告 51－358：气候变化相关风险报告》，提供更多与气候变化相关的披露说明	
	2020	安大略省市政雇员退休系统（OMERS）发布《首要计划投资政策和程序声明》，明确在投资决策中考虑 ESG 因素	

通过政策整理可以看出：欧盟 ESG 发展起步于对联合国问题的响应，强调对经济发展的新驱动，关注对可持续发展指标的持续评估和监测；美国 ESG 法律规约主体日趋多元，重视环境要素中对气候的考量，强调董事会的责任，注重与国际报告框架标准的一致性；日本 ESG 政策法规与市场实践双规并行，ESG 政策法规以自愿参与和遵守为主，重视董事会的可持续发展责任；新加坡重视 ESG 信息披露，关注公司治理，尤其是董事会责任，政策实施中因地制宜体现“柔性”策略；加拿大将 ESG 政策融入现有法律体系中，在决策和管理顶层设计中考量 ESG 因素。

香港地区作为我国的一部分，由于“一国两制”的特殊制度，使其经济发展更为自由，ESG 的发展也跻身世界前列。目前来看，香港地区已形成一套较为完整的 ESG 信息披露框架体系，其发展演变经验值得中国内地学习借鉴。

首先，香港最初对上市公司披露 ESG 信息行为采取鼓励为主的态度，2012 年首次发布的《ESG 指引》文件中对 ESG 相关指标简单列明，并建议有能力的上市公司披露相关信息；随后，在第二版《ESG 指引》中将一些原本“自愿披露”的事项改为“不披露就解释”；第三版《ESG 指引》将所有“自愿披露”事项转变为“不披露就解释”，一些关键指标提升为“强制披露”水平，并新增强制性披露的指标。纵观香港地区 ESG 披露制度，对公司强制化披露程度逐渐提升，经历了“自愿—半强制—强制”的变化过程。

其次，第一部《ESG 指引》只对环境与社会范畴指标进行了要求，2014 年颁布的修订版《企业管制守则》与《企业管制报告》补充了公司管制方面内容，第二版《ESG 指引》明确划分了社会与环境范畴，第三版《ESG 指引》在环境范畴中增加了“气候变化”披露层面，在社会范畴绩效新增了供应链管理及反贪污关键绩效指标。香港地区对 ESG 披露标准的内容要求逐步丰富并且细化。

最后，作为香港地区 ESG 信息披露的起始点，2012 年，港交所正式面向全港上市公司提出了披露 ESG 相关信息的建议；而香港特区政府在 2014 年颁布的新版《公司条例》中，又将 ESG 信息披露的建议范围扩大到了所有企业；现行《公司条例》第 338 条与附表 5 明确要求所有香港注册公司需要在董事报告的业务审视中包含有关公司 ESG 事宜的探讨。由此看出，香港地区对 ESG 的要求范围全面扩大，由最初只针对香港上市公司做出披露要求，发展到目前明确要求所有香港注册公司在董事报告的业务审视中包含有关公司 ESG 事宜的探讨。

7.5.2 中国 ESG 信息披露体系存在的不足

通过对比我国与先进地区 ESG 政策发展的异质性，借鉴先进经验，有助于完善我国 ESG 政策发展体系，构建适合我国各主要行业、企业 ESG 信息披露的指标标准。通过对比分析，国内 ESG 披露标准发展目前

尚存在以下不足之处。

7.5.2.1　信息披露的强制化程度不足

国内对ESG信息披露的要求，以上市公司自愿披露为主，只对部分上市公司的特定ESG信息有强制披露要求，虽然目前已初步构建ESG信息披露框架，但仍处于由自愿披露向强制披露的转变过程中。从国际趋势看，ESG相关信息的披露目前仍以企业自愿为主，但部分国家和地区（例如，中国香港、澳大利亚、印度和南非等）开始采取半自愿半强制的原则，要求企业“不遵守就解释”，或要求有重大影响的企业（如高污染高风险企业、市值达到一定规模的上市公司）披露完整的ESG信息。中国香港于2019年发布的第三版《ESG指引》将所有“自愿披露”事项转变为“不披露就解释”，一些关键指标提升为“强制披露”水平，并新增强制性披露的指标。通过与国内香港地区以及国外先进经济体对比，中国大陆ESG披露的强制化程度相差甚远，因此我国也应逐渐提高披露要求，从当前以企业自愿披露为主，向自愿和强制结合过渡，甚至到以强制披露为主。从国内上市公司环境责任信息披露情况（见图7.1）中也可以看出，虽然每年发布报告的上市公司数量都在增长，但增长速度保持在5%～9%，而近十年中国上市公司数量平均增长率在6%左右[①]，因此国内方面环境信息披露程度不足，这也反映出相关政策强制化程度不够。而国内环境相关政策相比于社会、治理方面发展更完善，因此国内ESG信息披露政策强制化程度亟须加强。

7.5.2.2　信息披露的内容过于单一

国内对社会责任内容的披露要求多集中于“环境”方面，对于“社会”及“治理”方面的规定较少，且指标不明确，虽然中国大陆地区ESG信息披露正在政府部门的推动下由“环境”方面逐渐向ESG全面覆盖，但仍处于发展不平衡的阶段，因此要加快完善ESG信息披露内容体

① 资料来源：全球宏观经济数据，http：//finance.sina.com.cn/worldmac/indicator_CM.MKT.LDOM.NO.shtml。

系。相比而言，国外及香港方面在 E、S、G 三方面发展较为均衡，指标也更加全面。

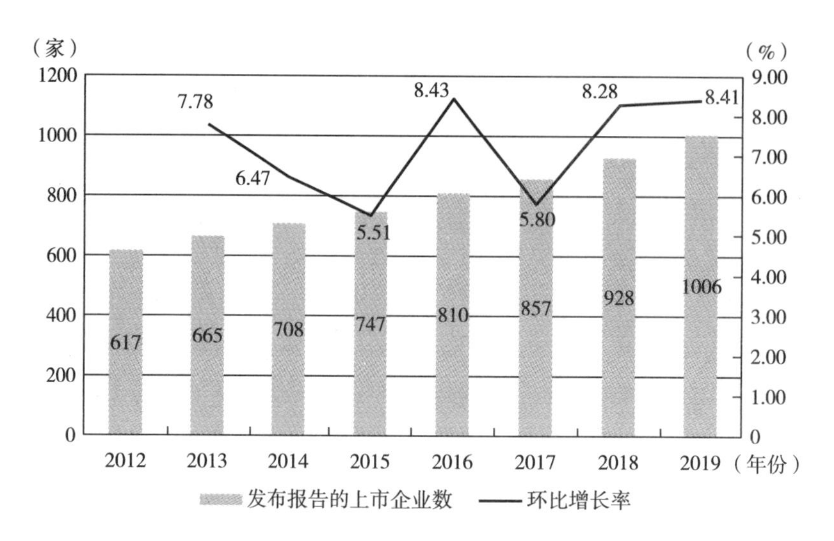

图 7.1　2012～2019 年国内上市公司发布环境责任信息报告情况

资料来源：中国环境记协历年发布的《中国上市公司环境责任信息披露评价报告》。

7.5.2.3　参与披露主体的范围较小

大陆的披露主体范围正在逐步扩大，但发展缓慢，当前除了“上证公司治理板块”“深证 100 指数”样本股必须披露社会责任报告，对其他上市公司仅作鼓励性要求。反观香港在起步时要求的披露主体范围就比较广，并且中间直接经历了从全港上市公司到所有香港注册公司的跨越式发展；美国 ESG 法律文件的规约主体从上市公司开始，逐步扩大到养老基金和资产管理者，再进一步延伸到证券交易委员会等监管机构；日本早期的 ESG 政策法规主要针对上市公司和机构投资者，2020 年新修订的“守则”将范围扩大到所有符合该守则对“尽职管理”定义的资产类别。因此，相比而言中国大陆在信息披露主体范围方面仍有很大扩展空间。

7.5.2.4　披露内容的格式无统一规定

由于国内各交易所对环境、社会、治理报告披露的内容、格式等并无

统一的规定，仅有指引性的建议，而报告内容格式也均由各家上市公司自主决定，对于关键信息并不像欧美市场一样有统一编码，因此国内市场呈现出报告内容、格式参差不齐的情况。2018年，中国证监会修订了《上市公司治理准则》，为上市公司披露ESG信息提供框架，但具体细则过于宽泛，并未从根本上解决ESG信息披露指标存在差异、数据口径不一致等问题。

7.5.2.5 信息披露报告缺乏独立验证

截至2020年5月底，沪深300范围内发布2019年度ESG报告的公司占比85%，较之于2013年的54%有所提升。但在这85%披露了ESG报告的公司中，只有12%的报告经过了第三方审计。[①] 虽然越来越多的中国企业开始发布ESG报告，但绝大多数ESG报告未经审验，在可信度方面有待验证。香港联交所发布的新版《ESG指引》鼓励公司就其ESG报告获取独立验证以加强所披露ESG数据的可信性；公司若取得独立验证，应在ESG报告中清晰描述验证的水平、范围和所采用的过程。国内对该方面进行说明与规定的政策几乎没有，未来国内ESG披露标准政策发展应该将逐步强制企业寻求独立验证列为重点内容之一。

7.6 中国ESG披露政策对ESG披露标准制定的启示

对标上文总结的先进经济体发展经验，发现我国ESG发展尚存许多不足之处。结合中国独特的背景特点，提出以下政策建议，旨在推动中国大陆尽早形成完整的ESG披露标准框架。

① 平安数字研究院发布的《ESG在中国——信息披露和投资的应用与挑战》。

7.6.1 提高强制化及量化的披露要求

ESG 信息披露是否作为强制规则，取决于当地资本市场是否成熟、责任投资氛围是否浓厚、行业风险是否严重等因素。我国交易所可以分阶段性执行上市公司 ESG 信息披露要求，先从“自愿披露”开始，然后转向“不遵守即解释”或“强制性披露”。实施前期可对优秀的 ESG 信息披露企业进行奖励，实施后期则可以侧重于惩罚措施，对 ESG 信息披露质量低或存在误导性表述的企业施以惩罚。同时，考虑到信息披露主体的差异，可以对主板、创业板不同板块、不同行业提供补充指引，使上市公司 ESG 信息披露更有针对性。

关键定量信息的披露是强制 ESG 信息披露的核心，也是市场尤其是投资人所关注的重点。在披露内容上，分步骤、分阶段、分批次逐步加强对可对比且披露成本低的定量指标的信息披露，有利于提升我国上市公司 ESG 信息披露的价值及影响力，从而促进我国绿色证券的健康发展。

香港地区新版《ESG 指引》对环境和社会方面的量化信息披露要求都有了很大提高，这表明未来港交所的 ESG 信息披露更强调可比性和有效性，这对 A 股上市公司的 ESG 信息披露也有参考意义。由于 ESG 信息的特点，较难像财务信息一样通过统一的财务指标来进行披露，同时，一些文字叙述性质的披露容易造成披露范围不明确、信息无效等问题，给投资者在收集 ESG 信息、比较 ESG 信息时带来一定困难。提高对量化信息的披露要求有助于引导企业 ESG 信息披露规范化，降低 ESG 信息的不对称性，为投资者提供更有效的信息，也有助于通过量化数据帮助企业完善 ESG 管理。此外，从监管角度看，量化的 ESG 信息披露要求还能够提高监管效率，通过 ESG 数据整合可以形成监管工具进而对企业进行管理。

7.6.2 完善 ESG 信息披露的内容要求

7.6.2.1 纳入气候变化风险

2010 年，美国发布《委员会关于气候变化相关信息披露的指导意见》，开启美国上市公司对气候变化等环境信息披露的新时代。相关财务支出的量化披露、投资对象对环境的影响成为美国ESG政策法规中关注的重点。2016年，美国作为195个国家之一在纽约参与了《巴黎协定》的签署，同意为减少导致地球变暖的温室气体付出努力。美国在此后的法案中更加关注环境和气候变化信息披露与SDGs、《巴黎协定》的一致性。2019年，加拿大证券管理局发布《CSA员工通告51－358：气候变化相关风险报告》，提供更多与气候变化相关的披露说明。从国内来看，港交所新版《ESG指引》首次对气候变化风险提出要求，要求上市公司首先从过渡风险层面进行信息披露。气候变化风险是绿色金融和可持续研究中重要的议题，然而当前对气候风险进行评估的更多以金融机构为主，其他行业的上市公司往往缺乏气候风险衡量的方法。无论是港股上市公司还是A股上市公司，都要加强对气候风险的认知，并将气候风险纳入风险管理流程中。

7.6.2.2 突出董事会的作用

美国、日本、新加坡、加拿大、欧盟等发达经济体都将提高董事会责任作为ESG发展的重中之重。国内方面，在从“半强制披露”到“全部强制披露”过渡阶段，港交所首先对上市公司的董事会层面的ESG管理进行强制要求，突出了董事会在提高公司整体ESG信息披露方面的重要性。董事会在公司治理过程中具有领导作用和监督作用，从董事会层面来推动ESG信息披露能更顺利地在公司内部开展相关活动。因而在对大陆A股上市公司进行ESG宣传时，也要更多从董事会人员层面进行普及，如定期开展针对上市公司董监高的ESG培训，逐步解决当前A股上市公司对ESG信息披露了解度和重视程度不足的问题。此外，在未来出台ESG相关政策时，也要强调董事会的责任，引导上市公司形成完善的董事会ESG管治架构。

7.6.2.3 规范信息披露方式

为提高社会责任信息的可比性，应在社会责任披露制度中明确社会责任信息披露方式。社会责任信息与其他会计信息相比，计量单位不能仅限于货币计量方式，应根据社会责任项目特点，全面采用定性披露和定量披露多种方式，如对企业诚信公平竞争等方面社会责任信息主要可通过文字说明的方式进行定性披露，而对劳动保障、工资福利、环境保护、公益性捐赠、纳税情况可采用实物或货币为计量单位，从数量上进行表述和披露。对可以采用货币计量的社会责任项目，可在现有企业资产负债表、利润表、现金流量表等基本会计报表中增设相关项目来揭示企业社会责任。同时，针对企业社会责任内容多、可货币化计量项目少的特点，可要求企业在现有财务报告基础上编制单独的社会责任报告，如“社会责任年报”或“可持续发展年报”，按年度定期编制并对外公告，促进企业全面披露社会责任信息。

7.6.2.4 建立信息披露鉴证制度

财务会计需要审计的监督，社会责任报告在披露后同样也需要相关机构的鉴证以增强其可信度。相关的咨询机构和会计师事务所专业性较强，但统计结果显示，没有一家公司聘请国内的咨询机构或国内的事务所从事社会责任报告鉴证业务，而国际咨询机构和事务所收费往往偏高，这也是很多企业选择不审验报告的原因之一。鉴于此，在当前中国国情下，可以逐步培养国内会计师事务所、咨询机构审验社会责任报告的能力，从而可以利用现有的资源，在不耗费过多额外的人力和物力的基础上，规范中国上市公司社会责任信息披露的发展。

7.6.2.5 加强各方协调，完善配套政策

与国外源自公众运动的发展历程不同，我国构建 ESG 体系应仍以政府及相关部门引导为主。这需要包括行业本身、行业协会、监管部门（包括工商、税收、环保、金融等）等多方的持续沟通合作，进而完善相应的配套政策，并最终将效果体现在企业层面。例如，对 ESG 绩效评价表现较好的企业（尤其是上市企业）可享有在招投标和税收减免等方面的优惠政策，以及获取金融资源方面的便利条件。对于未按要求披露、披露信息不实和绩效评价表现较差的企业，应提出警告或实施惩罚。

第8章　中国ESG信息披露标准的提出与制定

在“十四五”期间率先落实ESG信息披露发展对于构建新发展格局和促进我国产业结构转型升级发挥着关键作用，是彰显制度自信、理论自信、文化自信、道路自信的应有之举，是促进我国整个ESG生态发展的关键基础。一是发展ESG信息披露能够帮助政府发挥主导作用，促进国家治理体系发展。二是发展ESG信息披露能够平衡我国经济与环境发展的冲突问题，实现可持续发展。三是ESG信息披露的指导原则和过程符合“两山”理论政策要求，保证高质量发展。四是发展ESG信息披露能够促进社会公众参与，提升整体社会责任意识，保证人民美好生活的需要。五是发展ESG信息披露能够推动中国标准的建立，为服务提供商提供统一标准，“倒逼”企业转型升级，推动供给侧结构性改革，优化国内国际双循环布局。因此，本章致力于探究ESG信息披露，制定适合中国情境的ESG信息披露原则，并根据指导原则构建了信息披露框架以及指标体系，争取让ESG理念落地中国、服务社会、对接国际。

8.1 中国 ESG 信息披露原则体系

标准的原则体系对于高质量的报告编写至关重要。随着可持续发展战略在世界范围内的普遍实施，许多国家与组织都清楚地认识到：良好的ESG 信息披露体系，一方面需要国家通过法规强制信息披露，另一方面需要制定与市场环境变化相适应的、非强制性、灵活的 ESG 信息披露标准原则体系。根据 2017 年《责任指数报告》，中国 500 强的上市公司评价中，信息披露这一指标得分最高的为 7 分，共有 3 家企业。得分最低的为 0 分，共 150 家企业，30% 的企业得分在 4 分及以上。这说明只有近 1/3 的企业对社会责任的信息披露较为重视，做到了定期发布企业社会责任报告或可持续发展报告（上海交通大学，2017）。虽然上市公司社会责任报告发布量呈逐年提升的趋势，报告的量化信息披露方面却明显不足，缺乏有效、可靠和可比的披露标准（袁利平，2020）。总体来看，我国存在披露标准缺失，尚未关注到构建指标原则体系的相关研究和政策等问题。

作为一个发展较好的新兴市场国家，我国 ESG 信息披露存在诸多问题，制定适合我国国情的 ESG 信息披露标准是我们必然的选择。ESG 信息披露标准的原则体系是制定科学、有效、适合我国国情标准的重要根基。标准原则体系集成了科学的原则制定相关理论，吸收了世界各国先进的 ESG 信息披露经验，充分考虑了我国 ESG 信息披露的实务特征，并在此基础上建立用以指导公司培育有效的 ESG 信息披露标准，从而维护以股东为主的所有利益相关者权益。

8.1.1 ESG 信息披露体系的原则制定依据

披露指标的制定原则虽然不具备强制性，但对各类型的公司均具有指导意义。该原则并不谋求替代或否定有关的法律法规，而是与有关法律法

规相辅相成，共同为编制有效的公司治理标准发挥作用。各组织机构可参照执行原则，也可以结合其特点制定自己特有的披露指标原则。鉴于原则的上述性质，能够随时将控制与管理的创新思维融入其中，具有充分的灵活性。原则的制定遵从了五个要点：第一，指导性。指导性是指制定的原则具备指导意义，能够正确引导披露主体的思想和行为，有效指导披露主体进行信息披露。第二，实务性。实务性是指制定的原则具有实际业务操作方面的意义，能够给予披露主体以实践性帮助。第三，前瞻性。前瞻性是指所制定的原则要基于当前的基本实际情况，根据内外部因素、现有因素及预计发生的因素的变化，能够对其未来的发展进行确定性的判断。第四，动态性。动态性是指所制定的原则应能够根据内外环境的变化及时进行必要的调整和重新制定。第五，普适性。普适性是指所制定的原则能够普遍地适用于各种形式的披露标准，能够适用于各种不同形式的披露标准的制定过程。第六，创新性。创新性是指所制定的原则应是前人从未曾提出过的，预期能够产生新的发现和新的发明，或者至少能对前人所制定的原则有新的补充、扩展和深化。

8.1.2　ESG信息披露体系的原则制定方法

从定义来看，“原则”与“理论”都是抽象概念。因此，类比理论的构建方法在制定“原则”时也可以采取定性研究方法。定性研究方法的分析过程要遵从一个开放式的原则。定性研究是在原始材料的基础上发展理论，可以借助前人的理论，但应当尊重自己的发现；建立理论时，研究者可以借助个人的经验和直觉，但一定要有材料支撑。

参考定性研究方法的实施路径（Eisenhardt et al.，1989；Dooley，2002；Langley et al.，2013；Eisenhardt，2016；Gehman et al.，2017），制定遵循“提出问题—收集资料—分析资料—制定原则”的路径。根据原则制定依据，以及定性研究实施路径的具体步骤，提出具体的披露标准设计原则。具体如图8.1所示。

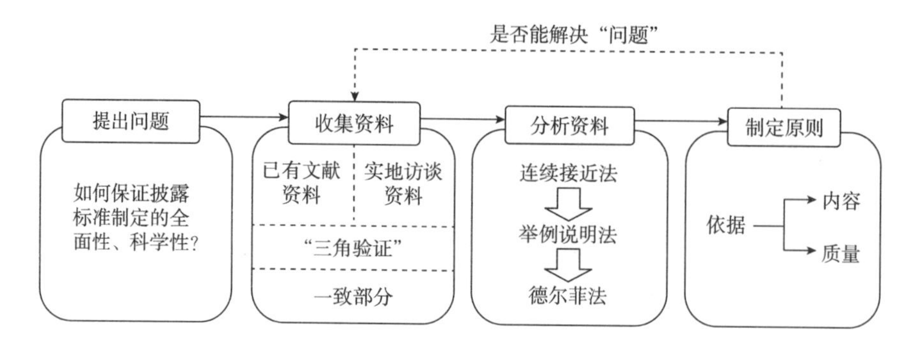

图 8.1　披露标准的原则制定路径

首先，原则是相对开放、外延广阔，提出问题要以待解决的问题为导向。同样，在制定披露标准的原则前首先要明确待解决的问题，整个原则制定过程中时刻以问题为导向，考虑为什么制定原则，原则服务对象的需求应该是什么，要达到什么样的标准制定效果。

其次，依据问题寻找相关资料。资料的收集过程应当是全面且开放的，可以借鉴“三角验证”的方法，同时运用不同的资料收集方法、资料来源，以降低线性思考所导致的偏误或盲点，并增进研究结果的解释效力。

最后，分析资料时一定要遵从原始资料本身，运用合适的方法进行归纳提炼。在本原则制定的过程中主要采用如下三种资料分析方法：

8.1.2.1　连续接近法

连续接近法指的是通过不断反复和循环的步骤，使研究者从开始时一个比较含糊的观念及杂乱的资料细节，得到一个具有概括性的综合分析的结果（Kulakowski et al.，2005）。具体而言，研究者从所研究的问题和一种概念与假设的框架出发，通过阅读和探查资料，寻找各种证据，并分析概念与资料中所发现的证据之间的适合性，以及概念对资料中的特性的揭示程度。研究者可以通过抽象经验证据来创造新概念，或者修正原来的概念以使它们更好地与证据相适应。然后，研究者又从资料中收集另外的证据，来对第一阶段中所出现的尚未解决的问题进行探讨。研究者不断地重

复这一过程，而在每一阶段，证据与理论之间迭代循环。这种过程就被称作“连续接近”，因为经过多次的反复和循环，修改后的概念和模型几乎“接近”了所有的证据。具体步骤如图 8. 2 所示。

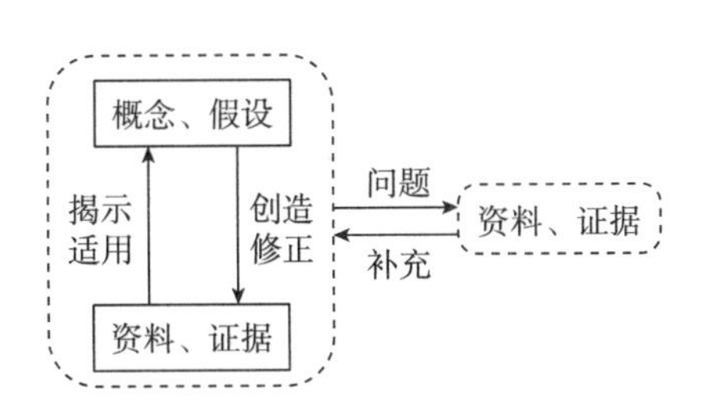

图 8. 2　连续接近法路径

8. 1. 2. 2　举例说明法

举例说明法是研究者将理论应用在具体的历史情境或社会情境中，或是以前述理论为基础来组织资料。先前存在的理论提供了所谓的“空盒子”，研究者则将所收集到的证据集中起来去填满这只空盒子。当然用来填满这个盒子中的证据也可能是反驳理论，这个理论可以是一般模型、类推或一系列步骤的形式。贴合实际情况可以拟合出更多、更合适的原则，而本报告旨在构建贴合中国情境以及现实发展情况的 ESG 披露原则，因此制定原则的过程中不仅要以理论为基础，更要结合现实情况。具体实施流程如图 8. 3 所示。

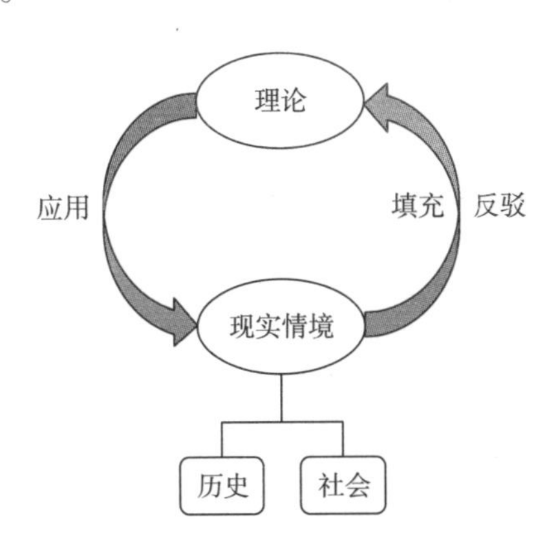

图 8. 3　举例说明法路径

8.1.2.3 德尔菲法

德尔菲法，又称专家调查预测法，1946 年由美国兰德公司创始实行，其本质上是一种反馈匿名函询法。该方法是以匿名的方式，通过多次反复的专家问卷调查和反馈以达成对某一特定问题或论题的共识。大致流程是在对所要预测的问题征得专家的意见之后，进行整理、归纳、统计，再匿名反馈给各专家，再次征求意见，再集中，再反馈，直至得到一致的意见。具体流程如图 8.4 所示。

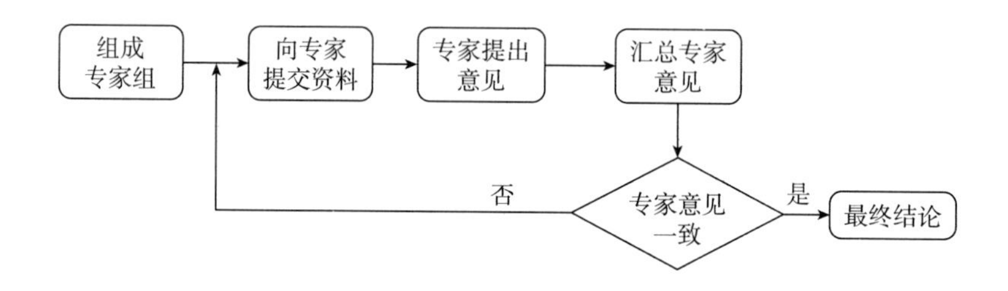

图 8.4 德尔菲法流程

8.1.3 ESG 信息披露体系的原则内容

标准原则描述了标准预期实现的结果，并为整个过程中做出的关于标准内容或标准质量的决策提供指导。设计 ESG 标准的原则是制定高质量 ESG 通用标准的基础。

借鉴 GRI 标准中对标准原则的分类，本节将标准设计原则分为两组：界定标准内容的原则和界定标准质量的原则。标准内容是规范标准涵盖的内容范围，标准质量是衡量标准的科学性、客观性和准确性程度。界定标准内容的原则有助于确定企业制定标准的内容。而界定标准质量的原则有助于确保 ESG 企业标准中所披露信息的质量，高质量的披露信息能够帮助利益相关方对企业做出完善、合理的评估，并采取适当行动。具体内容如表 8.1 所示。

表 8.1　界定标准原则的分类

划分	原则	定义
标准内容	可持续性	满足当代人需求又不损害子孙后代满足其需求能力的发展
	合理性	作出决策时企业应考虑利益相关方的合理期望和利益
	实质性	确定重要的披露信息，作为标准所依循的基本原则
	完整性	要求标准表述的内容完整
标准质量	准确性	制定标准时要保证每个标准的定义、级别、说明都表述准确
	平衡性	制定标准应全面地反映出企业的正面和负面表现
	清晰性	信息以一种可理解的方式提供给使用标准的利益相关者
	一致性	制定标准时相关指标设计需要保持一致
	可比性	以一致的方式制定标准以及保持定量指标的相对一致性
	可靠性	能确定企业披露内容的真实性和标准原则的适用范围
	时效性	要求定期披露标准涵盖的信息，以便于利益相关方及时了解信息

8.2　中国 ESG 信息披露标准和提出过程

8.2.1　ESG 标准的理论基础与政策基础

为使中国 ESG 披露标准既能遵从国际规范又符合中国情境，本节以可持续发展理论、利益相关者理论、委托代理理论、合法性理论为指导，以界定标准内容和标准质量所依据的 11 条报告原则为依据；同时，结合中国情境，分析相关政策基础，将“两山”理念、五大发展理念、“双碳”目标和高质量发展作为政策指导，以国内外与 ESG 相关的披露标准、报告和国家地区的政策发展为研究数据，通过定性定量结合的研究方法，最终提出了符合我国国情、顺应时代潮流、具有中国特色的中国 ESG 信息披露标准体系。

由各种行业体系构成的整个国民经济体系中，既存在着所有行业所共有的共性 ESG 因素，又由于各行业的特殊属性而具有一定的行业个性因素，因此，基于这一基本国情，本节在借鉴 GRI 的通用标准逻辑和 SASB 的特定行业标准逻辑基础上，遵循共性标准结合行业个性特色的逻辑构筑中国 ESG 信息披露标准体系，形成“通用标准 + 行业特色模块”的中国 ESG 信息披露齿轮模型（见图 8.5）。齿轮模型以模块化思维为基本逻辑，通用标准作为适用于所有行业 ESG 信息披露的基本框架，充当着“齿轮”的圆弧齿廓，发挥着中心平台的作用，行业特色模块是基于行业特色形成的特色议题模块，充当着“齿轮”的轮齿，以模块化方式嵌入圆弧齿廓这一中心平台，最终形成了与各行业严密啮合、链动国民经济体系高质量发展的运转机制。

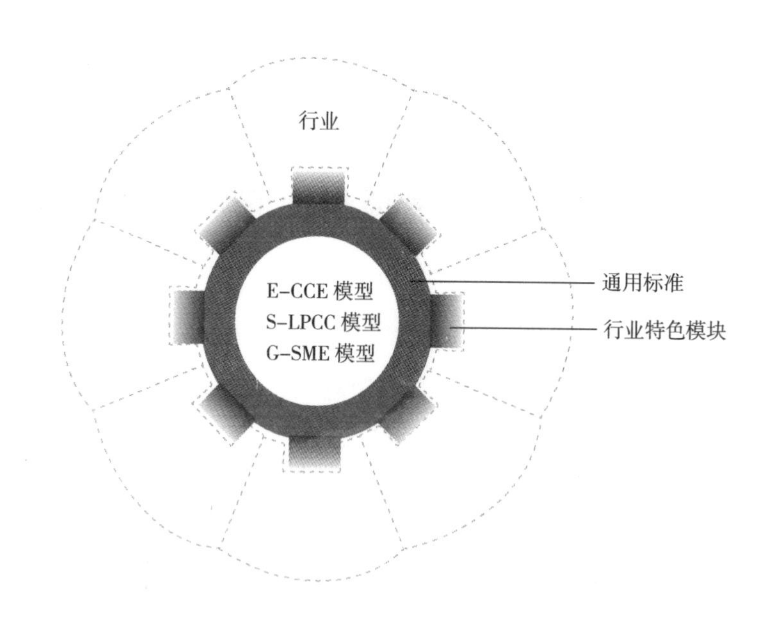

图 8.5　中国 ESG 信息披露标准体系

由于国内外 ESG 标准、企业 ESG 相关报告和国内典型企业的侧重点不同，前者侧重于相关标准体系的具体内容，后者侧重于相应标准体系在

具体企业的应用情况。因此，本节对这两类数据分别分析，从标准体系内容和标准体系应用两个方面提炼出两种共性的ESG通用标准和金融业及零售业的行业特色模块。

因此，中国ESG披露标准体系的建立具体包含四个步骤：第一，基于理论基础的分析，采用文本分析法，提炼出与ESG相关的理论，为中国ESG披露标准的提出提供理论指导依据，保证标准严谨性。第二，基于政策基础的分析，采用文本分析法提炼出具有中国特色的相关ESG议题。第三，基于实践基础的分析，采用主题建模、网络分析、聚类分析、频度分析法和案例分析法，结合国内外ESG相关标准、企业ESG相关报告和国内典型企业进行分析，提炼出共性的ESG通用标准和金融业及零售业的行业特色模块。第四，对ESG通用标准和金融业及零售业的行业特色模块进行汇总和制定标准时，通过德尔菲法，邀请相关专家依据标准内容和标准质量依据的11条原则对归纳的条目进行评分，对标准体系进一步优化调整确定。

8.2.1.1 基于理论基础的分析

本部分主要通过收集国内外与环境责任、社会责任和公司治理主体相关文献，采用Python进行文本分析，通过关键词解析发现，与环境责任、社会责任和公司治理相关的理论主要有可持续发展理论、利益相关者理论、委托代理理论和合法性理论，这四种理论在国内外经历了较长时间的发展，比较完善，在资本市场上也得到了广泛的应用。因此，将这四个理论作为提出ESG披露标准的理论支持，并分析其与ESG政策披露的关系。

本部分遵循内容分析法的分析步骤，遵循信息摘录—信息初始编码—优化编码—聚焦编码的分析步骤，对所收集的政策文本进行编码分析。具体研究步骤如下：①借助Nvivo 10软件对选择的政策文本进行仔细的信息摘录工作，得到初始信息。②通过初始编码和优化编码对原始音系进行概念化表达并赋予类属。③为进一步理顺优化编码间的相互关系，将优化编码打散，依据编码的内在属性与主体内容，从环境、社会和治理三个层面赋予优化新的概念类属，并对类属下的信息内容进行提炼，总结ESG理论的相关议题，主要有可持续发展理论、利益相关者理论、委托代理理论和合法性理论等。

8.2.1.1.1 可持续发展理论

可持续发展理论的起源较早，可追溯至20世纪中期。1962年，美国生物学家蕾切尔·卡森出版了一部引起很大轰动的环境科普著作《寂静的春天》，描绘了一幅由于农药污染造成的可怕景象，在世界范围内引发了人类发展观念上的争论。1972年联合国召开的人类环境研讨会首次提出可持续发展，同时美国学者 Barbara Ward 和 Rene Dubos 的享誉全球的著作《只有一个地球》问世，把人类生存与环境的认识提高到一个新境界，即可持续发展的境界。1987年以挪威首相布伦特兰为主席的联合国世界与环境发展委员会发表了一份报告——《我们共同的未来》，正式提出可持续发展概念，即"既满足当代人的需要，又不对后代人满足其需要的能力构成危害的发展"，这一定义得到广泛的接受，并在1992年联合国环境与发展大会取得共识。自此，针对可持续发展的研究开始不断扩展深入。

根据可持续发展系统模型，可持续发展的理论框架处于生态（自然）响应、经济（财富）响应和社会（人文）响应的三维作用之下，包括生态可持续发展、经济可持续发展和社会可持续发展（牛文元，2012）。其中，生态可持续发展要求经济建设和社会发展与自然承载能力相协调，在发展的同时必须保护和改善地球生态环境，使人类的发展控制在地球承载能力之内。经济可持续发展鼓励在环境保护基础上促进经济增长，不仅重视经济增长的数量，更追求经济发展的质量。社会可持续发展强调社会公平是环境保护得以实现的机制和目标。三者的关系是：生态可持续是基础，经济可持续是条件，社会可持续是目的。

可持续发展理论为ESG信息披露在追求环境友好及生态文明方面的重要理论基础。具体来看，生态可持续为提供生态服务、生态屏障和生态平衡奠定基础，这需要在保证经济效率的前提下，尽可能减少自然资源和环境的损益成分，对应了ESG中的环境（E）维度。经济可持续保障了国民经济发展水平持续上升，这需要企业不断创造经济效益，优化治理结构，为实施可持续发展提供充分的动力，与经济生态可持续理念一致，对应了 ESG 中的治理（G）维度。社会可持续是维系整个国家和社会正常运行的基础，符合生态可持续发展、经济可持续发展和社会可持续发展的内涵，对应 ESG 中的社会（S）维度。可持续发展追求生态、经济、社会三个层面的整体发展和协调发展，综合对应了 ESG 的环境（E）、治理（G）、社会（S）三维度的整合发展，并且，ESG 理念与可持续发展内涵基本保持一致，企业遵循可持续发展理论执行 ESG 信息披露，有利于企业在生产经营的过程中做出正确决策，优化资源配置，提升企业的公众形象，从而使企业在竞争中处于优势地位，从长远来看，可以为企业带来更多的经济效益。这符合统筹兼顾环境与发展，生态、社会和经济协调的可持续发展要求，也是企业追求可持续发展的必然要求。

8.2.1.1.2　利益相关者理论

“利益相关者”一词最早被提出可以追溯到 1984 年，弗里曼出版了《战略管理：利益相关者管理的分析方法》一书，明确提出了利益相关者管理理论。利益相关者管理理论是指企业的经营管理者为综合平衡各个利益相关者的利益要求而进行的管理活动。与传统的股东至上主义相比较，该理论认为任何一个公司的发展都离不开各利益相关者的投入或参与，企业追求的是利益相关者的整体利益，而不仅是某些主体的利益。利益相关者是“那些能够影响企业目标实现，或者能够被企业实现目标的过程影响的任何个人和群体”（Freeman，1984）。利益相关者理论认为，企业的目标是为其所有利益相关者创造财富和价值，企业是由利益相关者组成的系统，它与给企业活动提供法律和市场基础的社会大系统一起运作（Clarkson，1995）。从广义的利益相关者来看，20 世纪 90 年代中期以后，利益相关者的“多维细分法”和“米切尔评分法”等定量化的评分界定，使利益相关者理论具有了很强的可操作性（贾生华、陈宏辉，2002）。

利益相关者可以从多个角度进行细分，不同类型的利益相关者对于企业管理决策的影响以及被企业活动影响的程度是不一样的。按照相关群体与企业是否存在交易性合同关系，将利益相关者分为契约型利益相关者和公众型利益相关者（Charkham，1992）。根据相关者群体与企业联系的紧密性，可以将利益相关者分为首要的利益相关者和次要的利益相关者（Clarkson，1995）。根据相关群体是否具备社会性，以及与企业的关系是否直接有真实的人来建立，将利益相关者分为四类：主要的社会利益相关者、次要的社会利益相关者、主要的非社会利益相关者和次要的非社会利益相关者（Wheeler，1998）。各利益相关者作为一个利益共同体，凭借各自的不同优势参与企业经营过程，促进企业长期健康发展。不同性质的利益相关者对企业的影响力存在明显差异，某些利益相关者能够为企业提供专用性或关键性资源，或者愿意承担企业经营的重大风险，其行为直接影响企业能否持续发展，因此在治理结构中占据主导地位。

利益相关者理论和 ESG 信息披露在承担社会责任和实现利益相关者参与企业发展方面提供了重要基础。从契约型和首要的利益相关者来看，企业的公司治理结构越完整、治理效率越高，越能够提升企业的管理水平，这与 ESG 理念中治理（G）维度相对应。从公众型和次要的利益相关者来看，企业作为一个社会契约网，其经营离不开其他各方利益相关者的积极参与和投资，需要借助政府、社会团体、环境等多方力量，除了创造经济效益，企业还需要承担社会责任和环境责任，这恰好分别对应 ESG 理念中对社会（S）和环境（E）维度的阐释。ESG 理念与利益相关者理论的内涵基本保持一致，因此企业应遵循可持续发展理论执行 ESG 信息披露，兼顾各利益相关者的利益，调整治理模式，树立正确的社会责任观，明确社会责任范围，规范自身行为，将社会责任作为提高企业核心竞争力的重要内容。

8.2.1.1.3　委托代理理论

委托代理理论始于对企业“黑箱”理论的探索，是契约理论最重要的发展之一（Wilson，1963；Ross，1973；Mirrless，1975；Holmstrom，1982）。其核心是解决在利益相冲突和信息不对称情况下，委托人对代理人的激励问题，即代理问题。委托代理理论遵循以“经济人”假设为核

心的新古典经济学研究范式，假设委托人和代理人之间利益相互冲突。委托代理理论中，委托人和代理人都是经济人，行为目标都是实现自身效用最大化。委托人与代理人相互之间的利益是不一致的，甚至是相互冲突的。因而委托人与代理人之间需要建立某种机制（契约）以协调两者之间相互冲突的利益。委托代理理论还假设委托人与代理人之间信息是不对称的。由于委托人无法知道代理人的努力水平，代理人便可能利用自己拥有的信息优势，谋取自身效用最大化，从而可能产生代理问题。

由于信息不对称和委托人代理人利益冲突的普遍性，委托代理问题屡见不鲜。企业中的委托代理关系主要表现在三个层面：一是股东大会与董事会之间，股东大会不直接参与决策，而是将决策权授权给董事会，即全体股东是委托人，董事会是代理人；二是董事会与高层管理者之间，董事会只负责制定一些重大决策，通过聘用高层管理者负责管理日常事务，即董事会是委托人，高层管理者是代理人；三是高层管理者与各部门经理之间，高层管理者任命各部门经理具体负责各部门的日常工作，并且赋予他们一定的权力，高层管理者是委托人，各部门经理是代理人。随着企业的委托人不断增多，Dixit（1997）指出“利益相关者经济的来临，企业的委托人就不仅有股东，还有信贷人、地方社区等”。因此，在相关者经济时代，委托代理问题不仅包括上述企业治理问题。当企业当前绩效和长远绩效不一致、企业利益与生态环境的利益不一致，以及企业利益与其他社会利益相关者的利益不一致时，都会导致委托代理问题。随着委托代理理论的发展和深化，该理论也是ESG信息披露的重要理论基础。从企业内部的委托代理关系来看，股东、董事、高管经理之间会存在信息不对称，需要采取防范措施规避因经营权和所有权分离产生的企业内部的委托代理问题，这与ESG信息披露中的公司治理（G）维度相对应；从更广义的委托代理关系来看，企业和生态环境、企业和其他社会利益相关者之间都存在委托代理风险，需要企业兼顾外部社会和环境发展，对应了环境责任（E）和社会责任（S）维度。

8.2.1.1.4　合法性理论

合法性理论最早来源于社会学领域，其核心概念由德国社会学家马克斯·韦伯于20世纪初提出，并得到了较为普遍的认可。他指出，只有当权力持有者被认为是合法的，权力才具有权威性。其后，Dowling 和 Preffer（1975）从组织观视角对合法性进行定义，认为组织价值体系与社会价值体系具有很强的关联性，当两者之间出现不一致时，组织的合法性将会受到威胁，由此导致企业难以实现经营目标，陷入无法生存的困境，这种差异也被称为“合法性缺口”（Sethi，1979）。Suchman（1995）则认为，人类社会在其发展过程中，形成了一定的信念、制度、规范和价值标准等，合法性则意味着企业的行为在社会体系中被认为是可行的、合适的和恰当的。

合法性是一般化的感知或假设，是关于一个企业的行动如何被社会现存系统的标准、价值、信念等认为是合理的、合适的、令人满意的理论。合法性理论认为一个缺乏持续地遵守社会标准、价值的企业不可能维持下去，即任何一个企业都不可能在与社会价值观不一致的基础上可持续发展（刘儒昞、王海滨，2012）。企业对合法性的追求是积极应对外部压力以提升环境适应性的重要表现，也是企业持续生存和发展的有效保障。企业在生产经营过程中面临着来自环境、社会、政府等利益相关者的“合法性”压力，这就要求企业采取必要的手段进行合法性管理，其中包括建立健全有效的治理结构。例如，加强员工的道德教育以提高企业内部的社会责任意识，对积极履行社会责任的行为给予薪酬奖励以完善激励机制，健全独立董事制度以提升企业环境和社会责任披露水平等（李广宁，2011；王倩倩，2013）。

合法性理论能够解释制定 ESG 披露标准的动机。从企业内部来看，为了保证内部治理结构的科学性和效率，企业会积极完善治理结构、提升治理效率，对应 ESG 信息披露中的公司治理（G）维度；从企业外部来看，企业为了获得政府、民众、外部投资者、社区等的支持和认可，这些认可通常来源于企业对环境保护、慈善事业的承诺和行动，因此企业会积

极遵守法律规范、社会标准和道德准则，这对应了ESG信息披露中的环境责任（E）和社会责任（S）维度。总体来说，有关ESG的研究理论主要基于可持续发展理论（WCED，1987）、利益相关者理论（Freeman，1984）、委托代理理论（Jensen & Meckling，1976）、合法性理论（Suchman，1995）等。利益相关者理论强调企业经营管理者为综合平衡各个利益相关者的利益要求而进行的管理活动（Freeman，1984）；委托代理理论关注信息不对称时，设计最优机制激励代理人，降低代理成本（Jensen & Meckling，1976）；可持续发展理论则主张在不损害后代人发展的前提下，满足当代人发展的需求（WCED，1987）；合法性是ESG信息披露的基本准则和发展动机。本部分在从可持续发展理论、利益相关者理论、委托代理理论、合法性理论四个理论视角出发，指导企业ESG信息披露的三个维度——环境（E）、社会（S）和治理（G）的原则制定。

8.2.1.2 基于政策基础的分析

本部分主要基于国内ESG相关政策，采用文本分析法提炼出符合中国国情和中国特色的相关议题。文本分析法可以对大规模长时间的公开资料进行分析，优势在于将定性的文字资料转化为反映内容本质的数据资料，保证研究的客观性和准确性。在中国ESG理念虽然得到监管部门的高度重视，但由于ESG理念在中国起步较晚，当前发展仍处于初级阶段。纵观国内ESG发展历程，可以看出ESG发展以国家政策为导向，因此可以从大量的政策文本中梳理归纳中国ESG披露标准的内在逻辑。

本部分的政策文件主要通过中国政府网、中华人民共和国环境保护部、中国证券监督管理委员会、中国证券投资基金协会、中华人民共和国商务部以及各证券交易所（上海证券交易所、深圳证券交易所、香港交易所）等官方网站进行收集，并将收集到的相关政策文件，人工分类归纳为环境披露政策、社会披露政策和治理披露政策三类。

本部分遵循内容分析法的分析步骤，遵循信息摘录—信息初始编码—优化编码—聚焦编码的分析步骤，对所收集的政策文本进行编码分析。具体研究步骤如下：①借助Nvivo 10软件对选择的政策文本进行仔细的信息摘录工作，得到初始信息。②通过初始编码和优化编码对原始语句进行概念化表达并赋予类属。③为进一步理顺优化编码间的相互关系，将优化编码打散，依据编码的内在属性与主体内容，从环境、社会和治理三个层面赋予优化新的概念类属，并对类属下的信息内容进行提炼，总结中国特色的相关议题，主要包括“两山”理念、五大发展理论、“双碳”目标、高质量发展等。

8.2.1.2.1 “两山”理念

2005 年，习近平总书记首次提出“两山”理念，即“绿水青山就是金山银山”。在党的十九大报告中，习总书记再次强调，必须树立和践行“绿水青山就是金山银山”的理念，由此“两山”理念被提升到了前所未有的高度，也就意味着全社会都要加强对生态环境的关注，包括企业。绿水青山通常是指生态环境质量较好的地方，体现出非货币化的生态服务价值。金山银山实际是指经济发展。“两山”理念的核心思想就是良好的生态环境才是最普惠的民生福祉，维护生态环境就是维护生产力，以系统工程思路抓生态建设，通过最严格的生态环境维护制度来促进社会和经济的可持续发展进程。

“两山”理念反映了生态文明建设的客观规律，生态文明以尊重和维护生态环境为主旨，以可继续发展为根据，以未来人类的继续发展为着眼点，针对改革开放以来逐渐凸显出来的保护生态环境与发展生产力和发展经济之间的现实矛盾问题。如何在人与自然和谐相处的基础上发展生产力、发展经济、改善物质生活条件，是人类面临的重大基本问题。人类通过社会实践活动有目的地利用自然、改造自然，离不开自然界这个基础和前提。从坚持人与自然的总体性出发，一方面在理论上揭示了全面协调生态环境与生产力之间的辩证统一关系，在实践上丰富和发展了马克思主义关于人与自然关系的总体性理论；另一方面，鲜活地概括了有中国气派、中国风格和中国话语特色的绿色化战略内涵，折射出理论光辉映照美丽中国走上绿色发展道路。

环境责任是 ESG 理论的重要维度，与“两山”理念相呼应，将“两

山”理念与ESG的核心内容有机融合，以指导我国企业在国情基础上结合ESG潮流更好地践行环境责任，以实现企业绿色发展、可持续发展。同时这也意味着，企业作为ESG的践行主体，ESG信息披露要在“两山”理念的高度开展，使ESG中对环境责任信息的披露要求完全符合“两山”理念的核心思想，才能更好地实现科学发展，进而促进并呼应绿色发展、环境保护、生态体制改革、可持续发展等时代主题，这也是新时代中国生态文明建设的根本遵循。

8.2.1.2.2　五大发展理念

2015年，习近平总书记首次提出五大发展理念（也称“新发展理念”），即“创新、协调、绿色、开放、共享”，这是管全局、管根本、管长远的导向，具有战略性、纲领性、引领性。2017年，习近平总书记再次强调，要贯彻新发展理念，建设现代化经济体系，必须坚定不移把发展作为党执政兴国的第一要务，坚持解放和发展社会生产力，坚持社会主义市场经济改革方向，推动经济持续健康发展。由此，五大发展理念已经成为我国推动经济发展质量变革、效率变革、动力变革，提高全要素生产率，建设实体经济、科技创新、现代金融、人力资源协同发展的重要指导。

2021年是中国“十四五”时期开局之年，我们要始终践行新发展理念，结合国内外现状，不断赋予和拓展新发展理念的边界。具体来看，创新发展依旧是中国经济结构实现战略性调整的关键驱动因素，是实现“五位一体”总体布局下全面发展的根本支撑和关键动力；协调发展是全面建成小康社会之“全面”的重要保证，是提升发展整体效能、推进事业全面进步的有力保障；绿色发展是实现生产发展、生活富裕、生态良好的文明发展道路的历史选择，是通往人与自然和谐境界的必由之路；开放发展是中国基于改革开放成功经验的历史总结，也是拓展经济发展空间、提升开放型经济发展水平的必然要求；共享发展是社会主义的本质要求，是社会主义制度优越性的集中体现，也是我们党坚持全心全意为人民服务根本宗旨的必然选择。

“创新、协调、绿色、开放、共享”的理念也是 ESG 信息披露的关键政策指导，创新包括绿色创新、技术创新、产品服务创新等各个方面，协调体现了环境与经济协调、市场与政府协调等多个维度，绿色则是环境保护、生态良好、民众健康的直观体现，开放包括文化开放、经济开放、社会开放和兼容并包，共享包括资源共享、知识交互等多个维度。可以看出，五大发展理念中处处体现了环境责任、社会责任和治理提升的思想，每个维度都对应着 ESG 的多个层次。因此，要实现 ESG 发展，就需要以五大发展理念为指导，激发全社会创造力和发展活力，努力实现更高质量、更有效率、更加公平、更可持续的发展。

8.2.1.2.3 “双碳”目标

“双碳”，即碳达峰与碳中和。1950 年，世界气象组织（WMO）建立，不仅是国际组织中率先关注全球气候问题的先行者，更与后期发展起来的环境组织密切合作、共谋发展，形成了国际气候与环境治理的良好开端。1973 年，联合国环境规划署（UNEP）成立，这是联合国系统内负责全球环境事务的牵头部门和权威机构。1988 年，世界气象组织及联合国环境规划署共同建立了联合国政府间气候变化专门委员会（IPCC），旨在整合评估与全球气候变化相关的科学、技术和社会经济信息，为决策层和其他科研领域提供科学依据和数据。在国际组织的科普与宣传下，以二氧化碳为代表的温室气体得到广泛关注，各国逐渐认识到温室气体减排事关全球气候变化与人类的可持续发展。2021 年，国家主席习近平在联合国大会上作出碳达峰与碳中和的时间节点承诺，“双碳”的概念得到了政界、学界和产业界的大量关注。而这两个概念的发展离不开国际组织的持续关注与统筹协调，更离不开各国就各自立场和责任在谈判中展开的博弈。

具体来看，碳达峰，即碳排放量达到峰值，是指二氧化碳排放轨迹由快到慢不断攀升、到达年增长率为零的拐点后持续下降的过程，其核心就是碳排放增速持续降低直至负增长。碳中和，主要是指达到碳达峰阶段后，经历一段时间的平台期过渡，会出现碳排放下降的趋势，最终排放和吸收趋于平衡，实现中和发展。我国仍处于工业化发展阶段，工业化和城市化持续推进，二氧化碳排放量在一定时间里还会有所增加。中国提出碳达峰、碳中和的目标不仅是技术问题，也不仅是单一的能源、气候环境问题，而是一个影响广泛和复杂的经济社会问题。

“双碳”目标也将对我国未来的绿色发展战略产生影响，这预示着中国产业结构、能源结构、投资结构、生活方式都会有相关变化。ESG 会成为加速中国未来绿色发展和绿色投资的重要工具。近年来，ESG 作为风险控制进行跨不同资产和不同投资组合的整合和考量是一个全球的大的趋势，上市公司和监管领域越来越重视 ESG 相关的信息披露。信息披露和评级发展可以提升中国 ESG 市场投资和中国政府在碳达峰政策等方面的引领地位。因此，“双碳”目标的实现除了直观地体现企业对环境责任的关注，推动政府、行业、社区、民众对企业的环境要求（E）和社会要求（S）外，“双碳”也引起了社会上对绿色环境、绿色金融、碳市场交易的关注，加强利益相关者对相关企业 ESG 信息披露的关注度，完善治理结构（G），参与企业决策，推动 ESG 投资。

8.2.1.2.4　高质量发展目标

高质量发展是 2017 年由习近平总书记在党的十九大所作的《决胜全面建成小康社会　夺取新时代中国特色社会主义伟大胜利》报告中提出的新表述，习近平指出：“我国经济已由高速增长阶段转向高质量发展阶段，正处在转变发展方式、优化经济结构、转换增长动力的攻关期，建设现代化经济体系是跨越关口的迫切要求和我国发展的战略目标。”高质量发展的本质内涵是以满足人民日益增长的美好生活需要为目标的高效率、公平和绿色可持续的发展。提高发展质量，首先要提高产品和服务的质量与标准，在此基础上促进经济、政治、社会和生态环境全方位的、协调的发展，而且不能以牺牲其他方面的发展为代价换取某一个方面的高质量，要注重全方位的可持续发展。也就是说，高质量发展是经济建设、政治建设、文化建设、社会建设、生态文明建设“五位一体”的协调发展。

高质量发展是以一定的数量为基础，以经济建设为中心，侧重于以可持续发展理念和绿色发展为基础，平衡供给和需求，加速高效资源配置，从而协调推进经济建设、政治建设、文化建设、社会建设和生态文明建设。从“五位一体”协调发展的要求来看，发展质量的提升在许多方面的题中之意就是数量的提高，如社会建设的重要内涵就是增加公共服务的可及性等，这就要求建设更多的有一定质量的医疗、教育、服务设施。高质量发展要求不断提高工农业产品和服务的质量，产品和服务安全可靠，符合国内外主流市场的要求。另外，还要注意由于政策和体制不合理而长期未解决的群众反映强烈的短板问题；通过深化改革和调整政策，尽快加以补齐。最后，高质量发展引领非均衡战略逐步转向均衡战略，未来实施均衡发展战略，要更好地发挥政府的作用，尤其要加大上述非市场调节领域的政府投入力度，最终通过增强社会流动性，使全体人民都能够通过公平参与国家的现代化进程从而实现自我发展与国家全方位的可持续发展。

以经济建设为中心是兴国之要，推动经济高质量发展是保持经济持续健康发展的必然要求。实现中国经济的高质量发展，必须贯彻科学发展，坚定不移地走创新、协调、绿色、开放与共享之路，着力解决企业发展与环境、社会责任、公司治理各方面的联动协调问题。根据 ESG 理论，企业要进行 ESG 信息披露以追求可持续发展，而企业与经济的可持续发展互为支撑，因此 ESG 理论的核心思想是高质量发展核心内涵之一。从环境角度来看，ESG 理念的重要维度是企业对环境的责任，企业要在追求经济利益的同时兼顾保护生态环境，这恰好符合高质量发展中对生态文明建设的要求。从社会责任来看，企业履行社会责任是助推企业长久发展的关键一环，ESG 强调企业在追求利润最大化的同时也要对消费者、员工和企业所在社区等利益相关者承担责任，这是企业助力社会建设高质量发展的体现。从治理来看，企业作为 ESG 信息披露的主体，同时也是推动经济建设的基础力量，因此企业要健全公司治理机制帮助企业实现良性成长，进而推动经济高质量发展。

总体来说，有关ESG的政策研究主要基于“两山”理论、五大发展理念、“双碳”目标、高质量发展等。“两山”理论重点关注环境生态发展，与ESG中的E维度密切贴合。五大发展理念体现了环境责任、社会责任和治理提升的思想，每个维度都对应着ESG的多个层次。“双碳”目标体现了企业对环境责任的关注，推动了政府、行业、社区、民众对企业的环境要求和社会要求，以及对绿色环境、绿色金融、碳市场交易的关注，在ESG的各个维度都有体现。高质量发展包含生态环境建设、社会责任履行、治理总体发展等，与ESG的三个维度均密切贴合。本部分以“两山”理论、五大发展理念、“双碳”目标、高质量发展为政策抓手，为ESG各个维度和综合披露提供支持。

8.2.2　基于实践基础的分析

8.2.2.1　国内外ESG相关标准

本部分基于国内外ESG相关标准，采用主题建模、网络分析和聚类分析方法，提炼出共性的ESG通用标准和金融业及零售业的行业特色模块。主题建模是一种流行的无监督技术，用于发现文本语料库中潜在的主题结构。网络分析是通过图论的方式，以节点和连线来将某一系统的结构和信息可视化，并从网络的角度描述和解释该系统。聚类分析法是找出能够度量样本之间相似程度的标准，以这些标准为划分类型的依据，把相似程度较大的样本聚合为一类。

本部分的数据来源包括SASB标准、GRI标准、联合国可持续发展目标（SDGs）、香港联交所《ESG报告指引》及证监会《上市公司治理准则》等。由于在SASB系统中每一个行业（共77个细分行业）都有一套独特的可持续性会计标准，不同于其他标准体系。因此，本部分首先从SASB标准中提炼出通用标准和零售业及金融业标准，然后对所有标准进行聚类分析，提炼出共性标准。本部分的具体研究内容和步骤如下：

第一，采用主题建模（Topic Modeling）和网络分析（Network Analysis）的研究方法，对SASB标准体系进行图谱分析，归纳SASB通用标准和金融业及零售业标准。具体研究步骤为：①SASB 通用标准梳理。本部分指出，在制定标准时，SASB 在环境、社会资本、人力资本、商业模式与创新、领导与治理五个可持续主题的 26 个议题中选取与该行业最相关的议题。通过此研究方法，首先识别 26 个主题，每个主题表示为一个排名靠前的 t 个相关术语的列表（通常称为主题描述符）。这些描述符通常被表示为该模型的主要输出。将这个过程应用于整篇报告中，我们可以自然地产生一个不相交的国内重点行业的划分，进而梳理出 SASB 通用标准。②SASB 金融业和零售业标准梳理。本部分运用了复杂网络理论中的网络拓扑结构分析法，选取多个指标，对零售业和金融行业的重点关键词进行了分析，进而梳理出重点行业之间的关系及其可持续发展披露主题和指标。

第二，采用聚类分析法对处理后的 SASB 标准、GRI 标准、SDGs、香港联交所《ESG 报告指引》及证监会《上市公司治理准则》进行聚类，提炼出国内外 ESG 相关标准中共性的 ESG 通用标准和金融业及零售业的行业特色模块。具体研究步骤为：①先对所选的各标准体系样本进行逐个扫描，依据环境、社会、治理的分类标准，先将各个标准体系中的通用指标及金融业和零售业行业特定指标进行归类。②对第一步中的归类，依据相似度进行合并，最终提炼出共性的 ESG 通用标准和金融业及零售业的行业特色模块。

8.2.2.2 企业 ESG 相关报告和国内典型企业

本部分基于企业 ESG 相关报告和国内典型企业，采用频度分析法和案例分析法，识别出应用较为广泛的通用指标和金融业及零售业的行业特色模块。频度分析法是通过识别并分析每个关键词出现的频率，确定关键词的应用范围。案例分析法是通过对特定案例的深入分析，得出事物普遍性和一般性的规律。

本部分的数据来源包括以下两个方面：首先，利用 Python 软件对主流网站公开的企业数据和企业报告（pdf 格式文件）进行数据爬虫，并使用 Python 的 pdf plumber 库将 pdf 格式的企业报告内容转化为可处理的文

本，利用Python自然语言处理从报告中抽取信息，总共获取了20000多份报告，共约40G的文本材料。其次，选取国内典型企业为案例分析样本，通过实地调研、访谈、网络相关报道以及公司官方网站等方式收集官方可得数据和文本资料。本部分的具体研究内容和步骤如下：

第一，采用频度分析法对挖掘的相关标准应用数据进行分析，识别出应用较为广泛的通用指标和金融业及零售业的行业特色模块。具体研究步骤为：①区分总体样本、金融行业样本、零售行业样本和中国企业样本，从一般信息、经济、环境、社会四个方面，对每一类样本中相关披露框架具体标准的应用情况进行频数分析，并提炼不同指标维度的应用权重。②以每一类指标的频度平均数作为对应标准的划分依据，将超过该类别频度平均数的标准视为应用较为广泛的指标。按照此种划分标准，对总体样本、金融行业样本、零售行业样本和中国企业样本中应用较为广泛的指标进行划分整理。

第二，采用案例分析法对中国典型企业的ESG应用情况进行分析，识别出国内企业中应用较为广泛的通用指标和金融业及零售业的行业特色模块。具体的研究步骤为：①对收集的相关资料进行全面研读，识别出与社会责任相关的文本信息，围绕环境、社会和治理三个范畴对相关资料进行整理。②对整理的相关资料进行编码分析，从环境、社会和治理三个层面赋予优化新的概念类属，并对类属下的信息内容进行提炼，整理出国内企业中应用较为广泛的通用指标和金融业及零售业的行业特色模块。

8.2.2.3　国内ESG披露标准体系的优化确定

本部分在归纳ESG通用标准和金融业及零售业的行业特色模块基础上，采用德尔菲法对归纳结果的有效性进行评定，并在此基础上进行反复斟酌与考量，得出中国ESG通用披露标准、中国零售业ESG特色模块和中国金融业ESG特色模块。德尔菲法也称专家调查法，是一种反馈匿名函询法，其大致流程是在对所要预测的问题征得专家的意见之后，进行整理、归纳、统计，再匿名反馈给各专家，再次征求意见，再集中，再反馈，直至得到一致的意见。

本部分的具体研究步骤如下：①对得出的 ESG 通用标准和金融业及零售业的行业特色模块进行汇总。②邀请相关专家依据标准内容和标准质量的 11 条原则对归纳的条目进行评分，并汇总多轮专家征询结果，按照评分高低对相关标准进行排序。③再次邀请相关专家进行面对面访谈，讨论排序后的相关标准的筛选确定。

8.3 中国 ESG 信息披露通用标准

8.3.1 环境信息披露相关标准

可持续发展理论是 ESG 信息披露在追求环境友好及生态文明方面的重要理论支撑。可持续发展的概念为“在不损害后代人发展的前提下，满足当代人发展的需求”，讲求的是人与自然的和谐发展，强调企业在追求经济增长的同时，不以牺牲环境为代价，要注重生态、社会和经济的可持续的协调发展。2004 年我国《环境保护法》将防治行为信息披露的主体规定为“重点排污单位”，重点排污单位应当如实向社会公开其主要污染物的名称、排放方式、排放浓度和总量、超标排放情况，以及防治污染设施的建设和运行情况，并接受社会监督。企业依据可持续发展理论进行环境披露有利于企业在生产经营的过程中做出正确决策，优化资源配置，提升企业的公众形象，从而使企业在竞争中处于优势地位，从长远来看，可以为企业带来更多的经济效益。结合企业生产过程，企业生产过程中资源相关的内容可分为投入和产出两方面，前者指能源、水等资源的投入，可用资源消耗标准主要考核企业生产经营活动中的资源投入，后者指气候变化、企业排放物、废料等，可用废物排放标准主要考核企业对自然资源及能源的循环可持续利用，以及对有害废品的处理方式。此外，基于完整性原则，企业为提高投入产出效率，减少环境污染，还可以通过公司治理延伸至防治行为，利用防治行为标准衡量企业生产经营活动中的资源投入，对有害废品的处理方式是否有效执行政府环境监管要求等。因此，对企业环境相关披露要求依据如图8.6所示的E-CCE模型，企业生产经营活动从资源的使用消耗开始，清洁能源的使用和资源利用率是环境保护衡量的核心。资源能源使用后是否被合理处理的防治行为及废物排放是否符合国家标准也是衡量企业环境相关披露的重中之重。

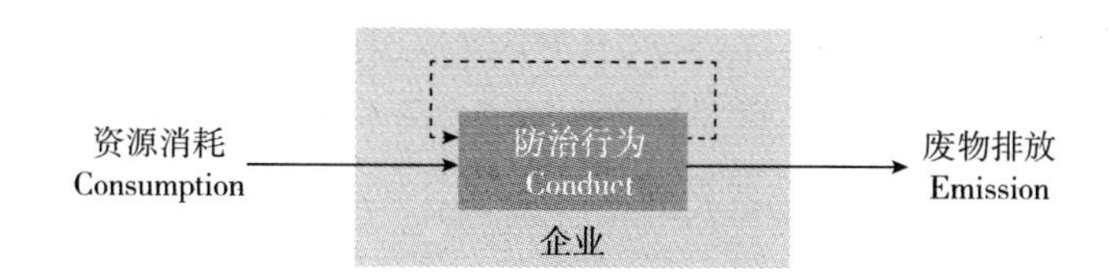

图8.6　E-CCE模型

8.3.1.1　资源消耗

企业资源消耗是衡量企业环保水平的重要标准，高质量发展理论要求结合中国实践，关注环境、社会的综合发展，不一味地向市场要增量，也要保证质量和未来存量。因此，企业资源的使用管理是企业资源消耗的重要体现，我国企业可以通过衡量资源的使用管理方式测度企业环保水平，主要通过企业每年经营所消耗的资源和能源（土地、水、电、天然气、燃油、矿产、海洋等）总量衡量。

根据上述政策导向分析，并基于高质量发展理论和可持续性原则，我们在中国ESG通用披露标准的资源消耗中着重关注了资源的使用管理这一领域，在借鉴GRI相关内容基础上，重点对资源使用及管理等内容进行披露。

8.3.1.2　防治行为

企业防治行为水平是衡量企业可持续发展能力的重要标准。美国政策《第185号参议院法案》和《非财务报告指令》提出公司应转变业务模式适应清洁能源生产，将财务信息披露与环境保护相结合，使企业管理向可持续的全球经济转型。企业加强废弃物处理与再循环是协调经济效益和环境效益的重要途径，通过衡量在生产过程中产生的废物处理、处置情况，回收、综合利用情况，包括环保成本、罚款成本等方面，可动态监察企业的防治行为模式，对企业实现可持续发展具有重要意义。企业通过节能减排和污染管理等方式可帮助企业转变经济发展方式，实现高质量发展。节能减排标准可以从能源消耗减少、温室气体减排、降低产品和服务的能源需求投资等方面衡量，污染管理可以从企业是否针对环境保护制定相关规章政策，环保投资、污染处置费用、绿化费、节能总量等方面衡量。另外，可持续性原则是企业追求环境友好及生态文明的重要实现路径，从长远来看，可以带来更多的经济效益。企业实现可持续发展需要提高清洁资源能源利用率，加大环境新投资，提高环境技术研发投入。

8.3.1.3　废物排放

企业废物排放是衡量企业环保水平的重要标准，欧盟政策《促进可持续投资的框架》提出通过对六项环境目标相关的经济活动设定技术筛选标准，向可持续发展目标中的“气候行动”“水下生物”“陆地生物”目标靠拢。另外，“两山”理论提出促进绿色发展、环境保护、生态体制改革、可持续发展等目标，是新时代中国生态文明建设的根本遵循。近些年随着温室气体过量排放，气候环境日益恶劣，“十四五”发展新时期企业应遵循生态文明保护原则，通过减少温室气体排放实现企业减排战略，企业温室气体排放量可以从每年碳排放量衡量。可持续性原则也提出通过披露资源使用管理、废弃物处理与再循环、节能减排、污染管理等措施实现可持续发展，污染物排放是企业负向产出的重要体现，为促进企业减排，顺应可持续发展路径，应严格监控每年固体废弃物、液体废弃物和气体废弃物的排放量，建立完备的废物排放标准体系从而提高企业环保水平。

根据上述政策导向分析，并基于“两山”理论和可持续性原则，我们在中国 ESG 通用披露标准的废物排放中着重关注了温室气体排放和污染物排放这些领域，在借鉴 GRI、SASB 相关内容基础上，重点对企业全年碳排放量和固体废弃物、液体废弃物和气体废弃物的排放量等内容进行披露。

根据上述政策导向分析，并基于可持续发展理论和可持续性原则，我们在中国ESG通用披露标准的防治行为中着重关注了废弃物处理与再循环、节能减排、污染管理这些领域，在借鉴相关披露标准的基础上，重点对企业废物处理、温室气体减排和环保投资等内容进行披露（见表8.2）。

8.3.2 社会信息披露相关标准

公司公民理论强调利益相关者关系将社区放在中心位置，公司作为社会生态大环境中的成员之一，与其他利益相关者相互依存，尊重和维护人权，为社会福利和人类发展共同承担责任，因此在ESG标准设置上讨论“社会”部分内容。利益相关者理论是ESG披露在体现“人本思想”和“人权意识”的重要理论支撑。具体指企业的经营管理者为综合平衡各个利益相关者的利益要求而进行的管理活动。根据弗里曼对于“利益相关者”的定义，“利益相关者是指能够影响一个组织目标的实现，或者受到一个组织实现其目标过程影响的所有个体和群体”。沃克和马尔（2003）认为“虽然对于企业来说所有利益相关者都非常重要，但没有人说他们是同等重要的”，因此学术界对于利益相关者的分类进行了详细的讨论。根据利益相关者与企业的远近关系，Sirgy（2002）将利益相关者细分成内部利益相关者、外部利益相关者和远端利益相关者三类；根据利益相关者对企业产生影响的方式，Frederick（1988）将其分为直接的和间接的利益相关者；克拉克森（Clarkson，1994，1995）根据相关群体与企业联系的紧密性，将利益相关者分为首要的利益相关者和次要的利益相关者。综合考虑以上分类标准，根据利益相关者与企业的远近关系及与企业联系的紧密性，将其划分为员工、供应商与客户、社会和时代四大类。从与企业关系的相对距离来看，员工作为企业组成企业的关键分子，是企业发展的中心力量，被划分为内部利益相关者；而其他三类是企业之外的利益群体，因此被划分为外部利益相关者。根据与企业的联系来看，员工与客户

表 8.2 环境相关标准及提出依据

一级标准	二级标准	三级标准	选取政策说明	选取理论说明	选取原则说明
环境	资源消耗	资源的使用管理	《委员会关于气候变化相关信息披露的指导意见》提出公开遵守环境法的费用、与环保有关的重大资本支出	高质量发展理论要求结合中国实践，关注环境、社会的综合发展，不一味地向市场要增量，也要保证质量和未来存量	可持续性原则提出满足当代人需求又不损害子孙后代满足其需求能力的发展
	防治行为	废弃物处理与再循环	《第185号参议院法案》提出公司是否应转变业务模式适应清洁能源生产；《非财务报告指令》提出披露财务信息与环境保护相结合，管理向可持续的全球经济转型至关重要	可持续发展理论讲求的是人与自然的和谐发展，强调企业在追求经济增长的同时，不以牺牲环境为代价，要注重生态、社会和经济的可持续的协调发展	可持续性原则是企业追求环境友好及生态文明的重要实现路径，从长远来看，可以带来更多的经济效益
		节能减排			
		污染管理			
	废物排放	温室气体排放	《可持续金融分类方案》和《促进可持续投资的框架》提出通过对六项环境目标相关的经济活动设定技术筛选标准，向可持续发展目标中的“气候行动”“水下生物”“陆地生物”目标靠拢	“两山”理论提出促进绿色发展、环境保护、生态体制改革、可持续发展等目标，是新时代中国生态文明建设的根本遵循	可持续性原则提出通过披露资源使用管理、废弃物处理与再循环、节能减排、污染管理以及环境新投资等措施实现可持续发展
		污染物排放			

直接与企业进行利益交换，是影响企业最重要的群体，因此被划分为首要利益相关者；而社会与时代对企业的作用是间接的，因此被划分为次要利益相关者。《中华人民共和国劳动法》从平等就业、获得报酬、接受培训、享受社会福利等方面对劳动者权利进行了规范，充分体现了我国对员工与企业雇佣关系的重视。《中华人民共和国产品质量法》致力于规范生产者、消费者应承担的产品质量责任，以加强产品质量的监管。《非财务报告指令》提出企业披露财务信息对社区管理、保护公众利益和维护慈善行为具有至关重要的作用。"十四五"规划将振兴乡村经济、全面深化改革作为目标之一。党的十八大以来，脱贫攻坚也一直是第一个百年奋斗目标的重点任务。在理论与政策实践的基础上，提出考察雇佣、劳工与人权的劳工权益标准，考察产品服务与科技创新的产品责任标准，考察行业与社会的社会响应标准，以及考察中国特色建设的时代使命标准。从而社会相关的二级标准形成如图8.7所示，由企业内部员工息息相关的劳工权益延伸至与消费者和供应商相关的产品责任。同时，社区作为重要的社会主体，企业履行社会责任为行业和社会负责是体现社区响应的重要表现。此外，在习近平新时代中国特色社会主义思想指引下，企业可持续发展面临新的时代使命，需要为时代负责，为时代发展贡献力量。最终形成分别侧重劳工、产品、社区与中国情境四个维度的S－LPCC模型。

8.3.2.1 劳工权益

"社会"标准强调对人权的尊重与保护，而"平等"是保障人权最重要的基础。《中华人民共和国劳动法》第三条强调劳动者享有平等就业和选择职业的权利、取得劳动报酬的权利、休息休假的权利、获得劳动安全卫生保护的权利等，第七章特别针对女职工及未成年人提出特殊保护的规定。另外，针对女性职工特别出台了《女性职工能够保护特别规定》，其中对女性职工的安全卫生条件、劳动范围、培训等提供了法律保障。因此，我国企业可以通过测量男女性就业率及企业是否关注性别平等来衡量性别平等水平，还可以通过企业是否遵守劳工常规、是否歧视员工及关注员工健康与安全的程度来衡量人权政策、来测度企业的公平程度。《安全

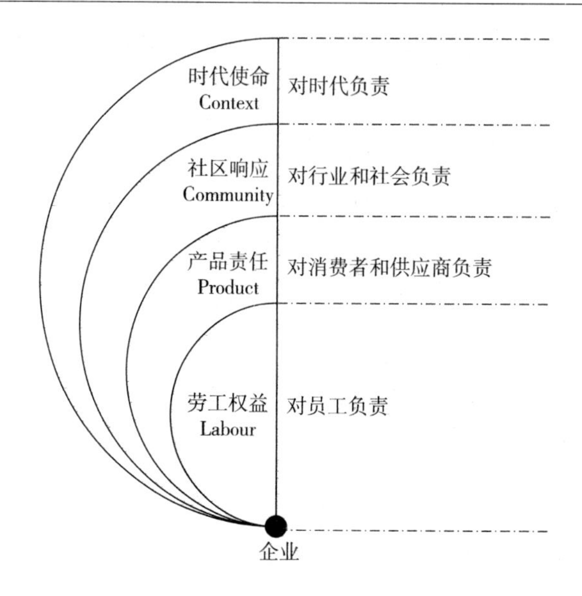

图 8.7　S－LPCC 模型

生产法》中规定员工依法享有知情权，建议权，批评、检举、控告权，拒绝权，紧急避险权，求偿权，获得符合国家标准或者行业标准劳动防护用品的权利，获得安全生产教育与培训的权利。而在我国政府发布的所有有关劳工保护、雇佣关系的文件中，几乎都对保障就业、员工雇佣、培训、福利等进行了说明。因此，企业可以通过测度可提供的就业机会数来衡量就业机会标准，体现企业履行社会责任的情况，还可以通过衡量员工雇佣情况、管理培训情况、权益维护和福利保障情况等方面对员工发展情况进行披露，体现企业维护劳工权益的情况。

根据上述政策导向分析，并基于利益相关者理论和合理性原则，我们在中国 ESG 通用披露标准的劳工权益中着重关注了性别平等、人权政策、就业机会和员工发展这些领域，在借鉴 GRI、SASB 和 IIRC 相关内容基础上，重点对女性就业率、就业机会数和员工雇佣情况等内容进行披露。

8.3.2.2　产品责任

为了加强对产品质量的监督管理，提高产品质量水平，明确产品质量

责任，国务院审议通过了《中华人民共和国产品质量法》。“民以食为天”，食品安全是国家生产安全的重中之重，因此国家针对食品方面专门出台了《关于加强产品质量和食品安全工作的通知》的文件。基于此，企业需要在产品安全与质量方面进行合理披露，具体可以通过是否标注产品具体内容、质量状况、符合的标准等进行衡量。依据“可持续发展原则”，考虑到企业生产不仅要关注经济利益，还要关注社会生态环境等。绿色供应链是一种在整个供应链中综合考虑环境影响和资源效率的现代管理模式，它以绿色制造理论和供应链管理技术为基础，涉及供应商、生产厂、销售商和用户，其目的是使产品从物料获取、加工、包装、仓储、运输、使用到报废处理的整个过程中，对环境的影响（负作用）最小，资源效率最高。因此引入供应链效应标准，通过上游相匹配的供应系统情况，下游环境无害化产品或少害型产品的销售数量及上下游在合同违约率、应收款项周转率、应付款项周转率等方面的关系等进行衡量。根据利益相关者理论，顾客和员工对于企业来说是首要利益相关者，因此参考《劳动法》等相关法规，提出企业可以通过测度公司信息和客户信息是否有过泄露来衡量生产规范标准。其次，还可以通过测度劳动安全是否符合国家《劳动规范》和《安全标准》、生产流程是否符合安全标准和规范化标准、危险物质处理和技术创新研发的投入情况来衡量企业的危险管理标准。

根据上述政策导向分析，并基于高质量发展理论和可持续性原则，我们在中国ESG通用披露标准的产品责任中着重关注了信息保护、产品安全与发展、生产规范与危险管理标准和绿色供应链效应这些领域，在借鉴相关披露标准基础上，重点对客户信息、产品质量状况和供应链系统等内容进行披露。

8.3.2.3　社会响应

《职业退休服务机构的活动及监管》提出在风险评估时应考虑不正当竞争和腐败因素。为了维护公平的经营环境，保证良好的商业秩序，贸易合规、网络安全、数据与隐私保护、环境保护、反商业贿赂及反腐败等已经成为全球普遍关注的问题，也成为企业生存和发展必须面对的重要议题，是企业能够在市场中生存和稳健发展的必要前提。因而企业需要引入合规发展标准，考察企业是否符合社会与经济领域的法律法规，是否存在不当竞争行为及涉及市场营销的违规事件，是否被发展改革委失信名单登记，是否涉及诉讼案件，是否受到过政府行政处罚。另外，商业道德标准需要通过披露是否存在腐败贿赂、欺诈、内幕交易、反竞争行为、市场操纵、渎职行为等现象来进行确切衡量。社区关系直接影响着组织的生存环境，社区关系直接影响着组织的公众形象，因而社区已经成为企业管理的重要对象，企业社会责任运动在实践中也在不断深化，企业社区关系管理是中国企业在新的历史背景下面临的新问题。依据平衡原则与可持续发展原则，制定企业的社区关系管理标准，具体考察企业是否关注社区商业和相关社会责任，债权人管理方面有关债务违约、与债权人债务关系处理的内容及资本市场关系情况。

社区公民是企业履行社会责任的重要主体，可以通过衡量公众利益与公民责任标准考察企业的公民身份履行情况，具体包括是否广泛关注公众利益，是否维护公众安全和国家安全。2016 年国家颁布《中华人民共和国慈善法》，其中自然人、法人和其他组织捐赠财产用于慈善活动的，依法享受税收优惠，从侧面反映了国家大力支持企业参与社会公益活动，结合利益相关者理论及平衡性原则，提出慈善行为标准，企业需通过表述其在公益支出、捐赠活动、志愿者活动等方面的作为来进行具体披露。

根据上述政策导向分析，并基于委托代理理论和准确性原则，我们在中国 ESG 通用披露标准的社区响应中着重关注了合规发展、商业道德、社区关系管理、公众利益与公民责任和慈善行为这些领域，在借鉴相关披露标准的基础上，重点对企业的不正当竞争行为、债务违约情况和公益支出等内容进行披露。

8.3.2.4 时代使命

在中国特色社会主义情境下，要清楚认识到中国当前发展现状及时代使命。《中华人民共和国国民经济和社会发展第十四个五年规划和 2035 年远景目标纲要》提出要全面推进乡村振兴，全面深化改革，构建高水平

社会主义市场经济体制。党的十八大以来，以习近平同志为核心的党中央把脱贫攻坚工作纳入“五位一体”总体布局和“四个全面”战略布局，作为实现第一个百年奋斗目标的重点任务，做出一系列重大部署和安排，全面打响脱贫攻坚战。为响应党的号召，企业应积极履行时代使命，在扶贫与区域发展贡献方面，突出在劳务输出脱贫、产业调整帮扶、农村基础设施建设、乡镇流通网点、资源收益扶贫等方面的贡献。同时，在可持续发展理论的指导下，企业也要突出高质量发展贡献的标准内容，具体包括产品和服务质量、社会效应、生态效益和经济运行状态等。此外，在当前时代背景下，突发事件的应对能力是企业可持续发展的保障，因此需要披露重大事件应急能力，具体包括业务支持抗击疫情灾害、捐赠响应、反应速度、员工防护、客户便利、供应链支持等。

根据上述政策导向分析，并基于高质量发展理论和可持续性原则，我们在中国 ESG 通用披露标准的时代使命中着重关注了扶贫与区域发展贡献、重大事件应急能力和高质量发展贡献这些领域，在借鉴突发事件应急能力评价指标体系建模研究和日本流通政策相关内容基础上，重点对劳务输出脱贫、资源收益扶贫、抗击疫情灾害情况和生态效益等内容进行披露（见表 8.3）。

8.3.3　治理信息披露相关标准

治理（Governance）是企业与 ESG 之间最紧密的联系，主要指企业内部的公司治理情况。现代公司治理研究主要延续了契约理论的逻辑，通过对委托代理、激励约束等问题进行分析来探寻有效的公司治理机制，以解决契约双方的冲突问题。例如，委托代理理论认为，由于所有权与控制权分离，管理者有可能通过资源的不当配置等行为侵害所有者的利益，于是应该通过一定的激励和约束机制以减轻委托代理问题。随着经营管理复杂性的提高及管理层薪酬水平的不断上涨，学术界强调通过专业性的董事会建设制约经理层权力。自 1994 年《中华人民共和国公司法》实施以来，我国的公司治理已经走过近 30 年的历程，借鉴李维安（2012）提出我

表 8.3　社会相关标准及提出依据

一级标准	二级标准	三级标准	选取政策说明	选取理论说明	选取原则说明
社会	劳工权益	性别平等	《加州供应链透明度法案》提出披露其消除供应链中奴役和人口贩卖所做的努力；《雇主信息报告》提出提供包括种族、民族、性别和工作类别的工资数据，向联邦政府提供公司的实际雇佣情况	利益相关者理论提出企业要兼顾与员工、供应商、客户、政府以及它所在社区等利益相关者的关系，为企业的可持续发展道路提前进行有效疏通	合理性原则提出企业应当确定其利益相关方，并通过相应的披露标准来解释其对合理预期和利益的回应
		人权政策			
		就业机会			
		员工发展			
	产品责任	产品安全与质量	《促进可持续投资的框架》提出应建立对 ESG 认知的共识以促进 ESG 议题监管的趋同，提出总体设计与具体实施的分类方案，主要通过对六项环境目标相关的经济活动设定技术筛选标准；《ESG 报告指南 2.0》响应 SDGs 中性别平等、负责任的消费与生产、气候变化、促进目标实现的伙伴关系等内容	高质量发展理论提出企业进行 ESG 信息披露是践行高质量发展理念，顺应经济发展规律的重要体现。政府工作报告也多次围绕着高质量发展提出要深度推进供给侧结构性改革、推动创新发展、保持经济新常态等战略布局	实质性原则提出需要体现企业的环境、社会与治理绩效的议题和会计指标，增加信息保护、质量安全和生产规范等内容的实质性披露对利益相关方具有战略性意义
		生产规范与危险管理标准			
		供应链效应			
	社区响应	合规发展	《职业退休服务机构的活动及监管》要求在对 IORP 活动的风险进行评估时应考虑到正在出现的或新的与不当竞争和腐败等有关的风险；《日本尽职管理守则》促使机构投资者在全面了解被投资公司的前提下更好地履行尽职管理责任	委托代理理论提出为了避免委托代理理论中阐述的因职业经理人引发的企业经营权和所有权分离问题，需要在公司治理过程中处理好涉及股东权利、董事会责任、信息披露、风险管理等多方面内容，将企业引领向更高道德的商业实践，从而促进其可持续发展	准确性原则提出披露报告的信息应足够准确翔实，以供利益相关方评估报告企业的表现，报告的准确性有助于企业遵守商业道德，合规发展；一致性原则有助于内部和外部各方确定表现基准，并在评估活动、投资决策、宣传计划以及其他活动中评估进展
		商业道德			
		社区关系管理			

续表

一级标准	二级标准	三级标准	选取政策说明	选取理论说明	选取原则说明
社会	社区响应	公众利益与公民责任	《非财务报告指令》提出企业披露财务信息对社区管理、保护公众利益和维护慈善行为具有至关重要的作用；《ESG报告指南2.0》从利益相关者、重要性考量、ESG指标度量等方面提供ESG报告编制的详细指引，促进负责任的生产与消费，保障社会和谐等目标的实现	乡村振兴发展强调乡村建设的价值，关注公益类事业发展，使乡村建设更好地服务于城市和工业需要，这对发展中国家乡村建设与发展实践具有重要意义；人民美好生活需求提出通过企业健康发展，构建美好社会，提高公众的幸福感和获得感	可持续性原则提出企业应披露行业发展过程中的人权政策、慈善事业等指标，披露行业与社区的合规发展、社区关系管理等指标；平衡性原则提出应反映出报告企业的正面和负面表现，以便利益相关者对其总体表现做出合理评估，企业履行社会责任较多可获得较高的社会声誉
		慈善行为			
	时代使命	扶贫与区域发展贡献	“十四五”规划和《2035年远景目标》提出优先发展农业农村，全面推进乡村振兴，全面深化改革，构建高水平社会主义市场经济体制，加快发展现代产业体系，推动经济体系优化升级	高质量发展理论提出践行高质量发展理念，顺应经济发展规律；乡村振兴发展提出实现巩固拓展脱贫攻坚成果同乡村振兴有效衔接；人民美好生活需求提出建生态文明体系，促进经济社会发展全面绿色转型，建设人与自然和谐共生的现代化	可持续性原则提出披露企业扶贫与区域发展贡献、重大事件应急能力以及高质量发展贡献等指标有利于建设中国特色社会主义国家
		重大事件应急能力			
		高质量发展贡献			

国公司治理制度的演变经历了“构建结构、完善机制和提升有效性”三个阶段。在此基础上，内部治理的文献可以划分为股东治理、董事会治理、监事会治理、高管治理、党组织参与治理，“老三会”以及内部非正式制度安排等内容。近年来，我国许多企业尤其是国有企业正在经历从企业治理模式向公司治理模式的转型，以加快形成有效的治理机制和灵活的市场化经营机制。因此，企业应该积极进行表决机制、高管激励、党建机制等治理制度的披露。治理结构与治理机制为企业治理提供了制度依据，根据完整性原则，制度规范是否被遵守也应该是治理的一部分。因此，企业应当披露财务、税收等信息的多寡和频率、控制权变更、大股东变现、高管离职率、关联交易等关于风险管理与治理异常的信息，以便外界对企业治理效能程度进行评估。对企业治理相关披露要求依据图 8.8 所示的 G－SME模型引导企业分别从企业治理的结构、机制和效能三个维度开展信息披露。治理结构作为基础，治理机制作为核心，治理效能作为最终体现，是企业实现可持续发展的重要途径。最后，企业披露以上信息要符合实质性，不能只是简单的罗列，而要依据实质性原则，对利益相关方真正需要的信息进行披露。

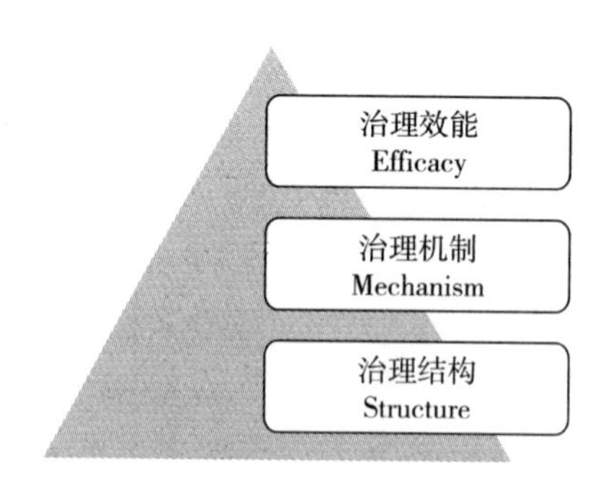

图 8.8　G－SME 模型

8.3.3.1　治理结构

企业的治理结构是衡量企业现代治理水平的重要标准。美国政策

《股东权指令》提出要求资产管理者作为股东身份参与被投资公司ESG事项，明确将ESG议题纳入具体条例中，并实现了ESG三项议题的全覆盖，将ESG问题纳入所有权政策和实践中。企业的股份设置是评价治理结构的重要因素，通过股权结构、股东参与、第三方持股等情况衡量公司治理结构是否合理。其次，《机构投资者管理框架》提出鼓励机构投资者披露如何评估与所投资公司相关的公司治理因素，以及如何管理代理投票和参与活动中可能出现的潜在利益冲突。所有权结构是企业的重要属性，通过测度国有股份占比、企业股权性质、前十大股东占比和性质等所有权结构标准，可初步了解企业的治理结构和层次。另外，委托代理理论提出为了避免委托代理理论中阐述的因职业经理人引发的企业经营权和所有权分离问题，需要在公司治理过程中处理好涉及股东权利、董事会责任、信息披露、风险管理等多方面内容，将企业引领向更高道德的商业实践，从而促进其可持续发展。控制权结构是影响企业健康发展的重要标准，合理的控制权结构推动企业可持续发展，通过衡量董事长或CEO两权分立，人才结构和高管结构等标准可以直观展示企业的治理结构。利益相关者理论提出既要考虑利益相关方的多维度利益，也要符合股东的长期利益。合理性原则提出在公司治理下披露股份设置、所有权结构、治理多元化等标准，明确企业的利益相关方；实质性原则提出应专门投资该企业的利益相关方（如员工和股东）的利益和期望，提高企业核心竞争力和可持续发展。因此，推动企业治理多元化是保障多方利益相关者自身权益的重要途径，新时期我国推进现代化治理结构建设，不仅需要鼓励女性和公众参与公司决策，还需要引进第三方评级机构参与，发挥第三方的中立性，优化公司治理结构。

2015年的《关于在深化国有企业改革中坚持党的领导加强党的建设的若干意见》提出要充分发挥党组织的领导核心和政治核心作用；2017年新修订的《党章》将国有企业党委和党组的职能合并表述为“发挥领导作用”；上市公司治理准则要求国有控股上市公司把党建工作有关要求写入章程。另外，利益相关者理论是指以社会责任为出发点，它要求企业既考虑利益相关方的多维度利益，也要符合股东的长期利益，加强党的建设有利于企业健康可持续发展。可靠性原则提出企业开展审查应确保信息质量的可靠性，党组织作为民主集中制的重要体现，是企业发展的重要基石。党组织嵌入公司治理是中国特色社会主义道路的重大体现，党建结构作为企业治理结构的重要组成部分，加强企业党组织建设不仅可以提高企业的市场绩效，也可以提高非市场绩效。通过测度两制合一、高管党员比例情况等，可以直观地衡量出企业的党建结构标准，进一步为未来党建参与公司治理提供经验。

根据上述政策导向分析，并基于委托代理理论和合理性原则，我们在中国 ESG 通用披露标准的治理结构中着重关注了股份设置、所有权结构、控制权结构、治理多元化和党建结构这些领域，在借鉴上市公司治理准则和环境、社会与管制报告指引相关内容基础上，重点对股权结构、高管结构、第三方评级机构参与情况和高管党员比例等内容进行披露。

8.3.3.2 治理机制

企业的治理机制是衡量企业现代治理能力的重要标准。我国上市公司治理准则规定董事的投票选举权、董事会议事制度及公司激励约束机制。香港证交所的《环境、社会及管治报告指引》提出上市公司基于董事会层面的 ESG 战略管理要求，增加了领导角色和问责性等 ESG 关键标准的内容。近些年，我国上交所、深交所和港交所多次强调投票选举制度和问责制度，可体现出表决机制是企业治理机制的前提条件，问责机制是企业治理机制的保障举措，新时期我国提高企业治理水平，优化治理机制，一方面需要从企业决策主体、决策权划分、股东议事方式与表决程序完善表决机制，另一方面还需要从责任问责对象、责任界定办法和问责追究方式优化问责机制。另外，委托代理理论提出为了避免委托代理理论中阐述的因职业经理人引发的企业经营权和所有权分离问题，需要在公司治理过程中处理好涉及股东权利、董事会责任、信息披露、风险管理等多方面内容，将企业引领向更高道德的商业实践，从而促进其可持续发展。合理性原则提出在公司治理下披露股份设置、所有权结构、治理多元化等标准，

明确企业的利益相关方，通过高管激励等机制提高企业现代化治理水平。因此，高管激励是衡量企业现代治理机制的重要表现，完善高管薪酬、股权激励等高管激励机制可以有效提高企业生产运营积极性，实现高质量发展。

党的十九届五中全会明确提出坚持党的全面领导，坚持和完善党领导经济社会发展的体制机制，坚持和完善中国特色社会主义制度，不断提高贯彻新发展理念、构建新发展格局能力和水平，为实现高质量发展提供根本保证。另外，委托代理理论的核心思想是在信息不对称的情况下，企业所有者如何设计最优机制激励代理人，降低代理成本，党组织嵌入企业有助于实现党建与公司治理有机融合，形成自上而下协调统一的机制链条。合理性原则提出企业应考虑利益相关方的合理期望和利益，企业加强党建有利于减少企业外部性。因此，党建机制是新时期企业治理机制的重要形式，通过测度企业责任分解机制、监督考核机制、创新激励机制等党建机制，可衡量企业党组织参与治理情况，为进一步优化党组织治理提供有效经验。

根据上述政策导向分析，并基于委托代理理论、利益相关者和合理性原则，我们在中国 ESG 通用披露标准的治理机制中着重关注了表决机制、问责机制、高管激励和党建机制这些领域，在借鉴上市公司治理准则和环境、社会与管制报告指引相关内容基础上，重点对企业决策主体、责任界定方法、高管薪酬和监督考核机制等内容进行披露。

8.3.3.3　治理效能

企业的治理效能是衡量企业现代治理效率和治理水平的重要标准。我国上市公司治理准则提出公司应当建立公正透明的董事、监事和高级管理人员绩效与履职评价标准和程序；港交所的《环境、社会及管治报告指引》提出强化信息披露时效性，鼓励发行人自愿寻求独立审验以提升披露信息质量。委托代理理论提出为了避免委托代理理论中阐述的因职业经理人引发的企业经营权和所有权的分离问题，需要在公司治理过程中注意信息公开、透明、公正等多方面内容，将企业引领向更高道德的商业实践，从而促进其可持续发展。可持续性原则提出企业应披露企业发展过程中的人权政策、慈善事业、合规发展等情况，提高企业信息透明度有利于建立良好的商誉；合理性原则提出企业应考虑利益相关方的合理期望和利益，企业提高信息公开透明度有利于减少企业外部性。由此可见，信息透明度是企业治理效能的首要标准，通过披露财务、税收等信息披露项的多寡和披露频率有助于实现促进企业规范治理，促进企业健康可持续发展。

首先，美国政策《职业退休服务机构的活动及监管》要求在对 IORP 活动的风险进行评估时应考虑到正在出现的或新的与气候变化、资源和环境有关的风险；《机构投资者管理框架》鼓励机构投资者披露如何评估与所投资公司相关的公司治理因素，以及如何管理代理投票和参与活动中可能出现的潜在利益冲突；《协作价值创造指南》要求投资者关注公司 ESG 绩效与投资决策的实质性关系、强调受托者责任中的 ESG 考量、评估与 ESG 及可持续相关的风险因素。其次，实质性原则提出企业应披露企业重大环境、社会和治理影响的议题，或对利益相关方的评估和决策有影响的议题，企业加强风险管理以保障企业经营目标，实现其经济效益。由此可见，提高企业风险管理意识，警惕治理异常有助于企业防微杜渐，风险管理与治理异常也是企业治理效能的主要形式。通过测度企业风险管理、控制权变更、大股东/高管变现、高管离职率和关联交易等标准，可以衡量出企业风险管控能力，并进一步规范企业治理制度和方式，实现企业经济发展效益。

根据上述政策导向分析，并基于委托代理理论和可持续性原则，我们在中国 ESG 通用披露标准的治理效能中着重关注了信息公开透明和风险管理与治理异常这些领域，在借鉴上市公司治理准则和《环境、社会及管治报告指引》相关内容基础上，重点对财务、税收等信息披露项的多寡和披露频率、风险管控等内容进行披露（见表 8.4）。

表 8.4 治理相关标准及提出依据

一级标准	二级标准	三级标准	选取政策说明	选取理论说明	选取原则说明
治理	治理结构	股份设置 所有权结构 控制权结构 治理多元化	《股东权指令》提出要求资产管理者作为股东身份参与被投资公司 ESG 事项；明确将 ESG 议题纳入具体条例中，并实现了 ESG 三项议题的全覆盖，将 ESG 问题纳入所有权政策和实践中；《机构投资者管理框架》提出鼓励机构投资者披露如何评估与所投资公司相关的公司治理因素，以及如何管理代理投票和参与活动中可能出现的潜在利益冲突	委托代理理论提出为了避免委托代理理论中阐述的因职业经理人引发的企业经营权和所有权分离问题，需要在公司治理过程中处理好涉及股东权利、董事会责任、信息披露、风险管理等多方面内容，将企业引领向更高道德的商业实践，从而促进其可持续发展；利益相关者理论提出既考虑利益相关方的多维度利益，也要符合股东的长期利益	合理性原则提出在公司治理下披露股份设置、所有权结构、治理多元化等标准，明确企业的利益相关方；实质性原则提出应专门投资该企业的利益相关方（如员工和股东）的利益和期望，提高企业核心竞争力和可持续发展
		党建结构	2015 年的《关于在深化国有企业改革中坚持党的领导加强党的建设的若干意见》提出要充分发挥党组织的领导核心和政治核心作用；2017 年新修订党章将国有企业党委和党组的职能合并表述为"发挥领导作用"；上市公司治理准则要求国有控股上市公司把党建工作有关要求写入章程	利益相关者理论是指以社会责任为出发点，它要求企业既考虑利益相关方的多维度利益，也要符合股东的长期利益，加强党的建设有利于企业健康可持续发展；委托代理理论的核心思想是在信息不对称的情况下，企业所有者如何设计最优机制激励代理人，降低代理成本，党组织嵌入企业有助于实现党建与公司治理有机融合，形成自上而下协调统一的机制链条	合理性原则提出企业应考虑利益相关方的合理期望和利益，企业加强党建有利于减少企业外部性；平衡性原则提出企业应兼顾环境、社会、公司三方面平衡，加强党建有助于提高企业治理能力；可靠性原则提出企业开展审查应确保信息质量的可靠性，党组织作为民主集中制的重要体现，是企业发展的基石

续表

一级标准	二级标准	三级标准	选取政策说明	选取理论说明	选取原则说明
治理	治理机制	表决机制	上市公司治理准则规定董事的投票选举权、董事会议事制度以及公司激励约束机制；《环境、社会及管治报告指引》提出上市公司基于董事会层面的 ESG 战略管理要求，增加了领导角色和问责性等 ESG 关键标准的内容	委托代理理论提出为了避免委托代理理论中阐述的因职业经理人引发的企业经营权和所有权分离问题，需要在公司治理过程中处理好涉及股东权利、董事会责任、信息披露、风险管理等多方面内容，将企业引领向更高道德的商业实践，从而促进其可持续发展	合理性原则提出在公司治理下披露股份设置、所有权结构、治理多元化等标准，明确企业的利益相关方，通过表决、问责、高管激励等机制提高企业现代化治理水平；实质性原则提出披露企业的治理结构、治理能力以及治理效能等标准，提高企业核心竞争力
		问责机制			
		高管激励			
		党建机制	2015 年的《关于在深化国有企业改革中坚持党的领导加强党的建设的若干意见》提出要充分发挥党组织的领导核心和政治核心作用；2017 年新修订的《党章》将国有企业党委和党组的职能合并表述为“发挥领导作用”；上市公司治理准则要求国有控股上市公司把党建工作有关要求写入章程	利益相关者理论是指以社会责任为出发点，它要求企业既考虑利益相关方的多维度利益，也要符合股东的长期利益，加强党的建设有利于企业健康可持续发展；委托代理理论的核心思想是在信息不对称的情况下，企业所有者如何设计最优机制激励代理人，降低代理成本，党组织嵌入企业有助于实现党建与公司治理有机融合，形成自上而下协调统一的机制链条	合理性原则提出企业应考虑利益相关方的合理期望和利益，企业加强党建有利于减少企业外部性；平衡性原则提出企业应兼顾环境、社会、公司三方面平衡，加强党建有助于提高企业治理能力；可靠性原则提出企业开展审查应确保信息质量的可靠性，党组织作为民主集中制的重要体现，是企业发展的基石

续表

一级标准	二级标准	三级标准	选取政策说明	选取理论说明	选取原则说明
治理	治理效能	信息公开透明	上市公司治理准则提出公司应当建立公正透明的董事、监事和高级管理人员绩效与履职评价标准和程序；《环境、社会及管治报告指引》提出强化信息披露时效性，鼓励发行人自愿寻求独立审验以提升披露信息质量	委托代理理论提出为了避免委托代理理论中阐述的因职业经理人引发的企业经营权和所有权分离问题，需要在公司治理过程中注意信息公开、透明、公正等多方面内容，将企业引领向更高道德的商业实践，从而促进其可持续发展；利益相关者理论提出既考虑利益相关方的多维度利益，也要符合股东的长期利益，提高公司信息透明度有助于企业健康发展	可持续性原则提出企业应披露行业发展过程中的人权政策、慈善事业、合规发展、社区关系管理等指标，提高企业信息透明度有利于建立良好的商誉；合理性原则提出企业应考虑利益相关方的合理期望和利益，企业提高信息公开透明度有利于减少企业外部性
		风险管理与治理异常	《职业退休服务机构的活动及监管》要求在对IORP活动的风险进行评估时应考虑到正在出现的或新的与气候变化、资源和环境有关的风险；《机构投资者管理框架》鼓励机构投资者披露如何评估与所投资公司相关的公司治理因素，以及如何管理代理投票和参与活动中可能出现的潜在利益冲突；《协作价值创造指南》要求投资者关注公司ESG绩效与投资决策的实质性关系、强调受托者责任中的ESG考量、评估与ESG及可持续相关的风险因素	委托代理理论提出为了避免委托代理理论中阐述的因职业经理人引发的企业经营权和所有权分离问题，需要在公司治理过程中处理好涉及股东权利、董事会责任、信息披露、风险管理等多方面内容，将企业引领向更高道德的商业实践，从而促进其可持续发展；利益相关者理论提出既考虑利益相关方的多维度利益，也要符合股东的长期利益，加强风险管理有利于企业建立预警机制，提高企业治理能力	实质性原则提出企业应披露企业重大环境、社会和公司治理影响的议题，或对利益相关方的评估和决策有影响的议题，企业加强风险管理以保障企业经营目标，实现其经济效益

8.4 中国 ESG 信息披露特色模块举例

8.4.1 中国金融业 ESG 信息披露特色模块举例

近年来，金融行业发展迅速，成为我国市场经济的代表性行业。金融行业与其他行业融合发展的态势正在迅速形成，企业对金融服务的需求持续增长。过去我国金融业发展既缓慢又不规范，经过十几年改革，金融业以前所未有的速度和规模在成长，金融业的独特地位和固有特点，使各国政府都非常重视本国金融业的发展，中国在披露 ESG 信息时，必须重视金融行业的披露情况。金融行业的特殊性主要体现在以下四个方面：

第一，资金流。金融在现在经济中的核心地位是由其展现的资金流功能决定的，市场经济本质上是一种发达的货币信贷经济或金融经济，其运行表现为价值流动导致物质流动，货币资本流动导致物质资源流动。资本总是流向最有发展潜力、能够为投资者带来最大利益的部门和企业，金融机构通过信贷、直接投资或者参与资本市场运作，直接连接着各类经济活动主体，广泛影响其他行业企业的环境、社会和治理的发展。

第二，信息流。随着大数据、云计算、区块链、人工智能等新技术的快速发展，这些新技术与金融业务深度融合，释放出了金融创新活力和应用潜能，这大大推动了我国金融业的转型升级，助力金融更好地服务于实体经济，有效促进了金融业整体发展。金融数据与其他跨领域数据的融合应用不断强化，金融行业数据的整合、共享和开放正在成为趋势，给金融行业带来了新的发展机遇和巨大的发展动力。金融机构通过将客户行为转化为信息流，并从中分析客户的个性特征和风险偏好，更深层次地理解客户的习惯，智能化分析和预测客户需求，从而更好地进行产品创新和服务优化，互联网金融的发展也充分展现了金融行业的信息化趋势，金融数据信息化已经成为金融行业的标志性特色。

第三，连接功能。金融行业在国民经济中处于“牵一发而动全身”的地位，作为经济运行的血液和资金融通的载体，金融行业与资本市场紧密相连且金融相关业务覆盖各行各业，深深影响着各个行业的发展方向，具有优化资金配置和调节、反映、监督经济的作用。金融行业是目前我国政府与相关部门关注的重点行业，因为金融行业与其他行业特有的连接功能，风险溢出效应相对较大，会对社会稳定和国计民生产生巨大影响，关系到经济发展和社会稳定。

第四，服务功能。金融行业是服务业中相对独特和独立的一个行业范围，其服务包括保险、再保险、证券、外汇、资产管理、期货期权及有关的辅助性金融服务等内容。金融行业提供的各类服务实质上在社会发展中起到的是一种资金融通的中介作用，主要为客户提供资金服务，这是企业发展的基本保障。而当今社会的特殊群体金融服务需求缺口较大，金融行业在服务功能上展现了强大的生命力。

因此，基于金融行业在资金流、信息流、连接功能和服务功能等方面的独特性，构建和研究金融行业 ESG 披露标准的特色模块，推进金融行业 ESG 标准披露体系建设有助于落实党中央在“十四五”期间提出的经济持续健康发展的要求。通过金融行业 ESG 披露标准特色模块为重要抓手，能为未来全面推进中国全行业 ESG 标准的披露提供参考与依据，对理论和实践均具有深远的影响和意义。

基于对金融行业特殊性的分析，结合中国 ESG 披露通用标准以及相关政策和理论，我们提炼出金融行业特有的 ESG 披露标准体系并在此部分进行解释说明，其包括绿色金融、隐私及数据安全、产品和服务信息标准、金融科技开发应用、金融服务包容性和资本市场关系六大部分内容。

8.4.1.1　绿色金融

在金融行业的环境治理责任方面，近年来绿色金融领域备受关注，2016 年中国人民银行，财政部等七部委联合印发的《关于构建绿色金融体系的指导意见》中明确提出要鼓励发展绿色信贷，推动证券市场支持绿色投资，设立绿色发展基金，发展绿色保险，支持地方发展绿色金融，推动开展绿色金融国际合作，逐步建立和完善上市公司和发债企业强制性环境信息披露制度。同时，在 2018 年中国证券投资基金业协会发布的《绿色投资指引（试行）》中也要求逐步建立完善绿色投资制度，推动被投企业完善环境信息披露。我国在政策上明确把绿色金融投资作为未来金融行业的发展重点，因而要求企业进行绿色金融方面的信息披露是非常重要的。同时香港证监会发布《绿色金融策略框架》，提出了覆盖整个市场金融产品的五点策略，促进绿色金融产品的开发与交易，为香港资本市场指明了方向和机遇，奠定了香港绿色金融发展的基础，是香港地区可持续金融实践的标志性行动，为香港地区的可持续金融发展战略勾勒了新蓝图，在绿色金融发展上为我们提供了重要实践参考。

根据上述政策导向分析，并基于金融行业在社会上的资金纽带与连接功能，我们在中国金融业 ESG 披露标准的防治行为中着重关注了绿色金融这一领域，在借鉴相关披露标准的基础上，重点对供应商进行环境评估，选择符合环境标准的新供应商，以及在金融经营活动中在环保、节能、清洁能源、绿色交通、绿色建筑等领域投入的金额等内容进行披露。

8.4.1.2　隐私及数据安全

保护企业和客户隐私是一个在国家法规和组织政策中得到普遍认可的目标。经济合作与发展组织（OECD）制定的《OECD 跨国企业准则》中规定，组织要“尊重消费者隐私，并采取合理措施确保收集、存储、处理或传播个人资料的安全”。随着互联网信息技术的发展，从数字金融兴起以来，就持续处于发展之中，在给人们日常生活带来明显影响的同时，更体现了突出的社会经济价值。其涵盖各类金融产品和服务（如支付、转账、储蓄、信贷、保险、证券、财务规划和银行对账单服务等），并通过数字化或电子化技术进行交易，如电子货币（通过线上或者移动电话发起）、支付卡和常规银行账户等。隐私及数据安全在金融企业发展中显得尤为重要。

基于金融行业的信息化特征，未来金融发展必须以数据信息化为根本，因此我们在中国金融业ESG披露标准中着重关注了隐私及数据安全这一领域，在借鉴SASB和GRI标准内容基础上，提出要通过披露企业和客户信息是否发生泄露、被盗，以及由此造成的经济损失，反映企业在隐私及数据安全方面的管理实践情况。

8.4.1.3　产品和服务信息标准

在金融行业中，其产品与服务具有很大的相似性，但其产品和服务信息却一直没有统一的标准，基于目前金融行业的数据信息化，以及在发展过程中产生的庞大信息流，建立金融产品和服务信息标准是未来金融领域发展的重要趋势。此外，组织要针对实施重大运营、产品和服务变更，向客户及其利益相关者提供合理的通知，最短通知期是维持客户以及其他利益相关者满意度和积极性的一个尺度，它同时体现了金融行业的服务信息特性，对相关产品服务变更的及时通知，是提高金融行业服务信息价值的重要手段。因此，我们在中国金融业ESG披露标准中重点关注了产品和服务信息标准及服务变更通知领域，在借鉴SASB和GRI标准内容的基础上，通过披露企业对所经营的金融产品和金融服务进行介绍的信息与标识的统一标准，并披露对有关运营、产品和服务发生变更的最短通知期，来规范金融行业的产品服务和服务信息的标准化。

8.4.1.4　金融科技开发应用

金融科技是伴随着中国改革开放而在金融业中产生的一个新生事物，由于科技创新的快速发展，金融行业的各类企业为提高自身竞争力，广泛进行了科技驱动的金融产品和服务的创新，同时自2019年中国人民银行发布《金融科技（FinTech）发展规划（2019－2021年）》后，金融机构开始制定符合自己要求的金融科技发展规划。针对金融科技发展的现实要求以及金融行业的服务功能，我们在中国金融业ESG披露标准中着重关注金融科技开发应用这一领域，重点关注由科技驱动的金融产品创新和金融服务创新的开发和实际应用情况，以此披露企业关于科技金融方面的产品服务的最新实践。

8.4.1.5 金融服务包容性

关于金融行业，近年来惠普金融一直是全球热议话题，金融服务包容性就是落实到企业中惠普金融的具体应用情况，符合当前国际社会经济金融发展需求，二十国集团第十一次峰会通过了《G20 数字普惠金融高级原则》，成为 G20 乃至全世界推广普惠金融的行动纲领。普惠金融是指立足机会平等要求和商业可持续原则，以可负担的成本为有金融服务需求的社会各阶层和群体提供适当、有效的金融服务。小微企业、农民、城镇低收入人群、贫困人群和残疾人、老年人等特殊群体是当前我国普惠金融的重点服务对象。大力发展普惠金融，是我国全面建成小康社会的必然要求，有利于促进金融业可持续均衡发展，推动“大众创业、万众创新”，助推经济发展方式转型升级，增进社会公平和社会和谐。同时基于金融服务特点，我们在中国金融业 ESG 披露标准中着重关注了金融服务包容性这一领域，在借鉴 SASB、《推进普惠金融发展规划（2016 - 2020 年）》、2014 ~ 2020 年政府工作报告相关内容基础上，重点披露为小微企业、农民、城镇低收入人群、贫困人群等群体提供有效金融服务的情况。

8.4.1.6 资本市场关系

近年来资本市场关系议题备受关注，我国到目前为止资本市场的开放仅有 30 年的时间，再加上金融抑制政策和银行主导型融资机制的影响，虽然国家经济在飞速发展，但是资本市场却还是处在比较滞后的阶段，远不能和发达国家相比。融资是金融企业必不可少的一种经济手段，其包含多种手段，并且企业融资在一定程度上能够反映企业未来经营状况，通过对相关方面的披露，能够对其利益相关者未来投资提供借鉴，从而能够为社会减少融资风险，帮助企业优化资源配置。基于我国资本市场发展限制，以及金融行业所特有的连接功能和资金纽带作用，我们在中国金融业 ESG 披露标准中重点关注了资本市场关系这一领域，重点关注参与企业融资机构数量、企业融资规模，以此来向社会反映企业在资本市场上的资源配置与投融资效率。

8.4.2　中国零售业 ESG 信息披露特色模块举例

2020 年 9 月，中央财经委员会第八次会议研究畅通国民经济循环和现代流通体系建设问题，习近平总书记强调，流通体系在国民经济中发挥着基础性作用，建设现代流通体系对构建新发展格局具有重要意义。党的十九届五中全会提出的“十四五”规划建议和 2035 年远景目标对商贸流通业可持续发展提出了更高的要求。以 ESG 理念指导商贸流通业可持续发展对构建国内、国际大循环和促进我国经济结构转型升级发挥着关键作用。零售业是推动商贸流通业发展的重要部门，是联结我国生产端和消费端的中间环节。近年来，我国零售行业不断转型升级，出现多种业态和商业模式，线上线下零售不断融合，社区零售、地摊经济等层出不穷，以零售带动经济发展是我国现在解决经济疲软的重要手段。而且，零售市场有巨大的发展潜力和 ESG 需求，能够为内贸流通推动 ESG 先行提供试点企业和试点地区，为相关政府部门在“十四五”期间推动经济整体高质量发展提供着力点。因此，率先制定落实中国零售业 ESG 披露标准，通过推动零售业 ESG 实践促进国内商贸流通业可持续发展，进而带动生产和消费的绿色和高质量发展，可以为促进我国实现经济社会可持续发展提供重要支撑和推动作用。

零售业是发挥流通业主要功能的关键，是连接生产和消费的关键着力点。在商贸流通的供产体系中，零售业对上承接制造商、供应商，对下连接消费者，是供产体系的核心。推进零售业可持续发展也能促进整个供应体系协同作用。零售业的核心主体行业和企业的环境战略、社会责任履行、治理情况的发展在很大程度上决定了整个内贸流通的非市场绩效。目前，我国还没有针对零售业制定完整的、普适的 ESG 披露标准，中国 ESG 通用披露标准未能反映出零售业的行业特性。因此，本部分以中国零售行业的行业特性为依据，构建中国零售业 ESG 披露标准体系，进一步完善我国零售企业的信息披露制度，促进商贸流通业的可持续发展。

特定行业所具有的行业特性，为保证评价的科学性，本部分以零售业特性为依据，结合中国 ESG 披露通用标准，构建了中国零售业 ESG 特色模块。本部分主要基于中国零售业的独特性，结合相关政策和理论，对提炼的中国零售业 ESG 披露的特色模块进行解释说明。

8.4.2.1 绿色流通

2014 年，商务部印发的《关于大力发展绿色流通的指导意见》中明确提出要大力推动流通企业绿色发展、打造绿色商品供应链、建设绿色流通服务体系，强调了发展绿色流通的重要意义。2016 年，发展改革委、中宣部、科技部等十部门印发的《关于促进绿色消费的指导意见》，对绿色消费、绿色服务供给等进行了具体部署，支持流通企业在显著位置开设绿色产品销售专区。2017 年，国务院办公厅印发的《关于积极推进供应链创新与应用的指导意见》中提出要建立覆盖涉及生产、流通等各环节的绿色产业体系。从政策文件看，我国在政策上明确把推动绿色流通作为流通业的未来发展重点。零售业作为商贸流通业的重要组成部分，在 ESG 披露标准中对绿色流通进行披露是非常重要的。因此，本部分在中国零售业 ESG 披露特色模块中添加了绿色流通披露指标。绿色流通指的是致力于减少资源消耗和减少环境污染的商品流通活动，如打造绿色供应链、建立绿色流通服务体系、引导绿色消费理念等。

8.4.2.2 带动效应

零售业是发挥流通业主要功能的关键，是连接生产和消费的关键着力点。在商贸流通的供产体系中，零售业对上承接制造商、供应商，对下连接消费者，是供产体系的核心。作为辐射整个社会的基础性、先导性产业，经济发展、人民日常生活与社会稳定都离不开零售，它辐射了以食品、服装、医药、烟草为首的诸多行业，并且整个零售行业在我国 GDP 占比中较高，处于逐年增长态势，有能力带动生产端和消费端的良性发展，促进整个供应体系协同作用。而且，对于零售业的核心主体行业和企业的环境战略、社会责任履行、治理情况的发展在很大程度上决定了整个内贸流通的非市场绩效。因此，零售业 ESG 信息的披露对生产端和消费端的积极带动效应对整个商贸流通业的良性发展具有重要作用。因此，本部分选取带动效应作为中国零售业ESG特色披露标准模块中的重要指标。带动效应包括以销售为抓手，对生产端和消费端的带动效应。

8.4.2.3　渠道弹性

零售渠道是指向最终消费者出售商品和劳务的零售商组成的渠道，不仅可以有效沟通生产、批发和消费的关系，满足消费者的需求，而且可以促进社会生产力的发展。在经济全球化大背景下，社会经济进入了快速发展时代，但随之而来的是市场竞争环境的日益激烈和外部环境不确定性的日益增强。在此背景下，零售企业渠道极易受到外部环境的影响，也面临生产渠道异常中断带来的风险，渠道弹性也逐渐成为大家关注的热点。对风险的识别、应对及恢复能力均属于渠道弹性的范畴，在生产渠道风险出现时，具备较强渠道弹性的零售企业拥有更好的风险识别能力、应对及恢复能力，在短时间内化解危机，并降低企业的经营风险。因此，渠道弹性越来越成为零售业发展过程中需要关注的重点内容。因此，本部分在中国零售业ESG披露特色模块中添加了渠道弹性披露指标。渠道弹性包括生产渠道或销售渠道出现异常情况的识别、应对及恢复能力。

第 9 章　总结与展望

9.1　中国 ESG 信息披露标准体系的总结

本书主要系统梳理及对比分析了国内外 ESG 披露相关标准的主要内容体系和实践发展，以及全球可持续发展的脉络，总结了中国 ESG 披露现状，并结合以上研究得出相关的具体结论。

9.1.1　主要 ESG 信息披露框架的比较分析

9.1.1.1　主要 ESG 标准制定的发展历程比较

从 20 世纪 90 年代开始，国际上逐步成立了针对 ESG 议题设定相关披露标准指引的组织。ESG 标准发展初期的特点为：以国际组织为标准制定主体，标准制定各有侧重。1997 年，全球报告倡议（GRI）成立并建立了全球第一个可持续发展报告框架；2010 年，ISO 26000 标准由 ISO 社会责任工作组（ISO/TMB/WG SR）制定并发布，它是社会责任领域的第一个国际标准；2000 年，CDP 全球环境信息研究中心和联合国全球契约组织（UNGC）成立，分别提出了碳信息披露项目和联合国全球契约十项原则；2011 年，可持续发展会计准则委员会（SASB）成立，致力于分析可持续议题对企业财务的影响，并于2018年发布了77个行业的ESG信息披露标准；2015年，金融稳定委员会（FSB）成立气候相关财务信息披露工作组（TCFD），它是首个从金融稳定角度审视气候变化影响的国际倡议，成立至今，TCFD工作小组发布了《气候相关财务披露的建议》、《气候相关财务披露的建议与实施指引》（附件）等文件，并发布了实践报告，对实践情况进行了披露。从2003年的笼统反映到2020年形成由气候变化报告（碳信息披露报告、碳绩效领导指数、供应链报告、低碳城市报告）、水资源报告、森林报告所构成的多结构、多维度报告体系，CDP的披露体系已逐渐趋于完整和全面。

9.1.1.2 主要ESG标准的主要内容体系比较分析

9.1.1.2.1 主要ESG标准的目标比较分析

从这些标准框架制定的目标来看，虽有相似之处但侧重点并不一致。GRI成立的初衷是编制一套可信并可靠的全球共享的可持续发展报告框架，供任何规模、行业及地区的组织使用，它侧重于建立一个全球通用的可持续发展报告框架；SASB的目标是通过与当前的金融监管体系合作，制定与传播企业可持续性会计准则，提高企业可持续发展数据的可比性；ISO 26000则是侧重开发适用于包括政府在内的所有社会组织的“社会责任”国际标准化组织指南标准，ISO 26000偏向协助组织里面的人了解如何去做管理，GRI偏向让组织内外的人了解如何沟通以及评估组织的绩效；TFCD致力于设计一套可引用的气候相关财务信息披露架构，帮助投资人、贷款机构和保险公司了解公司重大风险；CDP是通过制定统一的碳信息披露框架，反映气候变化给企业带来的碳成本、风险、机遇及碳交易等信息。具体如表9.1所示。

9.1.1.2.2 主要ESG标准的核心议题比较分析

GRI发展至今，一直以经济、环境和社会三大核心议题制定披露标准，建设可持续发展报告框架，其在议题披露方面内容设置得更加完善，能够满足更多企业及组织可持续发展报告的需求。SASB的核心议题则主

表 9.1　ESG 五大披露标准的发展演进历程对比（1997～2020 年）

时间	ESG 披露标准与具体事件				
	GRI	SASB	ISO 26000	TCFD	CDP
2000 年之前	1997 年，GRI 成立于美国波士顿				
2000 年	GRI 发布第一代《可持续发展报告指南》，简称 G1		2001 年，研讨社会责任的发展		CDP 全球环境信息研究中心（CDP Worldwide）成立
2002～2005 年	2002 年 GRI 正式成为独立的国际组织，并发布第二代《可持续发展报告指南》，简称 G2		2004 年，决定开发 ISO 26000 社会责任指南。2005 年第一次会议，确定开发 ISO 26000 任务		2002 年，CDP 第一次针对企业发布调查气候变化调查问卷。关注极端天气、气候法规等风险，《京都议定书》生效，引入碳领导指数
2006 年	发布第三代《可持续发展报告指南》，简称 G3		召开第三次会议开启拟定了标准		提出气候变化所带来的环境风险及对策
2007 年			第四、第五次会议，确定标准的核心内容与核心主题		碳信息披露标准理事会（CDSB）成立
2008 年	建立认证培训合作伙伴计划		第六次会议，形成委员会草案（CD）		反映企业的披露绩效，关注可更新能源及能源效率
2009 年			第七次会议，形成国际标准草案（DIS）		开始用多种语言发布国别碳报告，对排名前 10 的企业进行示范宣传

续表

时间	ESG 披露标准与具体事件				
	GRI	SASB	ISO 26000	TCFD	CDP
2010 年			ISO 26000 社会责任指南最终成熟国际标准（IS）正式发布		发布《供应链报告》，关注供应商和用户在天气问题上的作用
2011 年	GRI 发布《可持续发展报告指南》的 G3.1 版本				
2012 年			颁布的关于所有 ISO 管理体系标准的高层次结构（High Level Structure，HLS）		关注的范围从企业扩展到城市，发布《城市报告》，报告体系已形成
2013 ~2014 年	2013 年，GRI 在北京发布第四代中文版《可持续发展报告》，简称 G4	2014 年 7 月，SASB 发布了不可再生资源临时可持续性标准			2013 年，将气候变化引起的风险划分为三种类型
2015 年	通过了 SDG 框架，目标要求企业透明化			FSB 将气候问题纳入考量，TCFD 创建	推出水资源问卷和森林问卷，强调并开展了未披露者行动

续表

时间	ESG 披露标准与具体事件				
	GRI	SASB	ISO 26000	TCFD	CDP
2016 年	发布 GRI 可持续发展报告标准，根据公众意见对 GRI 标准不断升级。同时 GRI 社区计划启动	SASB 成立投资者咨询小组		宣布 TCFD 成员构成，拟定草案发布	《巴黎协定》中做出气候变化的问卷调整。并与 RepRisk（专业从事 ESG 风险评估）开展合作
2017 年	与联合国全球契约合作推出的关于可持续发展目标的企业报告指南	SASB 发布可持续发展会计标准概念框架和议事规则		TCFD 建议正式发布	采用“具体行业问卷（18 个）+通用问卷”相结合，整合 TCFD 的建议
2018 年		SASB 发布了全球首套 SASB 标准		TCFD 知识中心成立，第一份实践报告发布	关注可持续供应链，详细披露供应商问卷回复分析
2019 年	部门计划启动，同时发布新的税收标准	SASB 宣布两次扩大投资者咨询小组（IAG），修订更新 2017 年概念框架和议事规则		获得中央银行支持，第二份实践报告发布首届 TCFD 峰会	发布问卷更加贴合 ESG 发展理念
2020 年	发布新的废弃物标准	进一步扩张投资者咨询小组，推出了《SASB 实施初级读本》		发布 2020 年实践报告	引入了更多种类的行业特定问卷，包括金融行业特定问卷

要包含环境、社会资本、人力资本、商业模式与创新、领导与治理方面，更加侧重的是企业高层管理方面的内容披露。作为社会责任领域的国际标准，ISO 26000 是被众多国家采用的标准，其将组织的社会责任归纳为组织治理、人权、劳工、环境、公平运营、消费者问题及社区参与和发展七大核心议题，多个参与标准制定的国家和标准制定机构依据 ISO 26000 或者参考 ISO 26000 修订、制定或者完善自己的社会责任倡议和工具，出台新版本或者重新制定自己的标准，但是其中大部分议题分类更加细化，并不如 GRI 标准的内容披露得全面。TFCD 的核心因素是治理、策略、风险管理、指标和目标。CDP 将问卷分为气候变化问卷、森林问卷、水安全问卷三大部分。

9.1.1.2.3　主要 ESG 标准的结构框架比较分析

GRI 的框架结构主要包含通用标准披露和议题专项标准披露两大部分内容，整体框架结构比较简单清晰，易于理解。SASB 的框架包含一般披露指导、行业描述、可持续性主题及描述、可持续性会计准则、技术协议和活动度量标准六大元素。ISO 26000 标准在结构框架上包含范围、参考标准、术语和定义、组织运作的社会责任环境、原则、基本目标和指导等十个部分，从不同方面详细解释该标准的内容框架。TFCD 的结构框架包含建议、建议披露事项、行业通用建议和特定行业补充建议四部分。CDP 的框架由有三个模块化独立结构的标准文件组成。

9.1.1.2.4　主要 ESG 标准的披露原则比较分析

每个报告都有自己的披露原则。GRI 标准分为界定报告内容所依据的原则和界定报告质量所界定的原则两类。界定报告内容所依据的报告原则包括利益相关方包容性、可持续发展背景、实质性、完整性。界定报告质量所依据的报告原则包括准确性、平衡性、清晰性、可比性、可靠性、时效性。SASB 标准要求披露的信息具有决策性、相关性、可比性、可靠性和完整性。ISO 26000 标准要求披露的原则包括：担责、透明度、道德的行为、尊重利益相关方的利益、尊重法治、尊重国际行为规范、尊重人权。TFCD 标准要求披露的七项原则包括：披露相关信息；披露应具体和完整；披露应清晰、平衡并易于理解；信息应在长期内具有连贯性；同一部门、产业或投资组合内各组织的披露应具有可比性；披露应客观、可靠、可供查验；披露应及时。CDP 标准披露是基于目的性、层次性、可比性三大原则。

9.1.1.2.5　主要 ESG 标准的披露机制比较分析

从实施机制上看，GRI 标准、SASB 标准、ISO 26000 标准、TCFD 标准、CDP 标准这五种国际标准都在报告中指出企业或组织自愿执行，并没有强制要求按照标准披露，只是在应用其标准时，在标准内容上有相应的规定与指导。

9.1.1.2.6　主要 ESG 标准的特点比较分析

GRI 标准的报告框架结构更加模块化，清晰易懂。包含经济、环境和社会三大范围内容；SASB 标准覆盖 77 个行业的“实质性问题路线图”（Materiality Map），提高了企业可持续发展数据的可比性。ISO 26000 标准围绕组织治理、人权、劳工、环境、公平运营、消费者、社区参与和发展七大核心议题。TFCD 标准指南全面系统，适用于各种类型国家的各类组织，用于推广社会责任相关的实践共同性和差异性原则，它不是管理标准，也不用于第三方认证。CDP 标准为每个主题（气候变化、水、森林）设有通用问卷，并根据部门行业特点，为高影响部门设置了特定问卷。

通过五种标准报告的框架内容及特点比较分析可以发现（见表 9.2），尽管都是为推进可持续发展这一目标，但它们在目标、核心议题、结构框架和披露原则等方面均存在差异，各 ESG 标准组织主要关注的领域既具有相似性，又存在互补性，因而它们并非相互排斥、相互竞争，完全可以互补发展。在 ESG 标准发展过程中，为提高企业 ESG 信息披露的一致性和可读性，并且加强企业财务绩效和非财务绩效信息的整合，在现阶段国际 ESG 标准组织纷纷寻求标准整合契机，旨在建立有广泛影响力的整合性质的 ESG 标准。例如，GRI 标准与 SASB 标准就不是相互排斥而是相互支

表9.2 主要ESG披露标准主要内容体系比较

标准	GRI 标准	SASB 标准	ISO 26000 标准	TFCD 标准	CDP 标准
成立时间	1997 年	2011 年	2010 年	2015 年	2000 年
发起组织	全球报告倡议组织（GRI）	可持续发展会计准则委员会（SASB）	国际标准化组织（ISO）	金融稳定委员会（FSB）	CDP 全球环境信息研究中心
目标	编制一套可信并可靠的全球共享的可持续发展报告框架，供任何规模、行业及地区的组织使用	通过与当前的金融监管体系合作，制定与传播企业可持续性会计准则	开发适用于包括政府在内的所有社会组织的“社会责任”国际标准化组织指南标准	可引用的气候相关财务信息披露架构，帮助投资人、贷款机构和保险公司了解公司重大风险	通过制定统一的碳信息披露框架，反映气候变化给企业带来的碳成本、风险、机遇以及碳交易等信息
核心议题	经济、环境和社会三大特定议题类别	环境、社会资本、人力资本、商业模式与创新、领导力与治理	组织治理、人权、劳工实践、环境、公平运行实践、消费者问题以及社区参与和发展七大核心议题	治理、策略、风险管理、指标和目标四大核心因素	气候变化问卷、森林问卷、水安全问卷
结构框架	通用标准、议题专项标准两大部分	一般披露指导、行业描述、可持续性主题及描述、可持续性会计准则、技术协议和活动度量标准六大元素	范围、参考标准、术语和定义、组织运作的社会责任环境、原则、基本目标、指导等十个部分	建议、建议披露事项、行业通用指引、特定行业指引四大部分	由三个模块化独立结构的标准文件组成

续表

标准	GRI 标准	SASB 标准	ISO 26000 标准	TFCD 标准	CDP 标准
成立时间	1997 年	2011 年	2010 年	2015 年	2000 年
披露原则	界定报告内容所依据的报告原则：利益相关方包容性、可持续发展背景、实质性、完整性。 界定报告质量的原则：准确性、平衡性、清晰性、可比性、可靠性、时效性	披露的信息具有决策性、相关性、可比性、可靠性和完整性	担责、透明度、道德的行为、尊重利益相关方的利益、尊重法治、尊重国际行为规范、尊重人权	披露相关信息；披露应具体和完整；披露应清晰、平衡并易于理解；信息应长期具有连贯性；同一部门、产业或投资组合内各组织的披露应具有可比性；披露应客观、可靠、可供查验；披露及时	目的性原则、层次性原则、可比性原则
披露机制	机构推广，自愿执行	自愿执行	企业或组织自主申请执行	自愿执行	自愿执行
特点	报告框架结构更加模块化，清晰易懂。包含经济、环境和社会三大范围内容	覆盖 77 个行业的“实质性问题路线图”（Materiality Map），提高了企业可持续发展数据的可比性	围绕组织治理、人权、劳工、环境、公平运营实践、消费者、社区参与和发展七大核心议题	指南全面系统，适用于各种类型国家的各类组织；不属于管理标准，推广了社会责任相关的实践共同性和差异性原则，不用于第三方认证	为每个主题（气候变化、水、森林）设有通用问卷，并根据部门行业特点，为高影响部门设置了特定问卷

资料来源：笔者根据相关资料整理。

持的，两者作为可持续性披露的两个全球标准制定者，于2020年7月，全球报告倡议（GRI）与可持续发展会计准则委员会（SASB）宣布进行GRI－SASB联合项目的研发与推广，旨在为可持续性报告提供兼容的标准，这些标准旨在给予不同的实质性方法，以实现不同的目的，并于2021年4月联合研究并发布了一份可持续性报告实用指南，旨在为可持续性报告提供兼容的标准，两者之间的互补性关系，即GRI的标准更侧重于公司的经济、环境和社会方面的影响，SASB的标准则更具行业针对性，能够帮助企业在经营层面上识别可持续相关的机遇和风险，从而利好其经营业绩和财务状况。最初，合作的重点是提供沟通材料，以帮助利益相关者更好地了解如何同时使用这些标准，随着合作的进一步深入，这两个组织还逐步提高了为消费者服务的水平，帮助可持续性数据的消费者了解和分析ESG不同标准的相似性和差异性，便于进行框架比较和特色分析。再如，2020年9月，CDP全球环境信息研究中心、气候披露标准委员会（CDSB）、国际综合报告委员会（IIRC）同GRI、SASB发布联合意向声明，表示五个组织将共同致力于打造综合性企业汇报体系，并于12月公布了气候相关的财务披露标准模型。它们为广泛的可持续性主题提供框架和支持标准，并且与负责任的商业行为的国际工具也保持一致，这样更有利于ESG统一标准框架的进一步发展和推广。全球范围内形成广泛认同并采纳的ESG报告框架的趋势已日益明朗，中国亟须通过建立中国化的ESG标准加入这一进程。中国ESG研究院也将根据国际主流标准，展开进一步的友好合作，促进ESG标准体系的中国化发展。

9.1.2　主要ESG披露框架对中国ESG披露体系的启示

9.1.2.1　搭建ESG披露体系需要结合国家情境、行业特征、企业性质，发展多主体参与，保证标准统一

①制定ESG标准是要考虑国家地区和行业的特征，确定披露核心原则，初期搭建普适性标准框架，后期再根据不同行业特性进行特色标准议

题的补充；同时，上市和非上市公司、国有企业和非国有企业的应用情况不尽相同，可以分步骤推动 ESG 披露范式的制度化。②鼓励相关的政府部门、服务提供商、投资机构者、企业、国际组织、公众等多主体参与，政府完善国内相关法律法规并加大执法力度，行业协会应搭建好企业与政府之间信息交流的桥梁，服务提供商要制定精细化披露标准，促进国内国际标准统一；机构投资者及产品要积极协同发展多层次资本市场体系，加大长期价值投资理念的宣传力度，优化投资和产品发展；企业是 ESG 评价的对象，将 ESG 纳入管理实践中，树立企业发展的全新理念；国际组织与倡议是实现国际对话的桥梁，与国内 ESG 生态体系相互影响；公众则以消费者和个人投资者的身份"倒逼"企业发展 ESG。③ESG 信息披露的一致性、可比性和兼容性是发展基础，要通过专门的行业协会、高校组织进行披露，保证信息的公平准确，把更为广泛全面的信息服务提供给各参与主体，降低信息不对称问题，严格依据信息披露的内容和形式要求进行信息披露，并保证信息披露的及时性、可靠性、权威性、有效性原则，使政府、企业、公众等碳市场主体能够及时链接 ESG 信息，在提高企业 ESG 信息透明度的同时，增加沟通互动功能，为政府、企业和中介机构信息共享、交流互动提高效率提供平台。

9.1.2.2 从可持续发展政策的梳理来看，搭建 ESG 披露体系要保证 ESG 理念的认可度，尽快落实 ESG 披露与投资发展

基于可持续发展政策的相关梳理，分别选取欧盟、美国、加拿大、日本、新加坡五大国家为分析对象，通过梳理上述国家在环境、社会和治理方面的可持续发展政策，以及相应的 ESG 整合政策的形成及演变过程，阐述各主要国家的 ESG 相关可持续发展政策内容并归纳其特征。具体如下：①积极推动 ESG 相关政策的制定和出台，消除投资各方对政策的认知偏差，尽快使 ESG 理念在资本市场得到共识。②以国家长期投资基金为主导，充分发挥证监会、银监会等国家机构持续监督与评测，通过政策与市场双轮驱动，在各投资环境中遵循 ESG 相关要求，尽快将 ESG 责任投资落地，并从而进一步带动其他机构投资者加入。③尽快形成 ESG 信

息披露标准，指导公司ESG信息披露实践，从而形成政府—监管机构—企业良性互动。

9.1.2.3　从中国ESG的披露现状来看，搭建ESG披露体系要循序渐进、逐步深入，先形成框架再补充针对性内容

基于环境披露、社会披露、治理披露的对比分析，结合中国ESG发展的成效、先进对标、不足建议等，提出搭建ESG披露体系要循序渐进、逐步深入，先形成框架再补充针对性内容的结论。具体如下：①针对参与披露ESG信息的企业先采取鼓励为主的态度，随着披露制度的完整性和科学性不断增强，再新增强制性披露的指标。例如，香港ESG披露制度就是经历了“自愿—半强制—强制”的变化过程。②先制定ESG披露体系的核心内容，再根据时代变化不断扩大披露范畴，逐步丰富和细化披露标准。③披露框架可以针对特定行业进行测试使用，稳定后再将披露范围扩大到所有行业，循序渐进地提出披露要求。

9.2　中国ESG信息披露标准体系的展望

ESG投资理念的提出和实践发展，是充分契合全球社会、环境和经济发展新阶段的内在要求，是一套落实绿色、可持续发展理念的工具体系，它既有助于提升金融市场和实体企业效率，又有利于从微观市场引导资本、推动改善经济结构和发展模式。根据2019年Corporate Knights发布的《测量可持续性方面的披露》报告，上市公司中披露情况排名前三的是芬兰纳斯达克赫尔辛基证交所、西班牙马德里证交所与葡萄牙里斯本泛欧交易所，其上市公司披露率分别达80.6%、77.7%与73.8%，且仍旧保持增长态势。上海证券交易所和深圳证券交易所上市公司在一些关键指标上的披露率为24.2%和18.1%，在评估的48个交易所排名第41位和第44位。香港交易所相对表现较好，披露率达

43.5%，排名第27位，增长率为26.1%，为第二高。而就国内市场的情况来看，虽然近年来上市公司通过发布的社会责任报告等披露ESG信息的数量呈现整体上升趋势，但截至2020年10月，全A股市场中有超过70%的上市公司在近十年尚未发布过相关报告。可见，中国上市公司的ESG的信息披露还有很大的改进空间。中国ESG研究院以及披露标准研究中心在理论基础、标准构建和政策保障等方面的研究工作将对国内ESG标准研究和中国经济高质量发展提供有力的理论支持和实践参考。

回顾2020年，中国ESG研究院披露标准研究中心的工作主要是站在学术研究的视角对国内外的研究文献、现行相关的披露标准进行分析，对相关的披露主体、披露原则体系、研究方法、标准提出过程、相关内容指标及其他方面的特色亮点进行研讨；同时，侧重于行业和地区两个视角进行ESG信息披露的研究，从行业方面发现了包括金融业、制造业和流通业等各行业的ESG信息侧重点，从地区方面发现了欧盟、美国、日本、中国等ESG信息披露的内容特征、披露发展、侧重指标和成熟行业分析。通过发现总结学术研究和行业应用的共性与异同、不足与贡献，总结出各领域ESG信息披露的设计原则，进一步分析设计原则与ESG框架及标准体系，进而提出中国ESG披露标准体系。

从国内外ESG的发展趋势来看，未来ESG将成为投资行为中必不可少的参考指标，ESG评价将逐步对上市公司企业社会责任的优化发展及广大投资人投资理念的转换起到关键作用，ESG评价的作用也将从基础的投资标准迈向投资标的。同时，随着中国金融市场持续开放，资管行业国际化程度不断提升，国际合作也将继续加强。国际投资机构对ESG产品的需求和偏好将推动中国相应行业方法论和产品模型的转变，同时国内外ESG评价标准也将逐步融合，投资理念必然对国内金融市场产生越来越深刻的影响。我们可以预见，国际金融合作将促进和引导国内金融市场可持续发展理念的不断深入。未来两年监管政策和信息披露将逐步完善，标准体系将建立完成，市场引导作用会慢慢凸显。随着绿色金融政策的推进，金融机构之间有望建立良性、可持续的 ESG 发展生态圈和信息共享平台。同时，随着人工智能与大数据产业的发展，更多的高科技和另类数据将运用于 ESG 评价体系改善，从量化模型、算法到实现方式、语言转化等都将更加优化，可以实时、全方位、真实地体现企业的 ESG 表现。比如，2020 年上半年疫情期间，邮储银行借助蔚蓝生态链对企业环境信用进行动态监测与评估，测算信贷存量客户环境排放物和能源使用数据，以绿色信贷推动贷款企业关注自身环境行为、履行环境污染防治主体责任，协助贷款企业开展环境信息披露，制定有效环保措施，促进节能减排和产业升级。

当前，ESG 还主要局限在上市公司范围。我们期待 ESG 相关的各项指标和要求从上市公司走向普通企业。监管机构通过绿色金融、绿色信贷等相应政策推动更多的金融机构树立 ESG 投资理念。一方面，加强对金融机构对应的投资企业 ESG 风险管理，将 ESG 相关要求纳入授信全流程，完善贷中、贷后的 ESG 风险管理，让 ESG 评价成为基础的客户准入门槛和“排雷”工具。另一方面，创新推出不同维度的 ESG 金融产品，推动更多资金流向 ESG 绩效好的企业。2020 年 10 月 15 日中国人民银行行长易纲在第 42 届国际货币与金融委员会（IMFC）会议中强调：在当前形势下，各方应加强政策协调，中方支持基金组织在全球金融安全网中发挥核心作用，以及基金组织关于增加绿色低碳投资的呼吁，中国人民银行正积极推进绿色金融，助力完成二氧化碳排放和碳中和的目标。随着监管机构对 ESG 信息披露要求趋严，国际金融合作深入，中国上市公司的 ESG 数据将得到巨大完善，再结合国内环境信息公开的发展及第三方大数据机构的助力，我们可以预见，未来在保有中国特有 ESG 评价体系特色的基础上，国内外评价体系总体上将趋向融合，中国或将为国际 ESG 评价体系打造更务实、有效的样本。

展望 2022 年，中国 ESG 研究院披露标准研究中心将在之前所做工作的基础上，继续深入拓展 ESG 披露标准等方面的相关研究，推动 ESG 信息披露与理论结合、与实践对话，保证理论与实践融会贯通。研究中心下一步的工作主要围绕 ESG 的披露理论、披露标准和政策保障研究三个方面（见图9.1）：在披露理论研究方面，研究中心将持续关注国内外 ESG 发展，将国外较为成熟的理论融入中国的实际国情，结合政策优势进而实践检验结果，进一步实现 ESG 相关理论的突破和深化；在披露标准方面，研究中心将继续深入推进普适性全行业信息披露标准，并根据国民经济行业分类标准细分不同行业，结合中国国情制定不同子行业的 ESG 信息披露标准，逐步完善“通用标准 + 行业特色模块”的信息披露标准体系；在政策保障研究方面，研究中心将针对不同的参与主体，结合供给侧结构性改革、高质量发展、双循环格局构建等中国特色战略方针，积极参与政府发展规划，并与相关的政策制定和标准制定部门进行友好合作，为政府决策部门提供具有参考价值的成果要报等智力支持成果。另外，研究中心将具体地从三个维度考量 ESG 体系的构建和发展工作，包括 ESG 信息披露原则及指引、企业 ESG 绩效评级和 ESG 投资指引（见图9.2）。其中，信息披露原则及指引是开展 ESG 评价和投资的信息依据，企业 ESG 绩效评级体现了企业在 ESG 方面的具体表现，投资指引则是 ESG 理念的投资实践。

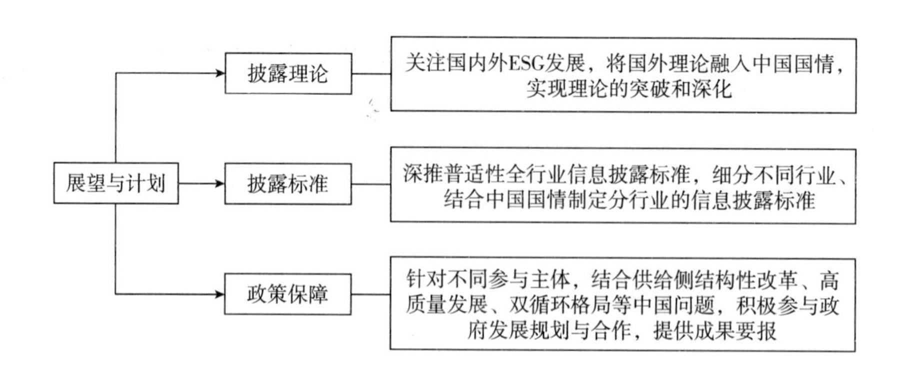

图 9.1　中国 ESG 研究院披露标准研究中心展望与计划

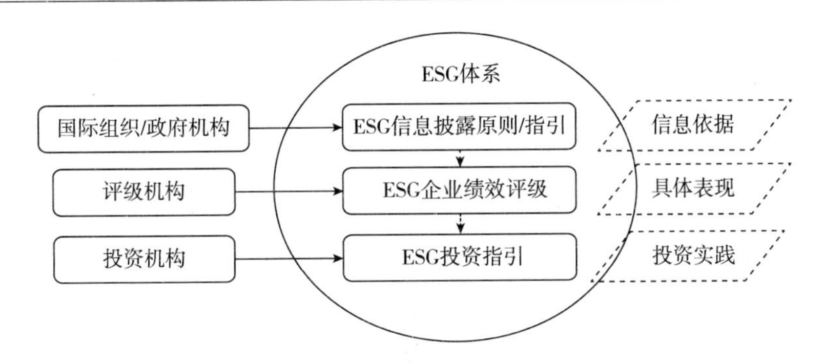

图 9.2　ESG 体系构建和发展的三个维度

9.2.1　ESG 信息披露的理论研究展望

在 ESG 信息披露的理论研究方面，中国 ESG 研究院披露标准研究中心将持续关注国内外 ESG 发展，将国外理论融入中国国情，实现理论的突破和深化。目前我国 ESG 信息披露发展尚处于初级阶段，虽然在环境、社会和治理三方面均有较为成熟的研究成果，但在这三方面相互融合的理论上尚有欠缺，暂时未有成熟的理论框架包含 ESG 的全部三个维度内容。研究中心通过对国外 ESG 理论进展的深入分析，结合我国的国情和 ESG 发展现状，对于中国 ESG 标准制定的主要内容体系赋予其新的内涵与要义，将致力于跨越环境、社会和治理三方面理论融合的鸿沟，建立中国化 ESG 发展理念，解决“如何将中国的环境、更广泛的利益相关方、与整个社会、世界更好地连接起来的问题”，这不仅是我国可持续发展战略的必由之路，也是新时代高质量发展深入推进的内在要求。

具体来说，研究中心在 2020 年的研究工作已经梳理出可持续发展理论、利益相关者理论、委托代理理论等理论视角，利益相关者理论强调企业经营管理者为综合平衡各个利益相关者的利益要求而进行的管理活动；委托代理理论关注信息不对称时，设计最优机制激励代理人，降低代理成本；可持续发展理论则主张在不损害后代人发展的前提下，满足当代人发展的需求。未来，中国 ESG 研究院披露标准研究中心将在此基础上，进一步将经典的理论深入 ESG 领域，指导企业 ESG 信息披露的环境（E）、社会（S）和治理（G）的实践，可持续发展理论可以为 E 维度奠定理论基础，对 S 维度和 G 维度也有一定的启发意义；利益相关者理论可以为 S 维度奠定理论基础，对 E 维度和 G 维度也有一定的启发意义；委托代理理论可以为 G 维度奠定理论基础，对 E 维度和 S 维度也有一定的启发意义。

9.2.2 ESG 信息披露的标准构建展望

在 2022 年初 ESG 信息披露框架的标准上，建立普适性的全行业信息披露标准，同时细分不同行业、结合中国国情制定分行业的信息披露标准。2022 年初发布包括制造业在内的其他行业 ESG 披露标准，随着政府及市场主体对可持续发展理念的不断深入推进，很多学者和机构会针对不同行业设定 ESG 标准，各行业 ESG 信息侧重点也不尽相同，我们已经搭建好了“通用标准 + 行业特色模块”的中国 ESG 信息披露齿轮模型（见图 8.5）框架，齿轮模型以模块化思维为基本逻辑，通用标准作为适用于所有行业 ESG 信息披露的基本框架，充当着“齿轮”的圆弧齿廓，发挥着中心平台的作用，行业特色模块是基于行业特色形成的特色议题模块，充当着“齿轮”的轮齿，以模块化方式嵌入圆弧齿廓这一中心平台，最终形成了与各行业严密啮合、链动国民经济体系高质量发展的运转机制。未来，我们将在此标准框架下，进一步针对各行业的共性和异同分层次和模块不断嵌入各行业参考标准，增加“齿轮”密度，保证“齿轮”运作，助力企业可持续发展。另外，也应根据其实际情况选择和报告，如包括确保内部经济增长、追求环境可持续、责任、治理等，为利益相关者理解其对 ESG 的承诺提供一定的参考。

由于中国企业在 ESG 数据披露层面起步较晚，ESG 信息披露和评价标准不统一，管理体系有待完善，随着经济转型和结构调整，高质量的 ESG 数据将成为责任投资的重要基础设施。从趋势上看，随着 ESG 相关政策的推动、制度规则的加速出台，上市公司 ESG 信息的披露愈发重要，

ESG理念也在国内加速渗透。在ESG数据库构建方面，中国ESG研究院及披露标准研究中心计划使用自然数据解析、数学建模、SQL等技术手段，积极与各大研究机构、协会和企业合作，结合研究院及研究中心的一手数据共同打造国家级全领域企业ESG数据库，包括环境责任、社会责任和治理三个核心维度，信息披露和评价体系两大突出亮点，披露沪深、港交所等上市公司、不同行业甚至不同地区的ESG情况，为中国ESG标准体系构建和发展提供理论基础和实践参考，为交叉学科发展和中国经济高质量发展做出贡献。

9.2.3　ESG信息披露的政策保障研究展望

ESG信息披露既是社会责任投资的基础，也是绿色金融投资体系的重要组成部分，倡导的是一种企业的行为价值与社会主流的规范、价值、信念相一致的理念，不仅要求企业考虑股东的利益，还要考虑员工、供应商、顾客、所在社区、政府等利益相关者的利益，要求企业不断优化治理结构，进行绿色投资、开发绿色技术、巩固治理基石，实现整个社会、经济的健康发展，为社会经济的可持续发展提供微观层面的必要保障。结合全球发展趋势，ESG理论研究和实践发展是利国利民的大事，对于在世界经济下行趋势中保持中国经济的增长势头、对于我国在“十四五”期间实现产业升级、稳发展，对产业链、供应链、创新链的健康发展都具有重要的意义。ESG披露标准能够整合环境、社会和治理责任等可持续发展问题，并提供了一个完整的披露框架，传递了追求经济价值与社会价值相统一的发展观，良好地契合了高质量发展、绿色经济和可持续发展理念。后疫情时代，中国市场将在双循环的新发展格局和全球地缘政治新变局中进一步开放，国内ESG相关监管要求也日趋严格，对于企业而言，如何高效落实ESG新发展理念，形成一个“透明、高效、被外界认可的美好企业”则任重道远。

2022年，中国ESG研究院披露标准研究中心将继续针对ESG参与主体，结合中国的实际问题，为中国ESG的实践发展提供有益参考。综合考虑政府、社会公众、研究机构、企业等不同参与主体，结合供给侧结构性改革、高质量发展、双循环格局等中国问题，积极参与政府发展规划与合作，提供成果要报等相关的智力支持。相关的政策保障研究成果可以有效促进政企之间的良性互动，一方面有利于政府根据中国 ESG 实践情况推出和修订政策制度，另一方面也能够充分激发企业自主披露 ESG 信息的主动性，有利于中国 ESG 披露标准体系的构建与完善。中国 ESG 研究院致力于转变社会各个阶层与利益相关主体的思维，提升整个社会的责任意识，为人民的美好生活需要提升保障，为解决我国社会的主要矛盾提供有力抓手。

参考文献

[1] Aerts W, Cormier D, Magnan M. Corporate Environmental Disclosure, Financial Markets and the Media: An International Perspective [J]. Ecological Economics, 2008, 64 (3): 643-659.

[2] Allen H D B. Three Lenses on the Multinational Enterprise: Politics, Corruption and Corporate Social Responsibility || Corporate Social Responsibility in the Multinational Enterprise: Strategic and Institutional Approaches [J]. Journal of International Business Studies, 2006, 37 (6): 838-849.

[3] Boiral O, Aizarbitoria H, Brotherton M C. Assessing and Improving the Quality of Sustainability Reports: The Auditors' Perspective [J]. Journal of Business Ethics, 2017 (5): 1-19.

[4] Boone A L, White J T. The Effect of Institutional Ownership on Firm Transparency and Information Production [J]. Journal of Financial Economics, 2015, 117 (3): 508-533.

[5] Carney M. Breaking the Tragedy of the Horizon - climate Change and Financial Stability [J]. Speech Given at Lloyd's of London, 2015 (29): 220-230.

[6] Carroll A B. A Speech in Jones T M. The Toronto Conference: Reflections on Stakeholder Theory [J]. Business and Society, 1994, 33 (1): 128.

[7] Change E O C. Power Forward 3.0: How the Largest US Companies are Capturing Business Value While Addressing Climate Change [R]. WWF, 2017-04-25.

[8] Charkham J. Corporate Governance: Lessons from Abroad [J]. European Business Journal, 1992, 4 (2): 8-16.

[9] Clarkson M E. A Stakeholder Framework for Analyzing and Evaluating Corporate Social Performance. [J]. Academy of Management Review, 1995 (20): 92-117.

[10] Clarkson P M, et al. The Relevance of Environmental Disclosures: Are Such Disclosures Incrementally Informative? [J]. Journal of Accounting & Public Policy, 2013.

[11] Cormier D, Magnan M. The Economic Relevance of Environmental Disclosure and Its Impact on Corporate Legitimacy: An Empirical Investigation [J]. Business Strategy & the Environment, 2015, 24 (6): 431-450.

[12] Dixit A. Power of Incentives in Private Versus Public Organization [J]. European Economic Review, 1997 (87): 378-382.

[13] Dooley L M. Case Study Research and Theory Building [J]. Advances in Developing Human Resources, 2002, 4 (3): 335-354.

[14] Eisenhardt K M, Graebner M E, Sonenshein S. Grand Challenges and Inductive Methods: Rigor Without Rigor Mortis [J]. Academy of Management Journal, 2016, 59 (4): 1113-1123.

[15] Eisenhardt K M. Building Theories from Case Study Research [J]. Academy of Management Review, 1989, 14 (4): 532 - 550.

[16] Elkington J. Accounting for the Triple Bottom Line [J]. Measuring Business Excellence, 1998, 2 (3): 18-22.

[17] Felicia P, Oliver J. Automatic Vigilance: The Attention-grabbing Power of Negative Social Information [J]. Journal of Personality & Social Psychology, 1991, 61 (3): 380-391.

[18] Frederick W C, Post J E, Davis K. Business and Society: Corporate Strategy, Public Policy, Ethics [M]. Boston: McGraw - Hill, 1999.

[19] Freeman R E. Strategic Management: A Stakeholder Approach [M]. Boston, MA: Pitman, 1984.

[20] Fricko O, Parkinson S C, Johnson N, et al. Energy Sector Water Use Implications of a 2 °C Climate Policy [J]. Environmental Research Letters, 2016, 11 (3): 034011.

[21] Goss A G, Roberts S. The Impact of Corporate Social Responsibility on the Cost of Bank Loans [J]. Journal of Banking & Finance, 2011, 35 (7): 1794 - 1810.

[22] Habermas J. What Does a Crisis Mean Today? Legitimation Problems in the Late Capitalism [J]. Social Research, 1973 (40): 643 - 667.

[23] Hadlock C J, Pierce J R. New Evidence on Measuring Financial Constraints: Moving Beyond the KZ Index [J]. Review of Financial Studies, 2010, 23 (5): 1909 - 1940.

[24] Hassel L G, Nilsson H, Nyquist S. The Value Relevance of Environmental Performance [J]. European Accounting Review, 2005, 14 (1): 41 - 61.

[25] Holmstrom B M. Design of Incentive Schemes and the New Soviet Incentive Model [J]. European Economic Review, 1982, 17 (2): 127 - 148.

[26] Holmstrom B M. Multi - task Principal Agent Analysis: Incentive Contracts, Asset Ownership and Job Design [J]. Journal of Law, Economics and Organization, 1991 (7): 24 - 52.

[27] ISAR. Integrating Environmental and Financial Performance at the Enterprise Level: A Methodology for Standardizing Eco - efficiency Indicators [R]. United Nations, 2000.

[28] Jensen M C, Meckling W H. Theory of the Firm: Managerial Be-

havior, Agency Costs and Ownership Structure [J]. Journal of Financial Ecoonomics, 1976, 3 (4): 305-360.

[29] King A A, Lenox M J, Terlaak A. The Strategic Use of Decentralizes Institutions: Exploring Certification with the ISO 14001 Management Standard [J]. Academy of Management Journal, 2005, 48 (6): 1091-1114.

[30] Kolk A, Levy D. Multinationals and Gobal Climate Change: Issues for the Automotive and Oil Industries, in Multinationals [J]. Environment and Global Competition, 2008 (6): 171-193.

[31] Kulakowski K, Gawronski P, Gronek P. The Hider Balance a Continuous Approach [J]. International Journal of Modern Physics C, 2005, 16 (5): 707.

[32] Langley A, Smallman C, Tsoukas H, Van de Ven A H. Process Studies of Change in Organization and Management: Unveiling Temporality, Activity, and Flow [J]. Academy of Management Journal, 2013, 56 (1): 1-13.

[33] Mirrlees J A. The Implications of Moral Hazard for Optimal Insurance [R]. Mimeo: Seminar Given at Conference Held in Honor of Karl Borch, Bergen, Norway, 1979.

[34] Mirrlees J A. The Theory of Moral Hazard and Unobservable Behavior [R]. Mimeo, Oxford, United Kingdom: Nuffield College, Oxford University, 1975.

[35] Oh C, Matsuoka S. The Position of the Low Carbon Growth Partnership (LCGP): At the End of Japan's Navigation between the Kyoto Protocol and the APP [J]. International Criminal Law & Human Rights, 2013, 15 (2): 1-16.

[36] Preston L E, O'Bannon D P. The Corporate Social-financial Performance Relationship: A Typology and Analysis [J]. Business & Society, 1997, 36 (4): 419-429.

[37] Richardson A J, Welker M. Social Disclosure, Financial Disclosure and the Cost of Equity Capital [J]. Accounting, Organization and Society, 2001, 26 (7-8): 597-616.

[38] Ross S. The Economic Theory of Agency: The Principal's Problem [J]. American Economic Review, 1973 (63): 134-139.

[39] Ross S. The Economics of Information and the Disclosure Regulation Debit [J]. Issues in Financial Regulation. 1979 (65): 364 - 381.

[40] Searcy A M, Zutshi A C, Fisscher O A M. An Integrated Management Systems Approach to Corporate Social Responsibility [J]. Journal of Cleaner Production, 2013, 56 (1): 7-17.

[41] Sethi S P. Dimensions of Corporate Social Responsibility [J]. California Management Review, 1975, 17 (3): 58-64.

[42] WCED. World Commission on Environment and Development [J]. Our Common Future, 1987 (17): 1-91.

[43] Wilson R. The Structure of Incentives for Decentralization under Uncertainty [R]. LA Decision, 1963.

[44] Zhao C, Guo Y, Yuan J, et al. ESG and Corporate Financial Performance: Empirical Evidence from China's Listed Power Generation Companies [J]. Sustainability, 2018, 10 (8): 2607.

[45] 陈宏辉，贾生华. 企业利益相关者三维分类的实证分析 [J]. 经济研究，2004 (4): 80-90.

[46] 陈宁，孙飞. 国内外 ESG 体系发展比较和我国构建 ESG 体系的建议 [J]. 发展研究，2019 (3): 59-64.

[47] 代敏，李豫新. "一带一路" 背景下边贸企业可持续发展能力影响因素研究——基于新疆边贸企业的实证分析 [J]. 新疆大学学报 (哲学·人文社会科学版)，2019，47 (4): 43-53.

[48] 丁相安，张巧良，孙蕊娟. 全球报告倡议组织《可持续发展报告指南》的改进与启示 [J]. 兰州商学院学报，2015，31 (3): 21-29.

［49］段彬，田翠香．GRI《可持续报告指南》在我国的适用性分析［J］．现代商贸工业，2010，22（20）：93－95.

［50］段文华．从新视角解读 ISO 26000《社会责任指南》标准［J］．大众标准化，2014（12）：56－59.

［51］韩鹏，靳轩轩，赵晓丽．非财务信息披露：透视与展望［J］．财会月刊，2017（9）：78－82.

［52］何秋洁，王静，何南君．碳市场建设路径：国际经验及对中国的启示［J］．经济论坛，2019（10）：139－145.

［53］贾生华，陈宏辉．利益相关者的界定方法述评［J］．外国经济与管理，2002（5）：13－18.

［54］金融投资机构经营环境和策略课题组，闫伊铭，苏靖皓，杨振琦，田晓林．ESG 投资理念及应用前景展望［R］．中国经济报告，2020（1）.

［55］金圆桌 ESG 课题组，严学锋．上市公司 ESG 信披困局［J］．董事会，2020（6）：40－43.

［56］阚京华，孙丰云，刘婷婷．公司社会责任信息披露现状与问题分析［J］．南京财经大学学报，2011（6）：53－57，96.

［57］黎友焕，魏升民．企业社会责任评价标准：从 SA 8000 到 ISO 26000［J］．学习与探索，2012（11）：68－73.

［58］李衡．香港和内地持续信息披露制度的比较研究［D］．北京：中国政法大学博士学位论文，2011.

［59］李维安，张耀伟，郑敏娜，李晓琳，崔光耀，李惠．中国上市公司绿色治理及其评价研究［J］．管理世界，2019，35（5）：126－133，160.

［60］李维安．非营利组织发展：治理改革是关键［J］．南开管理评论，2012，15（4）：1.

［61］李维安．中国公司治理指数十年：瓶颈在于治理的有效性［J］．南开管理评论，2012，15（6）：1.

［62］李伟阳．社会责任定义：掌握 ISO 26000 标准的核心［J］．WTO 经济导刊，2010（11）：36－39.

［63］李文，顾欣科，周冰星．国际 ESG 信息披露制度发展下的全球实践及中国展望［J］．可持续发展经济导刊，2021（Z1）：41－45.

［64］刘海伟，贾春兰，邱红英．企业社会责任信息披露研究［J］．企业研究，2014（8）：6－7，11.

［65］刘琪，黄苏萍．ESG 在中国的发展与对策［J］．当代经理人，2020（3）：8－12.

［66］刘莎．重污染行业上市公司可持续发展报告现状分析与改进建议——基于 GRI《可持续发展报告指南》应用的中美比较［J］．中国注册会计师，2013（4）：60－66.

［67］刘耘．基于 GRI 报告分析我国企业披露社会责任信息的动因［J］．大众投资指南，2019（23）：261－262.

［68］罗金明．企业社会责任披露制度研究［J］．财会通讯（学术版），2006（10）：118－120.

［69］马苓，陈昕，赵曙明，严小强．企业社会责任促使员工敬业的内在机制——基于海底捞的案例分析［J］．管理案例研究与评论，2020，13（3）：274－286.

［70］马险峰，王骏娴，秦二娃．上市公司的 ESG 信披制度［J］．中国金融，2016（16）：33－34.

［71］牛文元．可持续发展理论的内涵认知——纪念联合国里约环发大会 20 周年［J］．中国人口·资源与环境，2012，22（5）：9－14.

［72］潘晓滨．中国应对气候变化法律体系的构建［J］．南开学报（哲学社会科学版），2016（6）：78－85.

［73］阮文华．对上市公司信披制度的思考［N］．中国证券报，2006－06－09（A16）．

［74］孙继荣．ISO 26000——社会责任发展的里程碑和新起点［J］．WTO 经济导刊，2010（10）：60－63.

［75］孙继荣．社会责任报告——企业发展的新型管理工具［J］．WTO 经济导刊，2011（1）：64－74.

［76］唐嘉欣．企业的环境、社会及管治信息披露将成“新常态”［J］．制冷与空调，2015，15（7）：109－110.

［77］田敏，李纯青，萧庆龙．企业社会责任行为对消费者品牌评价的影响［J］．南开管理评论，2014，17（6）：19－29.

［78］王雨桐，王瑞华．国际碳信息披露发展评述［J］．贵州社会科学，2014（5）：68－71.

［79］温素彬，张建红，方靖怡．企业社会责任报告模式的比较研究［J］．管理学报，2009，6（2）：246－251，263.

［80］吴红军．环境信息披露、环境绩效与权益资本成本［J］．厦门大学学报（哲学社会科学版），2014（3）：57－69.

［81］吴清军，刘宇．劳动关系市场化与劳工权益保护——中国劳动关系政策的发展路径与策略［J］．中国人民大学学报，2013，27（1）：80－88.

［82］吴蔚，贾其容．气候相关财务信息披露框架解读及中国金融机构实践［J］．现代金融导刊，2020（2）.

［83］肖红军，胡叶琳，许英杰．企业社会责任能力成熟度评价——以中国上市公司为例［J］．经济管理，2015，37（2）：178－188.

［84］许晓玲，何芳，陈娜，赵振宇，朱婷婷．ESG 信息披露政策趋势及中国上市能源企业的对策与建议［J］．世界石油工业，2020，27（3）：13－18，24.

［85］严若森．保险公司治理评价：指标体系构建与评分计算方法［J］．保险研究，2010（10）：44－53.

［86］杨皖苏，杨善林．中国情境下企业社会责任与财务绩效关系的实证研究——基于大、中小型上市公司的对比分析［J］．中国管理科学，2016，24（1）：143－150.

［87］姚圣，张志鹏．重污染行业环境信息强制性披露规范研究

[J]. 中国矿业大学学报（社会科学版），2021，23（3）：25-38.

[88] 殷格非. SGN：开启 ISO 26000 全球发展新征程——ISO 26000 发布八周年暨利益相关方全球网络成立 [J]. WTO 经济导刊，2018（11）：33-37.

[89] 袁利平. 公司社会责任信息披露的软法构建研究 [J]. 政法论丛，2020（2）：149-160.

[90] 袁洋. 环境信息披露质量与股权融资成本——来自沪市 A 股重污染行业的经验证据 [J]. 中南财经政法大学学报，2014（1）：123-142.

[91] 张江凯. 内地与香港上市公司信息披露监管制度比较分析 [J]. 当代会计，2014（3）：52-53.

[92] 张明凯，赵光洲. ISO 26000 在我国企业的现状、前景及对策分析 [J]. 中国商贸，2015（3）：168-170.

[93] 赵盈科. 基于 TCFD 四要素评价企业碳排放信息披露质量——以比亚迪股份有限公司 2018 年信息披露为例 [J]. 现代商业，2020（15）：128-129.

[94] 中国证券投资基金协会. 中国上市公司 ESG 评价体系报告研究 [R]. 2019.

[95] 朱翔华. 社会团体标准化组织管理的国内外比较研究 [J]. 标准科学，2020（4）：6-12.